Fomin · Oehlmann · Markert

Praktikum zur
Ökotoxikologie

ecomed Umweltinformation

Das vorliegende Werk besteht aus umweltfreundlichen und ressourcenschonenden Materialien. Da diese Begriffe im Zusammenhang mit den Qualitätsstandards zu sehen sind, die für den Gebrauch unserer Verlagsprodukte notwendig sind, wird im folgenden auf einzelne Details hingewiesen:

Einband/Ordner

Der innere Kern von Loseblatt-Ordnern und Hardcover-Einbänden besteht aus 100 % Recycling-Pappe. Neue Bezugsmaterialien und Paperback-Einbände bestehen alternativ aus langfaserigem Naturkarton oder aus Acetat-Taftgewebe.

Der Kartoneinband beruht auf chlorfrei gebleichtem Sulfat-Zellstoff, ist nicht absolut säurefrei und hat einen alkalisch eingestellten Pigmentstrich (Offsetstrich). Der Einband wird mit oxidativ trocknenden Farben (Offsetfarben) und einem scheuerfesten Drucklack bedruckt, dessen Lösemittel Wasser ist.

Das Acetat-Gewebe wird aus Acetat-Cellulose hergestellt. Die Kaschiermaterialien Papier und Dispersionskleber sind frei von Lösemitteln (insbesondere chlorierte Kohlenwasserstoffe) sowie hautreizenden Stoffen. Die Fertigung geschieht ohne Formaldehyd, und die Produkte sind biologisch abbaubar. Im Vergleich zu den früher verwendeten Kunststoff-Einbänden mit Siebdruck-Aufschriften besteht die Umweltfreundlichkeit und Ressourcenschonung in einer wesentlich umweltverträglicheren Entsorgung (Deponie und Verbrennung) sowie einer umweltverträglicheren Verfahrenstechnik bei der Herstellung der Grundmaterialien. Bei dem wesentlichen Grundbestandteil „Zellstoff" handelt es sich um nachwachsendes Rohmaterial, das einer industriellen Nutzung zugeführt wird.

Papier

Die in unseren Werken verwendeten Offsetpapiere werden zumeist aus Sulfit-Zellstoff, einem industriell verwerteten, nachwachsenden Rohstoff, hergestellt. Dieser wird chlorfrei (Verfahren mit Wasserstoffperoxid) gebleicht, wodurch die im früher angewendeten Sulfatprozeß übliche Abwasserbelastung durch Organochlorverbindungen, die potentielle Vorstufen für die sehr giftigen polychlorierten Dibenzodioxine (PCDD) und Dibenzofurane (PCDF) darstellen, vermieden wird. Die Oberflächenverleimung geschieht mit enzymatisch abgebauter Kartoffelstärke. Bei gestrichenen Papieren dient Calciumcarbonat als Füllstoff.

Alle Papiere werden mit den derzeit üblichen Offsetfarben bedruckt.

Verpackung

Kartonagen bestehen zu 100 % aus Recycling-Pappe. Pergamin-Einschlagpapier entsteht aus ungebleichten Sulfit- und Sulfatzellstoffen.

Folienverschweißungen bestehen aus recyclingfähiger Polypropylenfolie.

Hinweis: Die ecomed verlagsgesellschaft ist bemüht, die Umweltfreundlichkeit ihrer Produkte im Sinne wenig belastender Herstellverfahren der Ausgangsmaterialien sowie Verwendung Ressourcen-schonender Rohstoffe und einer umweltverträglichen Entsorgung ständig zu verbessern. Dabei ist der Verlag bestrebt, die Qualität beizubehalten oder zu verbessern. Schreiben Sie uns, wenn Sie hierzu Anregungen oder Fragen haben.

Fomin · Oehlmann · Markert

Praktikum zur Ökotoxikologie

Grundlagen und Anwendungen biologischer Testverfahren

Die Deutsche Bibliothek – CIP-Einheitsaufnahme

Ein Titeldatensatz für diese Publikation ist bei
Der Deutschen Bibliothek erhältlich

Praktikum zur Ökotoxikologie

Grundlagen und Anwendungen biologischer Testverfahren

Verfasser:

PD Dr. Anette Fomin, Prof. Dr. Jörg Oehlmann, Prof. Dr. Bernd Markert

Mit einem Beitrag von: PD Dr. Hans Toni Ratte

Unter der Mitarbeit von: Dipl.-Biol. M. Duft, Dr. D. Elsner, Dr. H. Moser, Dr. Ch. Pickl, Dr. U. Schulte-Oehlmann, Dr. M. Oetken, Dipl.-Biol. M. Tillmann, Dipl.-Ing. C. Turgut, S. Ziebart

© 2003 ecomed verlagsgesellschaft AG & Co. KG
Justus-von-Liebig-Str. 1, 86899 Landsberg
Tel.: (0 81 91) 125-0; Telefax: (0 81 91) 125-492; Internet: http://www.ecomed.de

Redaktionelle Bearbeitung: Dr. Dorothea Elsner, Stuttgart
Druck und Bindung: Himmer-Druck, Augsburg
Printed in Germany: 160128/503105
ISBN: 3-609-16128-0

Vorwort

Die Ökotoxikologie hat als wissenschaftliche Querschnittsdisziplin in den letzten beiden Jahrzehnten nicht nur in deutschsprachigen Hochschulen zielstrebig Einzug gehalten. Auch Behörden, Verwaltung, Forschungseinrichtungen, Industrieunternehmen und in vereinfachter Form auch die gymnasialen Oberstufen haben sich zunehmend mit Fragen zur Wirkungsforschung ökologisch relevanter Chemikalien zu beschäftigen. Ein Grund hierfür ist, dass sich die Gefährdungsabschätzung einer global ansteigenden und kaum mehr zu beziffernden Anzahl von Schadstoffen allein über Konzentrationsbetrachtungen in einzelnen Umweltmedien und ihren Biozönosen als unzureichend erwies. Vielmehr rückten für eine moderne Risikobewertung auch echte Wirkungsbetrachtungen bei Organismen bzw. Populationen auf der biochemischen, genetischen und physiologischen Ebene mehr und mehr in den Mittelpunkt des wissenschaftlichen Interesses.

Zahlreiche hierzu erschienene Lehrbücher geben deutlich Zeichen für das zunehmende Bemühen, die Ökotoxikologie grundlagen- und anwendungsseitig auf einen problemorientierten, wissenschaftlich fundierten Weg zu bringen. Durch die Etablierung der „Society of Environmental Toxicology and Chemistry" (SETAC) auf internationaler und nationaler Ebene ist es gelungen, unterschiedliche Interessenvertreter aus öffentlichen Forschungs- und Bildungseinrichtungen, Industrie und öffentlicher Verwaltung in jährlichen Tagungen und Kongressen zusammenzubringen und einen Dialog zu ermöglichen. Diese enge Zusammenarbeit hat die Kenntnisse über Schadstoffwirkungen enorm verbessert und zu einer umfangreichen Methodenentwicklung geführt. Um so erstaunlicher ist daher die Tatsache, dass für eine angewandte, experimentelle Wissenschaft eine Anleitung für ein ökotoxikologisches Praktikum auf dem (deutschsprachigen) Buchmarkt nicht zur Verfügung steht. Über die Ursachen mag spekuliert werden, doch steht wohl fest, dass damit eine wesentliche Lücke zumindest in der universitären Ausbildung besteht, die wir nun gemeinsam mit dem ecomed-Verlag, Landsberg, zu schließen versuchen.

Gleichwohl kann und will unser Praktikumsbuch aufgrund der Fokussierung auf die praktischen Aspekte keinen der teilweise hervorragenden Buchtitel auf dem Lehrbuchsektor der Ökotoxikologie ersetzen. Ganz im Gegenteil versteht es sich als notwendige Ergänzung zur theoretischen Aufarbeitung der komplexen und hoch dynamischen Gesamtthematik Ökotoxikologie. Neben der Erfahrung beim Experimentieren mit lebenden Testorganismen und der Fähigkeit zur spezifischen Laboruntersuchung soll darüber hinaus auch zum pfleglichen und nachhaltigen Umgang mit natürlichen Lebensprozessen angeregt werden. Im Vergleich zu einem Lehrbuch treten durch die mehr oder weniger systematische Aufzählung hintereinander gereihter Laborexperimente Gesamtzusammenhänge, wie sie eigentlich im Wesen der ökologischen und ökotoxikologischen Wissenschaften liegen, zwangsläufig in den Hintergrund. Vielmehr sind gerade hierzu die Grundlagen aus Lehre und Praxis zwingend gemeinsam zu betrachten.

Per Definition befasst sich die Ökotoxikologie mit wissenschaftlichen Grundlagen und Methoden, um Störungen von Ökosystemen durch anthropogene stoffliche Einflüsse zu identifizieren, zu beurteilen und zu bewerten. Vorrangiges Ziel ist es, Schäden zu vermeiden, zu erkennen und Handlungsanweisungen für die Sanierung zu erarbeiten. Hierfür wurden in den letzten Jahren wertvolle Methoden und Verfahren entwickelt. Sie sind teilweise aus Nachbardisziplinen wie zum Beispiel der Ökologie oder aus verwandten Wissenschaftszweigen wie etwa der Physiologie oder Biochemie entlehnt oder weiterentwickelt worden. Häufig war es aufgrund der Neuartigkeit des Arbeitsgebietes aber auch notwendig, vollkommen andere Teststrategien zu etablieren. Mittlerweile liegt zur vorläufigen Bewertung von Einzelstoffen ein anerkanntes Spektrum von Biotestverfahren vor. So hat sich die Datenlage bei den Pflanzenschutzmitteln, ähnlich wie im Bereich wassergefährdender Stoffe, entscheidend verbessert.

Aus dem gesamten Spektrum an Biotestverfahren wird durch die Auswahl einiger weniger in unserem Praktikumsbuch nur ein gewisses Fenster heutiger Methoden wiedergegeben, die aber methodisch/didaktisch wie auch inhaltlich exemplarisch für andere stehen. Die Auswahl an Testverfahren unterliegt teilweise der eingeschränkten Expertise der Verfasser bzw. entsprang subjektiven Kriterien der jeweiligen eigenen Forschungsumgebung und inhaltlichen Ausrichtung unserer Arbeitsgruppen. Daher wurden besonders solche Versuche von den Verfassern bevorzugt dargestellt, die von ihnen selbst an verschiedenen deutschen Universitäten in den letzten Jahren erprobt (z. B. Wachstumstest mit *Lemna minor*, Kapitel 14), modifiziert (z. B. Keimung- und Wurzellängenhemmtest mit *Lepidium sativum*, Kapitel 16) oder eben auch vollkommen neu entwickelt wurden (z. B. Reproduktionstest mit *Potamopyrgus antipodarum*, Kapitel 10).

Das gesamte Praktikumsbuch ist in zwei größere Abschnitte geteilt. Der erste Abschnitt beschäftigt sich in fünf Kapiteln mit generellen Grundlagen ökotoxikologischer Testverfahren. Hierzu gehören gängige Begriffsbestimmungen, Anforderungen an Testverfahren und ihre Durchführung, die Normung von Testverfahren und deren Einbeziehung in entsprechende Umweltgesetze. Die ökologische Relevanz und Wirkung von Schadstoffen in der Umwelt wird an Beispielen der Schwermetalle, der Pflanzenschutzmittel und hormonähnlicher Substanzen dargestellt. Einen besonderen Schwerpunkt bildet die Abhandlung der statistischen Bearbeitung ökotoxikologischer Testverfahren. Dieses Kapitel wurde von Herrn Privatdozenten Hans Toni Ratte, RWTH Aachen, erarbeitet und gibt einen Überblick über Datenanalyse, Datenaufbereitung, gängige statistische Testverfahren und mögliche Fehlerquellen bei der Bearbeitung und Auswertung von Biotestergebnissen. Mit einigen Bemerkungen und Anregungen zur organisatorischen Planung des Praktikums wird der erste Abschnitt abgeschlossen. Neben sicherheitstechnischen und tierschutzrechtlichen Anmerkungen werden einige Ausführungen zur Anfertigung eines Protokolls gemacht sowie der zeitliche Umfang jedes einzelnen beschriebenen Versuchs angegeben.

Der zweite Abschnitt beinhaltet die Beschreibung von 17 Testverfahren mit Tieren, Pflanzen und Mikroorganismen. Die einzelnen Kapitel sind so organisiert, dass zunächst der Testorganismus charakterisiert wird. Nach einer kurzen Beschreibung der Anwendungsbereiche in der täglichen Praxis werden im praktischen Teil an Hand eines konkreten Experimentes notwendige Hinweise zum Testaufbau, der Testdurchführung und zur Ergebnisauswertung gegeben. Außerdem werden bei zahlreichen Versuchen Zusatzinformationen über methodische Feinheiten und „Insiderwissen" aufgeführt, die im Text gesondert hervorgehoben sind.

Das Schlusskapitel bildet die Auflistung relevanter Literatur in Form von Lehr- bzw. Fachbüchern zur Ökologie, Ökotoxikologie und Biostatistik sowie eine Übersicht über aktuelle Zeitschriften.

Die Erstellung dieses Buches war nicht ohne Hilfe von Wissenschaftlern und Mitarbeitern verschiedener Institutionen machbar. Ein ganz besonderes Dankeschön gilt Herrn PD Dr. Ratte für die Erarbeitung des Statistikkapitels sowie den Mitarbeitern der Arbeitsgruppen in Zittau, Frankfurt und Hohenheim, die durch ihre Zuarbeit einen wesentlichen Anteil an der Gestaltung der einzelnen Praktikumsversuche hatten. Wir freuen uns besonders, dass zahlreiche Wissenschaftler aus dem In- und Ausland dankenswerterweise Bildmaterial zur Verfügung gestellt haben. Wir möchten uns außerdem bei Herrn Dr. Nusch, Frau Dr. Windgasse und Herrn Dr. Höss für die kritische Durchsicht einiger Kapitel sowie bei Frau Smoczyńska, Frau Dr. Mosig und Herrn Zimmermann für die Erstellung von Computergrafiken sowie für das Korrekturlesen bedanken. Unser Dank gilt dem ecomed-Verlag für die uneingeschränkte Bereitschaft ein deutschsprachiges Lehrbuch auf den Markt zu bringen und insbesondere dem Lektor Herrn Schmid für die unkomplizierte Zusammenarbeit und Unterstützung.

Stuttgart-Hohenheim, Frankfurt/Main, Zittau, Februar 2003

Anette Fomin, Jörg Oehlmann, Bernd Markert

Inhaltsverzeichnis

Vorwort

Tests mit wirbellosen Tieren

Tests mit niederen und höheren Pflanzen

Tests mit Mikroorganismen

1 Einführung in ökotoxikologische Testverfahren

Die Testverfahren, auch Biotests oder Bioassays genannt, werden als kleines Einmaleins der Ökotoxikologie bezeichnet. Man kann mit ihnen in relativ kurzer Zeit erste Anhaltspunkte über die schädliche Wirkung einer Umweltchemikalie oder einer Umweltprobe erhalten und hieraus weiterführende Untersuchungen ableiten. Es ist zu beachten, dass ein Biotest in vielen wissenschaftlichen Disziplinen Anwendung findet und im weitesten Sinne alle Versuchsdurchführungen beinhaltet, bei denen eine zu untersuchende Fragestellung mit Organismen abgeklärt werden soll. So werden fördernde Wirkungen durch Vitamine oder Arzneimittel ebenso durch Biotests geprüft wie substanzvermittelte Wechselwirkungen zwischen Organismen. Im vorliegenden Buch wird der Biotest nur im Zusammenhang mit Schadstoffen betrachtet und daher als ökotoxikologisches Testverfahren bezeichnet.

Der Begriff „Schadstoff" beinhaltet bereits seine potentiell schädigende Wirkung auf Organismen. Theophrastus Bombastus von Hohenheim (1493–1541), bekannt unter dem Namen Paracelsus, hat gesagt, dass die Menge eines aufgenommenen Stoffes ihn erst zum Schadstoff macht („dosis facit venenum"). So gibt es zahlreiche Beispiele für Stoffe, die in einem bestimmten Konzentrationsbereich für einen Organismus lebensnotwendig sind, bei Überschreiten dieses Bereiches aber zu toxischen Wirkungen führen. Prinzipiell gilt, dass Ausprägung und Stärke einer Wirkung sowohl vom Stoff als auch vom Organismus abhängen und durch deren vielfältige Wechselwirkungen mit der abiotischen und biotischen Umwelt beeinflusst werden. In der Abbildung 1-1 ist ein ökotoxikologischer Wirkungskomplex dargestellt, der die verschiedenen Abhängigkeiten einer Schadstoffwirkung wiedergibt.

Einen Bezug zum Ort des Auftretens stellt der Begriff der Umweltchemikalie her. Er ist als übergeordnete Bezeichnung für alle in die Umwelt emittierten Stoffe zu verstehen. Allerdings wirkt nicht jede Umweltchemikalie zwangsläufig auch schädigend auf Organismen. Umweltchemikalien können natürlicherweise oder durch menschliche Tätigkeit in die Umwelt gelangen, wobei man bei Letzterem von anthropogenen Stoffen spricht. Zu diesen gehören auch die Xenobiotika, die Fremdstoffe in der Umwelt darstellen, aber nicht unbedingt toxisch wirken müssen.

1.1 Definition und Einteilung

Ein ökotoxikologisches Testverfahren ist eine Methode, mit der unter Standardbedingungen im Labor die toxische Wirkung von Umweltchemikalien auf Organismen wie Pflanzen, Tiere, Mikroorganismen oder auch auf komplexere Systeme, zum Beispiel ein Modellökosystem, untersucht werden kann.

Die Palette an Testorganismen in einem Biotest umfasst Mikroorganismen, niedere und höhere Pflanzen sowie niedere und höhere Tiere. Es wird die akute und chronische Toxizität von Schadstoffen und Schadstoffgemischen ermittelt, die sich bei den eingesetzten Organismen auf unterschiedlichen biologischen Ebenen manifestiert. Die Wirkungskriterien können morphologische, physiologische, biochemische sowie genetische Parameter sein, oder sie

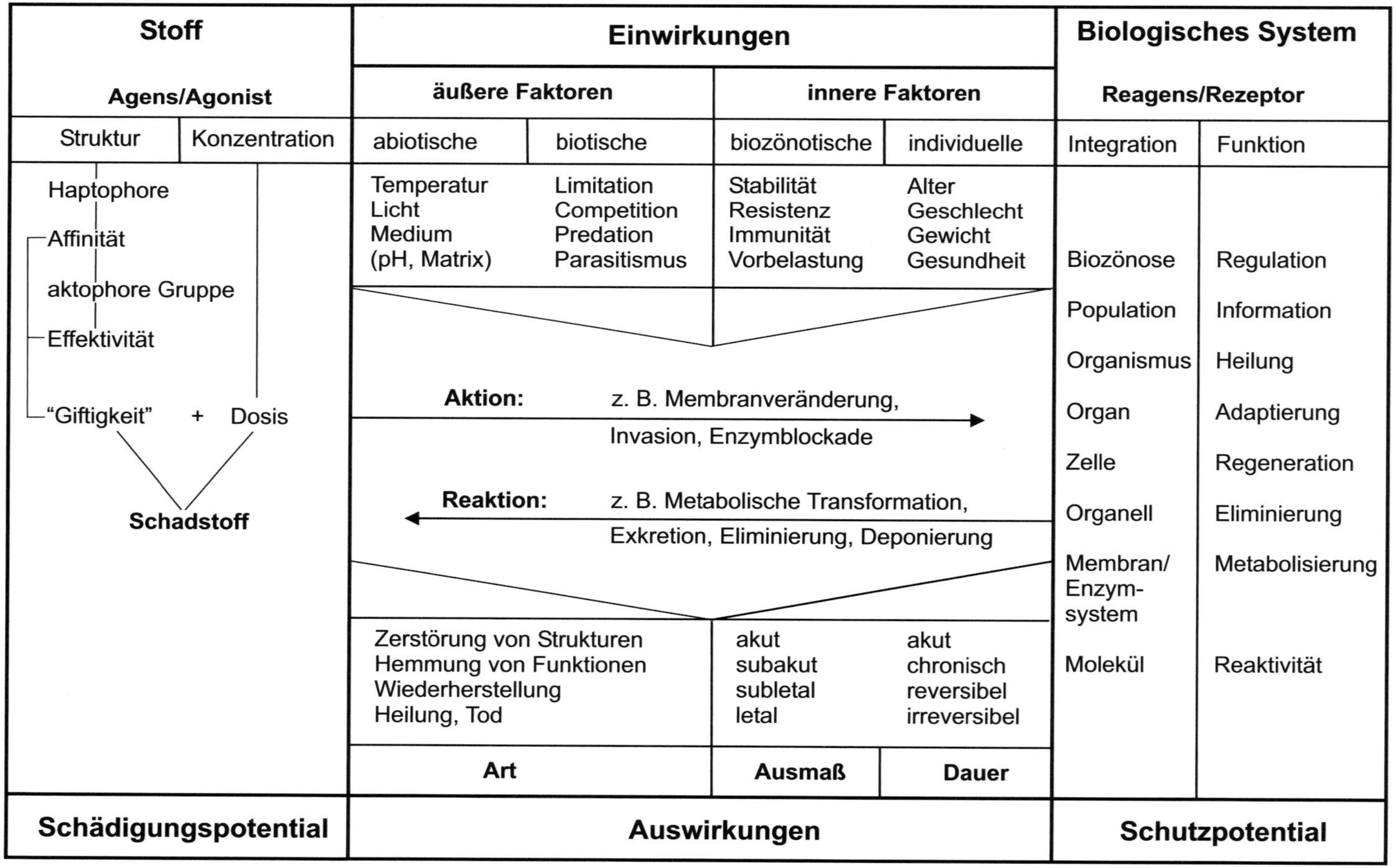

Stoff		Einwirkungen				Biologisches System	
Agens/Agonist		**äußere Faktoren**		**innere Faktoren**		**Reagens/Rezeptor**	
Struktur	Konzentration	abiotische	biotische	biozönotische	individuelle	Integration	Funktion
		Temperatur	Limitation	Stabilität	Alter		
		Licht	Competition	Resistenz	Geschlecht		
		Medium	Predation	Immunität	Gewicht	Biozönose	Regulation
		(pH, Matrix)	Parasitismus	Vorbelastung	Gesundheit	Population	Information
						Organismus	Heilung
						Organ	Adaptierung
						Zelle	Regeneration
						Organell	Eliminierung
						Membran/Enzymsystem	Metabolisierung
						Molekül	Reaktivität

Haptophore — Affinität — aktophore Gruppe — Effektivität — "Giftigkeit" + Dosis → **Schadstoff**

Aktion: z. B. Membranveränderung, Invasion, Enzymblockade

Reaktion: z. B. Metabolische Transformation, Exkretion, Eliminierung, Deponierung

Art	Ausmaß	Dauer
Zerstörung von Strukturen	akut	akut
Hemmung von Funktionen	subakut	chronisch
Wiederherstellung	subletal	reversibel
Heilung, Tod	letal	irreversibel

Auswirkungen

Schädigungspotential — **Schutzpotential**

Abb. 1-1: Ökotoxikologischer Wirkungskomplex zur Wechselbeziehung zwischen Schadstoff bzw. Schadstoffgemisch und Organismus bzw. Organismengruppe (Quelle: leicht verändert nach NUSCH, E. A. (1991): Ökotoxikologische Testverfahren – Anforderungsprofile in Abhängigkeit vom Anwendungszweck. – UWSF-Z. Umweltchem. Ökotox. 3, 12–15).

betreffen beispielsweise Verhaltensänderungen von Organismen. Die Einteilungsmöglichkeiten für Biotests sind vielfältig und beruhen auf der getesteten Organismengruppe oder den ermittelten Wirkungskriterien, der experimentellen Anordnung, der Zahl getesteter Arten, der biologischen Wirkung der Umweltchemikalie oder der Dauer des Tests.

Einteilung nach getesteter Organismengruppe und ermittelten Wirkungskriterien

Ökotoxikologische Testverfahren können nach ihrer verwendeten Organismengruppe eingeteilt werden. So spricht man beispielsweise von Bakterientest, Algentest, Daphnientest, Fischtest, Insektentest, Kressetest, Protozoentest, Regenwurmtest oder Schneckentest. Eine andere Einteilungsmöglichkeit berücksichtigt das zu messende Wirkungskriterium, das in Anlehnung an die englische Bezeichnung „endpoint" auch als

Endpunkt bezeichnet wird. In diesen Fällen werden die Verfahren zum Beispiel benannt als: Karzinogenitätstest, Mutagenitätstest, Schleimhaut-Reizungstest, Teratogenitätstest, Vitalitätstest, Zehrungstest, Keimungstest, Wachstumstest oder Mehrgenerationentest.

Einteilung nach experimenteller Anordnung

Ökotoxikologische Testverfahren werden häufig als statische Versuche durchgeführt. Bei der statischen Versuchsanordnung erfolgt eine einmalige Zugabe von Nährstoffen und der Testprobe zum Organismus, das heißt, ein Austausch findet nicht statt. Aufgrund dieser Vorgehensweise können Nebenwirkungen auftreten, die das Testergebnis beeinflussen können. Beispielsweise können Stoffwechselprodukte und Umwandlungsprodukte der Schadstoffe auftreten, die ihrerseits Wirkungen auslösen können, oder es können Veränderungen der Konzentration der Schadstoffe durch

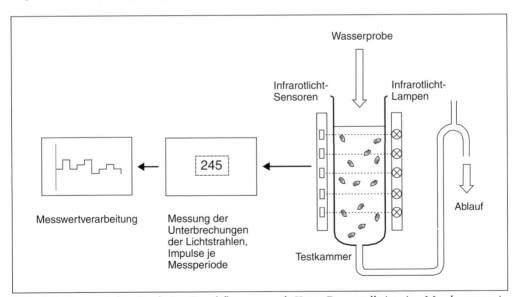

Abb. 1-2: Dynamischer Daphnien-Durchflusstest nach KNIE. Dargestellt ist eine Messkammer, in die Testwasser fließt. Die Schwimmaktivität der Daphnien wird mittels Infrarot-Lichtschranke registriert (Quelle: KNIE, J. (1978): Der dynamische Daphnientest – ein automatischer Biomonitor zur Überwachung von Gewässern und Abwässern. – Wasser und Boden 12, 310–312).

Adsorption an Organismen oder Versuchsgefäßen bzw. durch Abbau stattfinden.

Die genannten Nebenwirkungen werden minimiert, wenn eine semistatische Versuchsdurchführung angewendet wird. Hierbei wird bei aquatischen Testorganismen in größeren Zeitabständen das Testmedium mit den darin enthaltenen Nährstoffen und der Testprobe ausgetauscht. Wird dagegen die zu testende Wasserprobe oder der Schadstoff in einem ständigen Durchfluss im System gehalten, spricht man von dynamischen oder kontinuierlichen Testverfahren. Ein Beispiel hierfür ist der dynamische Daphnientest (Abbildung 1-2), bei dem in eine Testkammer gefiltertes, temperiertes Testwasser fließt und die Schwimmfähigkeit der Daphnien mittels Lichtschranke registriert wird. Dieser Test findet, wie auch weitere dynamische Testverfahren vor allem mit Fischen, in der kontinuierlichen Überwachung von Gewässern Anwendung. Hierbei ist es wichtig, dass die Verfahren sehr schnell ungünstige Situationen anzeigen. Die kontinuierliche Testdurchführung ist daher häufig mit einer andauernden und zeitnahen Messanzeige gekoppelt, so dass man in diesen Fällen von online-Verfahren spricht. Langjährige Erfahrungen zur Überwachung von Fließgewässern liegen zum Beispiel mit dem *Dreissena*-Monitor vor, bei dem die Schließbewegung und der Öffnungszustand der Zebramuscheln über einen Magneten, der an der Schale der Muschel befestigt ist, als entweder/oder-Reaktion online gemessen wird. Toxische Stoffe im Wasser beeinflussen die Schließbewegung, so dass die online gemessenen Signale Hinweise auf die Anwesenheit dieser Stoffe liefern.

Einteilung nach der Zahl getesteter Arten

Bei vielen ökotoxikologischen Testverfahren wird jeweils nur eine biologische Art verwendet, so dass sie Einzel- oder Single-Spezies-Tests genannt werden. Werden dagegen Mehr-Arten-Testsysteme verwendet, spricht man von Multi-Spezies-Tests. Diese werden nicht wahllos, sondern in

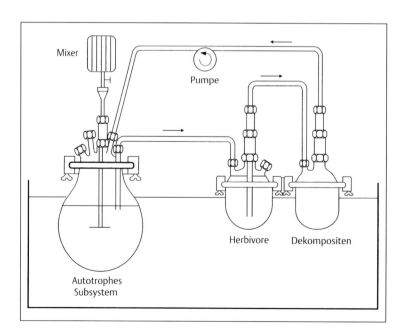

Abb. 1-3: Darstellung eines Mikrokosmos mit autotrophem Subsystem, bestehend aus Produzenten, Konsumenten und Destruenten, die in verschiedenen Gefäßen kultiviert werden und über ein Pumpsystem miteinander verbunden sind (Modifikation des Taub-Mikrokosmos) (Quelle: FENT, K. (1998): Ökotoxikologie. – Thieme, Stuttgart/New York).

Form eines Modellökosystems miteinander kombiniert. Dieser so genannte Mikrokosmos ist ein Ausschnitt bzw. Teil eines Ökosystems im Labormaßstab und besitzt wesentliche Eigenschaften von diesem wie Energiefluss, Stoffkreislauf und Artenvielfalt. In einem Mikrokosmos kann die Wirkung von Schadstoffen und Umweltproben beispielsweise auf die zeitlich unterschiedliche Entwicklung einer Phytozönose, auf Photosynthese- und Atmungsaktivitäten der verschiedenen Testarten oder auf die Bioakkumulation untersucht werden. Ein einfaches Labor-Modellökosystem stellt der Taub-Mikroskosmos dar (Abbildung 1-3). Hier wird eine Algenpopulation als Produzenten mit einer Zooplankton-Population als Konsumenten und Bakterien als Destruenten zusammengestellt. Auf diese Art und Weise können über einen kurzen Zeitraum durch Schadstoffe hervorgerufene Veränderungen im Beziehungsgefüge untersucht werden. Es gibt zahlreiche Erweiterungen der Modellökosysteme, die allerdings hier nicht weiter betrachtet werden sollen.

Einteilung nach der biologischen Wirkung einer Testprobe

Unter der Wirkung wird einerseits die Toxizität, das heißt die Giftigkeit einer Probe verstanden, andererseits stellt auch die Akkumulation eines Stoffes eine Wirkung dar. Man unterscheidet Wirkungstest und Akkumulationstest. Die meisten ökotoxikologischen, vor allem akuten Testverfahren sind Wirkungstests, bei denen als Messparameter physiologische, biochemische oder morphologische Veränderungen von Organismen untersucht werden.

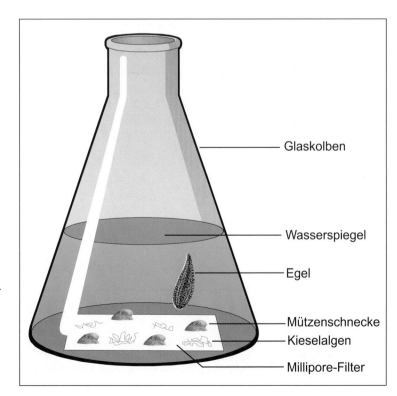

Abb. 1-4: Darstellung einer Labornahrungskette, bestehend aus Kieselalgen (*Nitzschia actinastroides*), der Mützenschnecke als Weidegänger (*Ancylus fluviatilis*) und einem räuberischen Egel (*Glossiphonia complanata*).

Glaskolben

Wasserspiegel

Egel

Mützenschnecke

Kieselalgen

Millipore-Filter

Mit Wirkungstests vergleichbare Akkumulationstests an einzelnen Organismen sind bislang kaum entwickelt worden, da die Untersuchung zur Bioakkumulation häufig zu Fehlbewertungen führt, wenn keine ökosystemrelevanten Schadstoffkonzentrationen eingestellt werden. Allerdings werden Akkumulationstests an Labornahrungsketten in Mikrokosmen praktiziert. In der Abbildung 1-4 ist eine Nahrungskette, bestehend aus Kieselalgen, der Mützenschnecke und einem räuberischen Egel, dargestellt. Zunächst werden die Kieselalgen in einer Suspensionskultur mit der Probe belastet. Anschließend werden die Algen auf Membranfilter aufgetragen und dienen der Mützenschnecke als Futter. Diese wiederum werden von den Egeln gefressen. Obwohl der Versuch in getrennten Testansätzen abläuft, ermöglicht er die Untersuchung der Bioakkumulation eines Schadstoffes im Verlauf einer Nahrungskette, was als ökologische Magnifikation bezeichnet wird.

Einteilung nach der Dauer des Tests

Ökotoxikologische Testverfahren können zur Bestimmung akuter, subchronischer sowie chronischer toxischer Wirkungen von Schadstoffen dienen. Die Applikation eines Schadstoffs kann dabei einmalig sein und akute Wirkungen auslösen, kann mehrfach, aber nicht dauerhaft erfolgen und subchronische Wirkungen hervorrufen oder kann langanhaltend oder wiederholt durchgeführt werden und zu chronischen Wirkungen führen (Abbildung 1-5).

Aus zeitlicher Sicht treten akute Wirkungen immer innerhalb einer kurzen Zeit auf. Man spricht daher auch von Kurzzeitwirkung. Testverfahren, die akute Wirkungen bestimmen, werden Kurzzeittest genannt.

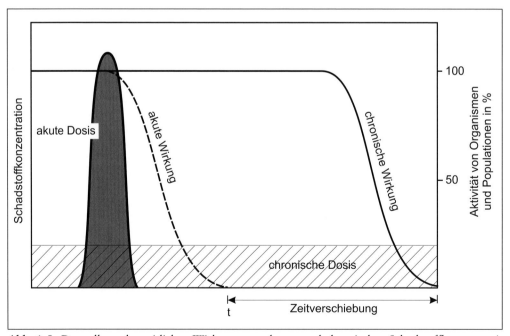

Abb. 1-5: Darstellung der zeitlichen Wirkung von akuten und chronischen Schadstoffkonzentrationen auf Organismen und Populationen (Quelle: MARKERT, B. (1997): Instrumental Element and Multi-Element Analysis of Plant Samples. – Wiley & Sons, Chichester/New York/Brisbane/Toronto/Singapore).

Sie haben meist eine Dauer von 24 bis 96 h.

Wenn der Zeitraum der Wirkung eines Schadstoffs über einer Kurzzeit-, aber noch deutlich unter einer chronischen (siehe unten) Wirkung liegt, bezeichnet man diese als subchronisch. Man geht bei Tests für subchronische Wirkungen von einem Zeit-

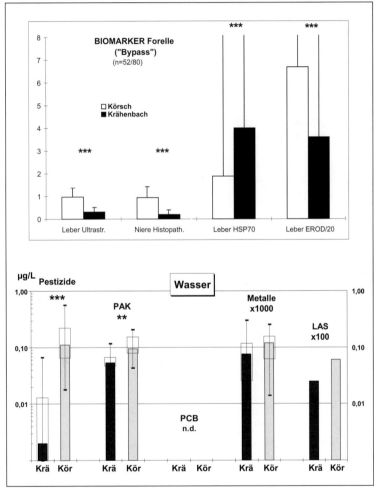

Abb. 1-6: Ultrastrukturelle, histopathologische und enzymatische Reaktionen als Biomarker für Schadstoffbelastungen bei Forellen im Vergleichsbach „Krähenbach" und im belasteten Bach „Körsch" (oben). Gehalte an potentiellen Schadstoffen im Freiwasser des „Krähenbachs" und der „Körsch" (unten). (Quelle: TRIEBSKORN, R., ADAM, S., BEHRENS, A., BRAUNBECK, T., GÄNZER, S., HONNEN, W., KONRADT, J., KÖHLER, H.-R., OBEREMM, A., PAWERT, M., SCHLEGEL, T., SCHRAMM, M., SCHÜÜRMANN, G., SCHWAIGER, J., SEGNER, H., STRMAC, M., MÜLLER, E. (1999): Eignung von Biomarkern zur Fließgewässerbewertung: Zwischenergebnisse aus dem Projekt „Valimar" (1995–1997). – In: OEHLMANN, J., MARKERT, B. (Hrsg.): Ökotoxikologie. Ökosystemare Ansätze und Methoden. ecomed, Landsberg, 382–398.)

raum zwischen mehreren Tagen und einigen Wochen aus.

Eine chronisch toxische Wirkung eines Schadstoffs tritt bei Organismen erst nach einem längeren Belastungszeitraum auf. Diese Wirkungen werden in chronischen Testverfahren ermittelt, deren Zeitraum sich nach dem eingesetzten Organismus richtet. Eine chronische Toxizität liegt dann vor, wenn Einwirkungen von Schadstoffen über einen Großteil des individuellen Lebens andauern, das bei manchen Kleinorganismen nur einige Wochen lang ist (z. B. 28 Tage bei *Chironomus riparius*). Für Säugetiere und den Menschen beträgt der Zeitraum mindestens 0,5 bis 2 Jahre.

Umfasst ein ökotoxikologischer Test einen vollständigen Lebenszyklus eines Organismus, dann spricht man vom Lebenszyklus-Test oder „Life-cycle-test". Dieser Test beinhaltet mindestens eine Reproduktionsphase, die vom Ei über das Jugend- und Adultstadium bis zum Eistadium der nächsten Generation führt. Dadurch ist es möglich, die Wirkung einer Umweltchemikalie auf verschiedene Entwicklungsstadien von Organismen zu untersuchen, wobei sich die Empfindlichkeiten einzelner Stadien sehr unterscheiden können. Eine praktische Anwendung findet der Reproduktionstest mit *Daphnia magna* (siehe Tabelle 2-3).

Biomarker und Biosensor

Vom Begriff des ökotoxikologischen Testverfahrens müssen die Bezeichnungen Biomarker und Biosensor unterschieden werden. Unter einem Biomarker versteht man einen messbaren biologischen Parameter auf suborganismischer, häufig biochemischer Ebene. Die Abgrenzung zwischen Biotest und Biomarker ist insofern schwierig, als Biotests häufig Biomarker als Messparameter für die Wirkung eines Schadstoffs haben. Biomarker reagieren empfindlich auf bestimmte Umweltchemikalien und sind Ausdruck stressbedingter Reaktionen. Beispiele für Biomarker sind Entgiftungsenzyme, Antioxidationsenzyme, metallbindende Proteine, Stressphenole, Stressproteine und DNA-Addukte. Messungen von Biomarkern haben sich bei Freilanduntersuchungen belasteter Gewässer bewährt.

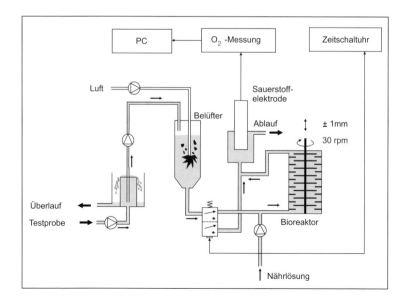

Abb. 1-7: Schematische Darstellung des kontinuierlichen Bakterientoximeters Toxiguard (Quelle: BLESSING, B., FRITZ-LANGEN, H., KREBS, F. (1994): Bakterientoximeter mit Aufwuchsorganismen in der Gewässerüberwachung. In: PLUTA, H.-J., KNIE, J., LESCHBER, R. (Hrsg.): Biomonitore in der Gewässerüberwachung. – Fischer, Stuttgart/Jena/New York).

So ist zum Beispiel die Induktion des Biotransformationsenzyms EROD in der Leber von Fischen ein guter Indikator für die Anwesenheit organischer Umweltchemikalien (Abbildung 1-6).

Ein Biosensor ist eine Messanordnung, die durch eine geeignete Kombination eines selektiven biologischen Systems mit einer physikalischen Übertragungseinrichtung die Wirkung von Umweltchemikalien misst. Als biologische Komponente werden Enzyme, Antikörper, Organellen, Zellen, Gewebe oder Bakterien verwendet. Die Übertragungseinheit kann beispielsweise eine potentiometrische oder amperometrische Elektrode sowie ein optischer oder optoelektrischer Empfänger sein. Ein Beispiel hierfür ist das Bakterientoximeter „Toxiguard" (Abbildung 1-7), bei dem lebende Mikroorganismen als biologische Komponente verwendet werden. Durch eine Elektrode wird der Sauerstoffverbrauch der Bakterienbiozönose gemessen, wobei eine Zunahme des Sauerstoffgehaltes die Anwesenheit toxischer Stoffe anzeigt.

1.2 Prinzip und Durchführung ökotoxikologischer Testverfahren

Die Grundstruktur eines ökotoxikologischen Testverfahrens besteht aus dem Testorganismus, dem Testparameter, den Testbedingungen sowie der Testprobe bzw. dem Testgut. Der Testorganismus ist in den meisten Fällen ein lebender Organismus, kann aber auch nur aus einer funktionellen Einheit bestehen, wie beispielsweise Leberzellen oder isolierte Chloroplasten. Der Testparameter, auch Wirkungskriterium oder Endpunkt genannt, ist die Antwort des Testorganismus auf die Exposition gegenüber einer Probe. Der Testparameter ist eine sichtbare und/oder messbare Veränderung im Organismus, der mit der Belastung direkt oder indirekt im Zusammenhang steht. Die Testbedingungen kennzeichnen die Prüfsituation. Sie sind dem jeweiligen Organismus angepasst und umfassen u. a. Licht, Temperatur und Nährstoffe. Die Testprobe ist der zu untersuchende Schadstoff oder ein Schadstoffgemisch als Reinsubstanz(en) bzw. als komplexe Umweltprobe, die dem Testorganismus in unterschiedlicher Form appliziert werden kann.

Die Anwendung von ökotoxikologischen Testverfahren erfolgt unter nachvollziehbaren, standardisierten Bedingungen, um störende Faktoren weitgehend auszuschließen bzw. zu minimieren und so ein hohes Maß an Reproduzierbarkeit zu gewährleisten. Der Ablauf eines Testverfahrens erfolgt dabei nach einem einheitlichen Schema (Abbildung 1-8). Dieses beinhaltet, dass die Wirkung einer Probe auf Organismen im Verlaufe einer bestimmten Zeit im Vergleich zu unbelasteten Kontrollansätzen zu bestimmen ist. Dazu wird von der Probe in der Regel eine Verdünnungsreihe hergestellt. Häufig müssen Testsubstanz oder Testgemisch in vorbereitenden Schritten dem Testorganismus angepasst werden. So ist beispielsweise beim Leuchtbakterien-Test ein Aufsalzen der Testprobe notwendig, da ein mariner Organismus verwendet wird, der einen bestimmten Salzgehalt benötigt. Beim Einsatz von tierischen Organismen muss in vielen Fällen der pH-Wert der Testprobe im Neutralbereich liegen, um störende pH-Wert-Effekte auszuschließen.

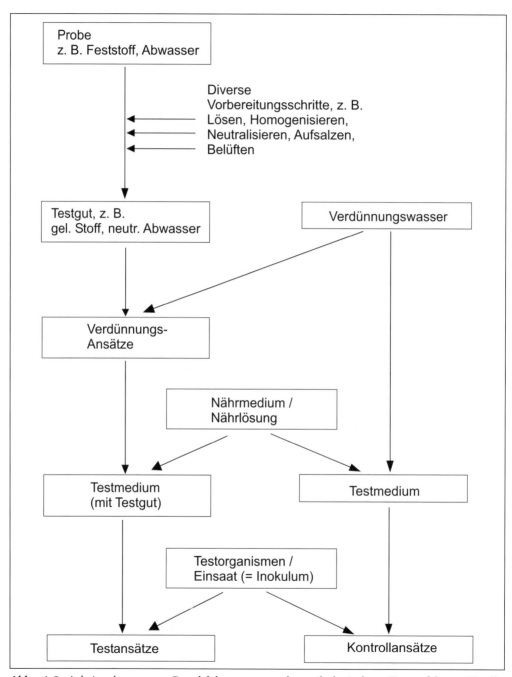

Abb. 1-8: Arbeitsschema zur Durchführung von ökotoxikologischen Testverfahren (Quelle: NUSCH, E. A. (1992): Grundsätzliche Vorbemerkungen zur Planung, Durchführung und Auswertung biologischer und ökotoxikologischer Testverfahren. – In: STEINHÄUSER, K. G. & HANSEN, P. D. (Hrsg.): Biologische Testverfahren. Schriftenr. Ver. WaBoLu 89, 34–48).

1.3 Dosis-Wirkungs-Beziehung

Für die quantitative Erfassung der Wirkung eines Schadstoffes auf einen Organismus dient die Dosis-Wirkungs-Beziehung, die in Form einer Dosis-Wirkungs-Kurve dargestellt wird. Darunter ist der funktionelle Zusammenhang zwischen der Dosis eines Stoffes und dessen Auswirkungen auf einen Organismus zu verstehen. Man unterscheidet prinzipiell akute und chronische Wirkungen. Die folgenden Ausführungen beziehen sich auf akute Wirkungen, die nach einmaliger Verabreichung bzw. Einwirkung und nach einer kurzen Zeitperiode auftreten. Die akute Toxizität einer Umweltchemikalie wird gewöhnlich für Labororganismen ermittelt. Sie ist kein absolutes Maß für eine allgemeine toxische Wirkung, sondern kennzeichnet die Kurzzeitwirkung.

Man muss zwischen der aufgenommenen und der einwirkenden Dosis unterscheiden. Bei tierischen Organismen wird die Dosis als aufgenommene Stoffmenge (Mol) pro kg Körpergewicht angegeben. Bei Expositionen von Tieren über das Wasser oder über die Umgebungsluft werden die Konzentrationen (mg) in einem bestimmten Volumen (l oder m^3) gegen die Wirkung aufgetragen. Unter Konzentration versteht man dabei den Anteil einer Substanz in einem Medium. Die Angabe der Konzentration erfolgt in Form einer relativen Maßzahl, zum Beispiel in Prozent (%) oder in mg/l (ppm). Die einwirkende Dosis auf einen Organismus wird durch das Produkt aus Konzentration und Einwirkungsdauer ermittelt. Häufig werden bei konstanter Einwirkungsdauer nur Konzentrationen angegeben. Welche Angabe der Dosis letztendlich sinnvoll ist, hängt von der Art des Versuches und den verwendeten Testorganismen ab.

In Abhängigkeit von der Dosis/Konzentration des zu untersuchenden Schadstoffs wird die gemessene Wirkung (Endpunkt) aufgetragen. Als Wirkungen werden in ökotoxikologischen Testverfahren sehr unterschiedliche Messparameter ausgewählt. Diese können beispielsweise der Tod eines Organismus oder verschiedene morphologische, histologische, ethologische, physiologische oder biochemische Veränderungen sein.

Als Beziehung zwischen Dosis und Wirkung ergibt sich ein nichtlinearer Zusammenhang, der bei grafischer Darstellung an einem asymptotischen Kurvenverlauf zu erkennen ist. Viele Schadstoffe lassen eine einfache Dosis-Wirkungs-Beziehung erkennen, das heißt negative Effekte treten erst oberhalb einer Schwellenkonzentration auf. Solche Dosis-Wirkungs-Beziehungen werden oft durch einen Rezeptor vermittelt. Mit Zunahme der aufgenommenen Stoffmenge wird ein maximaler Effekt erzielt. Eine weitere Erhöhung der Dosis führt dann nicht mehr zu einer Effektverstärkung.

Wird die Dosis-Wirkungs-Kurve halblogarithmisch aufgetragen, dann ergibt sich ein sigmoider Kurvenverlauf (Abbildung 1-9). Er beginnt mit einem Bereich, in dem keine Veränderungen zu erkennen sind („no-observed effect level", NOEL). Oberhalb eines toxischen Schwellenwertes liegt ein Bereich, in dem strukturelle und funktionelle Abweichungen vom Normzustand zu messen sind (z. B. EC_{50}, siehe unten). Bezieht man das Wirkungskriterium auf den Tod eines Organismus, spricht man vom subletalen Bereich, der in den letalen übergeht (z. B. LC_{100}). Neben der halblogarithmischen Auftragung der Dosis-Wirkungs-Kurve wird häufig die Auftragung in der log-Probit-Skala bevorzugt, die eine Angabe des Vertrauensbereichs erlaubt (siehe Kapitel 4).

Der Vorteil der grafischen Darstellung von Dosis- oder Konzentrations-Wirkungs-Beziehungen liegt darin, dass unterschiedliche Schadstoffe, die die gleiche Wirkung hervorrufen, hinsichtlich ihres halbmaximalen Effektes verglichen werden können. Dieser Vergleich erfolgt durch Angabe von sogenannten letalen Dosierungen (LD, engl. „lethal dose") oder letalen Konzentrationen (LC, engl. „lethal concentration") oder effektiven Dosierungen bzw. Konzentrationen (ED bzw. EC für engl. „effective dose" bzw. „concentration"). Üblicherweise werden die LD/LC$_{50}$ oder die EC$_{50}$ angegeben. Der LD$_{50}$- oder LC$_{50}$-Wert ist diejenige Dosis oder Konzentration einer Probe, bei der innerhalb eines bestimmten Zeitraumes 50 % der Organismen sterben. Der LD-Wert wird vor allem bei tierischen Organismen berechnet, wobei der LD$_{50}$-Wert als Maß der akuten Toxizität bei terrestri-schen und der LC$_{50}$-Wert als Maß der akuten Toxizität bei aquatischen Tieren verwendet wird. Der EC-Wert wird dann angegeben, wenn nicht die Sterblichkeit, sondern andere Wirkungskriterien gemessen werden. Der EC$_{50}$-Wert gibt daher die Konzentration an, bei der die gemessene Wirkung 50 % beträgt. Für pflanzliche Organismen wird hauptsächlich der EC$_{50}$-Wert angegeben, da letale Effekte prinzipiell schwer definierbar sind.

Ergebnisse aus ökotoxikologischen Testverfahren lassen sich nicht nur auf die Angaben von LC oder EC beschränken, da diese Werte keine Informationen über das Ausmaß der Abweichung eines Organismus vom Ausgangszustand, hervorgerufen durch eine Probe, enthalten. Erst durch die Steilheit sowie den Verlauf der Dosis-Wirkungs-Kurve kann die Wirkungsstärke

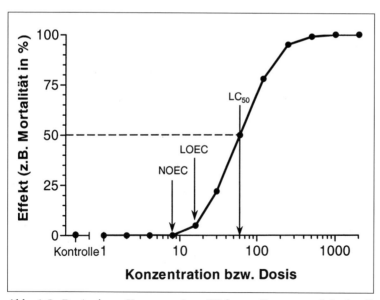

Abb. 1-9: Dosis- bzw. Konzentrations-Wirkungs-Kurve von Schadstoffen in halblogarithmischer Darstellung. NOEC = no-observed effect concentration, höchste Konzentration im Test, bei der kein statistisch signifikanter Effekt gegenüber der Kontrolle auftritt; LOEC = lowest-observed effect concentration, niedrigste Konzentration im Test, bei der ein statistisch signifikanter Effekt gegenüber der Kontrolle auftritt; LC$_{50}$ = Konzentration, bei der 50 % der eingesetzten Organismen sterben.

eines Schadstoffes umfassender beschrieben werden. Ein steiler Kurvenverlauf bedeutet, dass der Organismus sehr rasch empfindlich auf Veränderungen der Dosis anspricht. Dagegen zeigt ein flacher Verlauf der Kurve eine eher träge Reaktion des Organismus an, erst höhere Dosen wirken sich aus.

Verdünnungsfaktor G

Bei der Testung von Umweltproben ist es nicht möglich, die Wirkung gegen die Dosis oder Konzentration eines einzelnen Schadstoffes aufzutragen, da über die vollständige Zusammensetzung in der Umweltprobe im Normalfall keine Informationen vorliegen. Bei der Wasser/Abwasserprüfung hat sich daher die Ermittlung des Verdünnungsfaktors, bei der gerade noch keine Wirkung erkennbar ist, bewährt.

Der Verdünnungsfaktor G ist ein Begriff aus dem Gesetz über Abgaben für das Einleiten von Abwasser in Gewässer (AbwAG, 3.11.1994, zuletzt geändert durch das 7. Euro-Einführungsgesetz vom 9.9.2001). Die Abwasserabgabe richtet sich nach der Schädlichkeit des Abwassers, die u. a. durch die Giftigkeit gegenüber Fischen bestimmt wird. Die Giftigkeit wird im Fischtest unter Verwendung der Goldorfe (*Leuciscus idus melanotus*) durch Ansetzen verschiedener Abwasserverdünnungsstufen ermittelt und durch einen Verdünnungsfaktor G_x angegeben. So bedeutet ein Verdünnungsfaktor G_{F2}, dass eine Probe im Fischtest bei zweifacher Verdünnung keine giftige Wirkung zeigt.

1.4 Anforderungen an Testorganismen

Der Organismus muss für seinen Einsatz im ökotoxikologischen Testverfahren bestimmten Anforderungen entsprechen. Von Bedeutung sind unter anderem genetische Einheitlichkeit, gute Praktikabilität, Standardisierbarkeit, weitgehende Kenntnis der Reaktionsbedingungen, leichte Auswertbarkeit des Wirkungskriteriums, die Offensichtlichkeit und Quantifizierbarkeit der Wirkung und die statistische Auswertbarkeit des Wirkungskriteriums.

Bei allen ökotoxikologischen Testverfahren spielen grundsätzlich Unterschiede in der individuellen Empfindlichkeit eine große Rolle. Diese können genetische Ursachen haben, die man durch eine weitgehende Standardisierung der Testorganismen minimieren kann. Die vegetative Vermehrung von pflanzlichen Organismen oder die asexuelle oder parthenogenetische Vermehrung tierischer Organismen sind Möglichkeiten, ein genetisch weitgehend einheitliches Ausgangsmaterial zu erhalten.

Die Standardisierbarkeit eines Testverfahrens bezieht sich vor allem auf die Notwendigkeit, eine Zucht oder Kultur sowie die Testdurchführung so einheitlich wie möglich zu gestalten. Ziel der Standardisierung ist eine weitgehende Vergleichbarkeit und Minimierung der Streuung der erzielten Ergebnisse. Dies wird durch eine genaue Definition der Methode erreicht, die in einigen Fällen zu standardisierten Richtlinien (siehe unten) weiterentwickelt wird. So sind in diesen Vorschriften genaue Angaben über den Testorganismus, die Kultivierungsbedingungen, die Testdurchführung sowie die Auswertung enthalten.

Ein Testergebnis sollte reproduzierbar sein. Darunter versteht man, dass unter den standardisierten Bedingungen gleiche Ergebnisse erhalten werden. In vielen Fällen ist das nicht möglich, da mit lebenden Organismen gearbeitet wird. Physiologische Konditionsunterschiede sowie eine genetische Variabilität der Testorganismen sind nur einige der Faktoren, die für eine gewisse Schwankungsbreite der Ergebnisse verantwortlich sind.

Ein wesentlicher Aspekt ist eine ausreichende Empfindlichkeit. Es hat sich bei der Entwicklung von Testverfahren bewährt, Organismen so einzustellen, dass sie eine mittlere Empfindlichkeit aufweisen. Weist ein Testorganismus eine Hypersensibilität auf, kann das häufig eine Vortäuschung und damit Überbewertung von Schadstoffwirkungen bedeuten. Die Empfindlichkeit eines Testorganismus kann sich aufgrund verschiedener Ursachen im Verlaufe der Laborhaltung verändern. Es ist daher eine regelmäßige Testung mit einer sogenannten Positivkontrolle angeraten. Darunter ist eine Umweltchemikalie zu verstehen, die eine bekannte Wirkungsstärke bei einem Organismus auslöst. Abweichungen von der normalen Wirkung innerhalb einer festgelegten Schwankungsbreite lassen auf eine Veränderung der Empfindlichkeit schließen.

Unter der Praktikabilität eines Testverfahrens versteht man einen vertretbaren zeitlichen, finanziellen, räumlichen, personellen und apparativen Aufwand. Hierbei spielen Schnelligkeit, Verfügbarkeit, Möglichkeit zur Zucht oder Kultur, aber auch Automatisierbarkeit von Testablauf und Auswertung eine wichtige Rolle.

Im Prinzip gilt, dass eine nachgewiesene Wirkung auf einen Organismus zunächst einmal nur Gültigkeit für das zu betrachtende System und dann auch nur unter den verwendeten Versuchsbedingungen hat. Eine weitere Interpretation oder Übertragung der Ergebnisse auf andere Arten oder Bedingungen ist vom Kenntnisstand beispielsweise über funktionelle und strukturelle Zusammenhänge auf den verschiedenen biologischen Ebenen abhängig. Daher sind an repräsentativen Organismen erhal-

Tab. 1-1: Unterschiedliche Anforderungen an Biotestorganismen in Abhängigkeit von ihrem Einsatzbereich. Prioritäten: ++ sehr hoch, + hoch, (+) mittel, – gering. (Quelle: NUSCH, E. A. (1991): Ökotoxikologische Testverfahren – Anforderungsprofile in Abhängigkeit vom Anwendungszweck. – UWSF-Z. Umweltchem. Ökotox. 3, 12–15).

	Substanz-screening	Chemika-liennotifi-zierung	Einleiter-kontrolle	Abgaben-erhebung	Frühwarn-system	Langzeit-monitoring	Forschung und Lehre	Gefähr-dungsab-schätzung
Schnelligkeit	+	–	+	–	++	–	–	–
Empfind-lichkeit	–	–	–	–	++	+	–	(+)
Repräsen-tativität	–	+	–	–	–	–	–	+
Adäquanz	+	(+)	+	+	+	+	+	+
Statistische Aussage	–	–	+	(+)	–	–	(+)	–
Standardi-sierbarkeit	+	+	+	+	–	–	–	–
Automati-sierbarkeit	+	–	+	(+)	+	+	–	–
Reprodu-zierbarkeit	+	+	+	++	–	–	(+)	–
Interpre-tierbarkeit	–	+	–	–	(+)	(+)	+	++

tene Aussagen zur Toxizität von Umweltchemikalien in bestimmten Grenzen auch auf andere Organismen übertragbar und gestatten damit Rückschlüsse auf Auswirkungen auf das Ökosystem.

Ökotoxikologische Testverfahren gelangen in unterschiedlichen Bereichen zum Einsatz (Tabelle 1-1). Eine wesentliche Verwendung finden sie bei der gesetzlich geforderten Umweltchemikalienprüfung, die ein Substanzscreening und die Chemikaliennotifizierung als Bestandteil von Stoffprüfungen ausweist. Darüber hinaus sind Testverfahren bei der Einleiterkontrolle und der Abgabenerhebung bei Wasser/Abwasseruntersuchungen integriert. Frühwarnsysteme und Langzeitmonitoring spielen bei der Überwachung von Gewässern eine Rolle.

In Abhängigkeit vom Einsatzbereich der Testorganismen sind die genannten allgemeinen Anforderungen unterschiedlich gewichtet.

Bei der Chemikaliennotifizierung beispielsweise, bei der ein Biotest vorrangig standardisierbar und reproduzierbar sein muss, ergibt sich ein anderes Anforderungsprofil als bei der Einleiterkontrolle oder bei einem Frühwarnsystem. Ein Frühwarnsystem zur Erkennung von Gewässerbelastungen zeichnet sich durch die Kriterien Schnelligkeit, Empfindlichkeit sowie Automatisierbarkeit aus. Die Repräsentativität spielt dagegen nur eine untergeordnete Rolle. Generell ist die Reproduzierbarkeit immer dann wichtig, wenn aus den Testergebnissen monetäre oder juristische Konsequenzen abgeleitet werden, wie beispielsweise bei der Erhebung von Abwasserabgaben oder der Überwachung von Grenzwerteinhaltung.

2 Normungen und Anwendungen

Die Forschung und Entwicklung im Bereich ökotoxikologischer Testverfahren wurde vor allem durch eine Reihe von Gesetzen und Verordnungen zum Schutz von Mensch und Umwelt vorangetrieben, die verschiedene Verfahren gesetzlich verankert haben. Die gesetzliche Forderung der Anwendung von Testverfahren setzt voraus, dass diese vereinheitlicht, das heißt standardisiert werden müssen. Hierfür existieren spezielle Institutionen, die sich auf der Grundlage des aktuellen wissenschaftlichen Kenntnisstandes mit dieser Normungsarbeit beschäftigen.

2.1 Nationale und internationale Normungsarbeit

In Deutschland ist es das 1917 gegründete Deutsche Institut für Normung e.V. (DIN), das entsprechende Aufgaben wahrnimmt. Es ist ein technisch-wissenschaftlicher Verein, der Vereinheitlichungsverfahren erarbeitet und die Normen unter dem Zeichen DIN in Form von Normblättern veröffentlicht. Die Sammlung aller DIN-Normen bildet das Deutsche Normwerk, das gegenwärtig etwa 20000 DIN-Normen umfasst. Die Tabelle 2-1 gibt einen Überblick über einige der im Bereich biologischer Testverfahren gültigen DIN-Verfahren.

Viele Prüfvorschriften werden in der Regel nach ihrer nationalen Normung auch international in Form von ISO und CEN genormt. ISO, die International Standardization Organisation, stellt ein Netzwerk von nationalen Normungsinstitutionen von über 140 Ländern dar. Es ist eine Organisation der UNO. Auf europäischer Ebene ist es das Europäische Komitee für Normung (CEN), dessen Mitglied das Deutsche Institut für Normung DIN ist, das seit kurzem auf dem Umweltsektor auch mit ISO zusammen arbeitet. Zwischen ISO und CEN existieren inzwischen Übernahmevereinbarungen, so dass CEN-(EN-) Normen nationale Normen ersetzen können. Als ein Beispiel hierfür ist das vom DIN Arbeitskreis „Bioteste" erarbeitete Deutsche Einheitsverfahren zur Wasser,- Abwasser- und Schlammuntersuchung, Testverfahren mit Wasserorganismen (Gruppe L) zu nennen, in dem die wesentlichen „Allgemeine(n) Hinweise zur Planung, Durchführung und Auswertung biologischer Testverfahren (L1)" enthalten sind. Aus dieser wichtigen nationalen Vorschrift wurde die internationale Normung DIN EN ISO 5667-16, Ausgabe: 199-02: Wasserbeschaffenheit-Probenahme-Teil 16: Anleitung zur Probenahme und Durchführung biologischer Testverfahren (ISO 5667-16:1998).

Eine weitere wichtige Institution ist die Organisation für wirtschaftliche Zusammenarbeit und Entwicklung (OECD), die 1961 gegründet wurde. Sie ist die Spitzenorganisation der westlichen Industrieländer und plant und koordiniert die wirtschaftliche Zusammenarbeit und Entwicklung vieler Länder weltweit. Zu den 29 Mitgliedern gehören inzwischen auch Staaten aus Asien und Osteuropa. Das OECD-Sekretariat befindet sich in Paris. Von dort werden Forschungsprojekte zur Vorhersage wirtschaftlicher Entwicklungen und zum sozialen Wandel und neuen Technologien geleitet. Im Bereich des Umweltschutzes betrifft das die Unterstützung zur Risikoabschätzung von Chemikalien, deren Produktionsmengen in allen OECD-Mitgliedsländern 10.000 Tonnen übersteigt bzw. von denen jährlich mehr als 1.000 Tonnen in zwei oder mehr OECD-Ländern

Ökotoxikologisches Testverfahren	
Bestimmung der Hemmwirkung von Abwasser auf die Lichtemission von *Photobacterium phosphoreum*	DIN 38 412-L34
Bestimmung des erbgutverändernden Potentials von Wasser- und Abwasserinhaltsstoffen mit dem *umu*-Test	DIN 38 415-L3
Bestimmung der Hemmwirkung von Wasserinhaltsstoffen auf Bakterien (*Pseudomonas*-Zellvermehrungs-Hemmtest)	DIN 38 412-L8
Bestimmung der Hemmwirkung von Wasserinhaltsstoffen auf Grünalgen (*Scenedesmus*-Zellvermehrungs-Hemmtest)	DIN 38 412-L9
Bestimmung der Wirkung von Wasserinhaltsstoffen auf Kleinkrebse (Daphnien-Kurzzeittest)	DIN 38 412-L11
Bestimmung der Wirkung von Wasserinhaltsstoffen auf Fische	DIN 38 412-L15

Tab. 2-1: Übersicht über ausgewählte ökotoxikologische aquatische Testverfahren nach DIN-Standard (Quelle: DIN: Deutsche Einheitsverfahren zur Wasser-, Abwasser- und Schlammbehandlung, Testverfahren (Gruppe T). – Beuth, Berlin.

hergestellt werden. Die Informationen zu diesen Chemikalien werden in „Screening Information Data Sets" (SIDS) von Regierungen und der Industrie gesammelt. Die Daten beinhalten neben umfangreichen ökochemischen auch toxikologische und ökotoxikologische Informationen. Die zugrundeliegenden Untersuchungen werden anhand von „OECD-Guidelines for Testing Chemicals" durchgeführt. „OECD-Guidelines" sind Prüfrichtlinien, die verschiedene standardisierte Testverfahren beschreiben (Tabelle 2-2).

Wie den Tabellen 2-1 und 2-2 zu entnehmen ist, werden sowohl durch DIN/ISO/CEN als auch die OECD Normen mit ähnlichen Inhalten aufgeführt. Das ist darauf zurückzuführen, dass zwischen diesen Institutionen bislang keine Übernahmevereinbarungen bestehen, so dass bei der Erarbeitung von Normen kaum eine Zusammenarbeit stattfindet. Dies führte in der Vergangenheit dazu, dass insbesondere für biologische Testverfahren parallel Normen entwickelt wurden, die sich in den wesentlichen Aspekten kaum voneinander unterscheiden. Erst in letzter Zeit wurde diese Doppelarbeit beispielsweise bei der Erar-

Ökotoxikologisches Testverfahren	
Algal, Growth Inhibition Test	OECD-Guideline for Testing Chemicals 201
Daphnia Acute Immobilisation Test and Reproduction Test	OECD-Guideline for Testing Chemicals 202
Fish, Acute Toxicity Test	OECD-Guideline for Testing Chemicals 203
Lemna Growth Inhibition Test	OECD-Guideline for Testing Chemicals, Draft

Tab. 2-2: Übersicht über ökotoxikologische aquatische Testverfahren nach OECD-Standard (Quelle: OECD: Organisation for Economic Co-operation and Development, Guidelines for Testing Chemicals. – Paris).

Tab. 2-3: Übersicht über ökotoxikologische aquatische Testverfahren nach ASTM-Standard (Quelle: ASTM: American Society for Testing and Material, ASTM-Book of Standards, Biological Effects and Environmental Fate; Biotechnology, Pesticides, Volume 11.05, 2000).

Ökotoxikologisches Testverfahren	
Standard Guide for Conducting Static 96-h Toxicity Tests with Microalgae	E 1218-97a
Conducting Static Toxicity Tests with *Lemna gibba*	E 1415-91
Standard Guide for Conducting Sexual Reproduction Test with Seaweeds	E 1498-92
Standard Guide for Conducting *Daphnia magna* Life-Cycle Toxicity Test	E 1193-97
Standard Guide for Conducting Acute, Chronic and Life-Cycle Aquatic Toxicity Tests with Polychaetous Annelids	E 1562-00
Standard Guide for Conducting Laboratory Soil Toxicity or Bioaccumulation Test with the Lumbricid Earthworm *Eisenia fetida*	E 1676-97

beitung des „*Lemna*-Wachstumstests" durch DIN und des „Lemna growth inhibition test" durch OECD bedeutend reduziert.

Im außereuropäischen Bereich gibt es außerdem die „American Society for Testing and Materials" (ASTM), die standardisierte Verfahren für die Erfassung der Wirkung von Umweltchemikalien auf aquatische und terrestrische Pflanzen und Tiere in einem „Annual Book of ASTM Standards" herausgibt (Tabelle 2-3).

Als staatliche Umweltschutzbehörde fungiert in Deutschland das Umweltbundesamt (UBA). Das UBA ist die Zentralbehörde für alle Umweltaufgaben. Die Zuständigkeiten liegen u. a. in der Umweltplanung, der Abfallwirtschaft, dem Immissionsschutz und der Bewertung der Prüfnachweise und Festlegung von Einstufung, Verpackung und Kennzeichnung von Chemikalien nach dem Chemikaliengesetz. Falls es sich bei den Chemikalien um Pflanzenschutzmittel oder andere Agrochemikalien handelt, ist die Biologische Bundesanstalt für Land- und Forstwirtschaft (BBA) in Braunschweig für die Zulassung verantwortlich und bei der Bewertung der Sub-

stanzen beteiligt. Bei der Bewertung möglicher Auswirkungen von Substanzen auf die menschliche Gesundheit ist das Bundesinstitut für gesundheitlichen Verbraucherschutz und Veterinärmedizin (BgVV) die verantwortliche Bundesbehörde in Deutschland.

Einen ähnlichen Aufgabenbereich wie das UBA in Deutschland erfüllt die Environmental Protection Agency (EPA) in den USA. Die EPA gibt zum Beispiel „Water Quality Critera" sowie Richtwerte für Stoffe zum Schutz der Gesundheit der menschlichen Bevölkerung und zum Schutze der aquatischen Organismen heraus. Die amerikanische Umweltbehörde ist Ansprechpartnerin im Bereich Umwelthygiene, deren Aufgabe u. a. in der Festlegung und Überwachung von Grenzwerten für Umweltmedien und in der Zulassung von Chemikalien für ihren Markt besteht. Die EPA hat in den USA die Oberaufsicht über die Überwachung der Umweltqualität. Für diesen Zweck unterhält sie zahlreiche Laboratorien und legt standardisierte Analyseverfahren für chemische Substanzen in den verschiedenen Umweltmedien fest.

2.2 Anwendungsgebiete in der Umweltgesetzgebung

In Deutschland sind im Chemikaliengesetz (ChemG) mit Prüfnachweisverordnung (ChemPrüfV), im Wasserhaushaltsgesetz (WHG) sowie im Pflanzenschutzgesetz (PflSchG) biologische Testverfahren zur ökotoxikologischen Charakterisierung von neu in den Verkehr zu bringenden Stoffen sowie von Wasser- und Abwasserproben integriert. Die ausgewählten Organismen wie Algen, Wasserflöhe, Fische oder Regenwürmer repräsentieren ganze Klassen und Stämme des Pflanzen- oder Tierreiches und sind typisch für die Kompartimente Wasser und Boden.

Deutsches Chemikaliengesetz (ChemG)

Zweck des Chemikaliengesetzes (ChemG von 1994, mit zahlreichen späteren Aktualisierungen), ist es, den Menschen und die Umwelt vor schädlichen Einwirkungen gefährlicher Stoffe und Zubereitungen zu schützen, insbesondere sie erkennbar zu machen, sie abzuwenden und ihrem Entstehen vorzubeugen. Es besteht daher für neu in den Verkehr zu bringende Substanzen und Erzeugnisse eine Prüfpflicht. Sie beinhaltet die Erfassung des toxikologischen Wirkprofils einer Substanz und ihrer möglichen Gefährlichkeit für die Umwelt, bevor sie auf den Markt kommt. Die Bewertung des Gefahrenpotentials von Umweltchemikalien erfolgt auf der Grundlage der EG-Richtlinie 79/831/EWG aus dem Jahre 1979, wonach chemische Stoffe dann als gefährlich gelten, wenn sie giftig, ätzend, reizend, explosionsgefährlich, brandfördernd, entzündlich, krebserregend, fruchtschädigend, erbgutverändernd und umweltgefährlich sind. Unter umweltgefährlich versteht man in der Ökotoxikologie die Kennzeichnung einer Substanz nach

ihrer Exposition und dem Risiko. Unter dem Risiko versteht man dabei die Höhe des gefürchteten Schadens multipliziert mit der Wahrscheinlichkeit des Eintretens. Die Gefahr für die Allgemeinheit findet dabei besondere Berücksichtigung.

Betrachtet man die praktische Umsetzung des Chemikaliengesetzes, so sieht dieses eine Anwendung von Biotests in einem Stufenkonzept vor. Dabei gilt, je höher die Produktionsmenge, umso mehr Prüfnachweise sind dem Umweltbundesamt (UBA) als nationale Behörde vom Hersteller vorzulegen. Die Prüfnachweise der Grundprüfung (ChemG § 7) werden für alle Chemikalien mit einer innerhalb der Europäischen Union (EU) in den Verkehr gebrachten Menge über 1 Tonne pro Jahr gefordert und umfassen u. a. bestimmte physikalisch-chemische Daten, die biotische und abiotische Abbaubarkeit sowie die akute und chronische Toxizität anhand einiger Organismengruppen.

Zusatzprüfungen der 1. Stufe (ChemG § 9) sind für Chemikalienmengen zwischen 100 und 1000 Tonnen notwendig und umfassen umfangreiche biologische Prüfungen, beispielsweise die Wirkung auf Pflanzen und Regenwürmer sowie die Erfassung von Langzeitwirkungen wie krebserzeugende, erbgutverändernde und fruchtschädigende Eigenschaften in so genannten „Life-Cycle-Tests".

Bei Produktionsmengen über 1000 Tonnen pro Jahr fallen die Zusatzprüfungen der 2. Stufe an (ChemG § 10), die beispielsweise Untersuchungen zur Biotransformation und Toxikokinetik, zur chronischen Wirkung, der Bioakkumulation, Abbaubarkeit und Umweltmobilität einschließen. Als ein Beispiel für einen Biotest dient der Fischtest (Abbildung 2-1), bei dem in der Grundprüfung die akute und chronische Toxizität, in der Zusatzprüfung der 2. Stufe der Lebenszyklus- und Bioakkumulationstest verlangt werden.

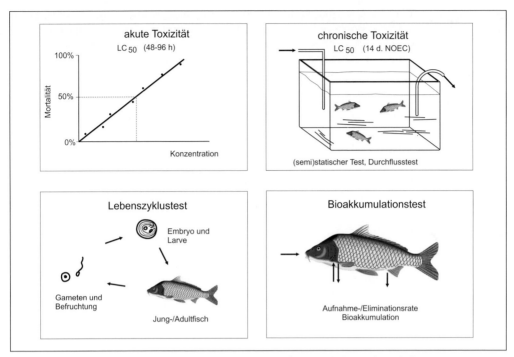

Abb. 2-1: Der Fischtest im Stufenkonzept zur Stoffprüfung nach dem Chemikaliengesetz. Der Biotest auf akute und chronische Toxizität wird bereits in der Grundprüfung verlangt; Lebenszyklus- und Bioakkumulationstest dagegen erst in den Zusatzprüfungen der 2. Stufe (Quelle: STREIT, B. (1994): Lexikon Ökotoxikologie. – 2. Aufl., VCH, Weinheim/New York/Basel/Cambridge/Tokyo).

Pflanzenschutzgesetz (PflSchG)

Das Pflanzenschutzgesetz von 1997 hat zum Ziel, im Rahmen der Zulassung, des Inverkehrbringens und der Kontrolle von Pflanzenschutzmitteln die Voraussetzungen für eine risikominimierte Anwendung von Pflanzenschutzmitteln unter Zugrundelegung eines hohen Schutzniveaus für die Gesundheit von Mensch und Tier und für die Umwelt zu schaffen. Gleichzeitig soll nach Maßgabe des Bundesgesetzes die ausreichende Verfügbarkeit von Pflanzenschutzmitteln sicher gestellt werden. Nach §15 des Pflanzenschutzgesetzes erteilt die Biologische Bundesanstalt für Land- und Forstwirtschaft (BBA) einem Antragsteller die Zulassung für das Produkt, wenn die Prüfung ergibt, dass das Pflanzenschutz-

mittel nach dem Stande der wissenschaftlichen Erkenntnisse und der Technik hinreichend wirksam ist, die Erfordernisse des Schutzes der Gesundheit von Mensch und Tier erfüllt sind und keine schädlichen Auswirkungen auf den Naturhaushalt auftreten.

Der Bewertungsrahmen der Biologischen Bundesanstalt für die Prüfung von Pflanzenschutzmitteln im Zulassungsverfahren ist sehr umfangreich. Folgende Informationen sind wichtig: chemische und physikalische Eigenschaften und Zusammensetzung, Abfallbeseitigung, Rückstandsanalytik, Phytotoxizität, Toxikologie, Rückstandsverhalten, Verbleib im Boden, Eintrag in das Grundwasser, Abbaubarkeit und Verbleib im Wasser/Sediment-System, Verflüchtigung und Verbleib in der Luft, Bioakkumulation, Auswirkungen auf Bodenmikroflora, Regenwürmer, Bienen, Nutzorganismen, Vögel und freilebende Säugetiere sowie Auswirkungen auf Gewässerorganismen.

Zur Abschätzung möglicher Effekte durch Pflanzenschutzmittel in Gewässerökosystemen werden die in der aquatischen Ökotoxikologie gängigen Testverfahren mit Planktonalgen, Wasserfloh und Fischen nach OECD-Standard (siehe Tabelle 2-2) verwendet.

Biozidgesetz

Ziel des Biozidgesetzes (Entwurf vom 16.02.1998) ist die Schaffung der gesetzlichen Grundlage zur Umsetzung der EG-Biozid-Richtlinie 98/8/EG, die die Einrichtung eines harmonisierten Zulassungsverfahrens sowie weitere Regelungen für Biozid-Produkte vorsieht.

Biozid-Produkte wie zum Beispiel Holzschutzmittel und Desinfektionsmittel, Insektenvertilgungsmittel, Rattengifte und Antifoulingfarben, sind Produkte, deren Zweck es ist, auf chemisch/biologischem Wege Schadorganismen zu bekämpfen. Die Einsatzzwecke dieser Produkte sind vielfältig. Ihre Eigenschaft, lebende Organismen abzutöten oder zumindest in ihren Lebensfunktionen einzuschränken, ist gleichermaßen auch mit einem Risiko unerwünschter Wirkungen und Gefahren für den menschlichen Organismus und die übrige belebte Umwelt verbunden.

Das neue Zulassungsverfahren für Biozid-Produkte sieht, ähnlich wie dies etwa bei Pflanzenschutzmitteln der Fall ist (siehe oben), eine sorgfältige Prüfung und Bewertung der Auswirkungen des Produkts auf die Umwelt und auf die Gesundheit vor, bevor es auf den Markt gebracht wird. Anders als Industriechemikalien, deren Zweckbestimmung nicht in einer spezifischen Wirkung auf Lebewesen liegt und deren mögliche toxische und ökotoxikologische Wirkungen eher unspezifischer Natur sind, greifen alle Biozide in die belebte Umwelt ein. Daher besteht von vornherein ein größeres Gefährdungspotential und sollte einem Zulassungsverfahren unterliegen. Inwieweit das vorhandene Methodenspektrum biologischer Testverfahren ausreichend ist, wird sich in der Zukunft zeigen.

Deutsches Wasserhaushaltsgesetz (WHG)

Ein Grundsatz des deutschen wie auch europäischen Wasserrechts besteht darin, die Gewässer als Bestandteil des Naturhaushaltes und als Lebensraum für Tiere und Pflanzen zu sichern. Sie sind so zu bewirtschaften, dass sie dem Wohl der Allgemeinheit und im Einklang mit ihm auch dem Nutzen einzelner dienen und vermeidbare Beeinträchtigungen ihrer ökologischen Funktionen unterbleiben.

Das deutsche Wasserhaushaltsgesetz (WHG) wurde erstmals 1957 erlassen und zuletzt im Jahre 1996 in überarbeiteter Form herausgegeben. Es enthält Vorschriften zum Schutz des Wasserhaushaltes durch Einleitungen von Abwässern und zur Grundwassernutzung. Es wird insbesondere auf den Schutz vor wassergefährdenden Stoffen gezielt. Damit sind feste und flüssige Stoffe gemeint, die die physikalischen, chemischen und biologischen Eigenschaften des Wassers nachteilig verändern. Zu diesen zählen unter anderem Säuren, Laugen, Alkalimetalle, Schwermetalle, Halogene, metallorganische Verbindungen, Mineralöle, Teeröle, Kohlenwasserstoffe, Alkohole, Aldehyde und allgemein Gifte.

In der praktischen Anwendung werden Umweltchemikalien anhand ihrer Gefährlichkeit für Gewässer klassifiziert. Diese Wassergefährdungsklassen (WGK) werden u. a. aus der akuten Toxizität bei Ratten, Bakterien und Fisch, der biologischen

Abbaubarkeit und dem Verteilungsverhalten, angegeben als Octanol/Wasser-Verteilungskoeffizient, ermittelt. Es werden die folgenden vier Wassergefährdungsklassen unterschieden, in die die einzelnen Stoffe durch ihre ermittelte Wassergefährdungszahl (WGZ) zugeordnet werden:

WGK = 0: im Allgemeinen nicht wassergefährdend, Stoffe mit WGZ = 0–1,9
WGK = 1: schwach wassergefährdend, Stoffe mit WGZ = 2–3,9
WGK = 2: wassergefährdend, Stoffe mit WGZ = 4–5,9
WGK = 3: stark wassergefährdend, Stoffe mit WGZ = ≥ 6

Im Rahmen der Wassergesetze und des Abwasserabgabengesetzes ist ebenfalls die Prüfung der Toxizität komplexer Wassergemische aus Einleitungen und Abwässern eine der zentralen Aufgabe. Hierfür werden vier Biotests mit Fisch, Alge, Daphnie und Bakterie verwendet, die als DIN-Normen standardisiert sind (DIN 38412 L30 1993, L31 1989, L33 1993, L34 1991). Sie repräsentieren die trophischen Ebenen eines Ökosystems. So steht die Alge als Vertreter der Produzenten, die alle Pflanzen umfassen. Die Daphnie gehört zu den Konsumenten 1. Ordnung, der Fisch zu den Konsumenten 2. Ordnung, und Bakterien repräsentieren die Destruenten. Die vier genormten Biotests werden seit Jahren erfolgreich bei der Abwasserprüfung und Abgabenerhebung eingesetzt, und sie reichen nach heutigem Kenntnisstand prinzipiell für eine sichere Überwachung von Abwässern aus. Als Ergebnis werden so genannte G_x-Werte ermittelt, die diejenige Verdünnungsstufe des Abwassers angeben, bei der keine akut toxische Wirkung mehr festgestellt werden kann.

Europäische Gewässerschutzrichtlinien

Schon vor der Verankerung des Umweltschutzes im EWG-Vertrag im Jahre 1986 hat die Europäische Union Gewässerschutzrichtlinien erlassen (Tabelle 2-4). Nach der Normenhierarchie ist das supranationale Recht der EU dem nationalen Recht übergeordnet. Die Richtlinien sind an die Mitgliedsstaaten gerichtet und werden in nationale Gesetze umgesetzt. Bislang wurde aus deutscher Sicht das deutsche Gewässerschutzrecht für schärfer gehalten als das EU-Recht.

Eine neue Wasserrahmenrichtlinie der Europäischen Gemeinschaft ist am 22.12.2000 in Kraft getreten. Mit dem Tag der Veröffentlichung fiel der Startschuss für eine überarbeitete Gewässerschutzpolitik in Europa, die über Staats- und Länder-

Tab. 2-4: Gewässerschutzrichtlinien der EU (Quelle: BÜHLER, W. (2000): Umsetzung europäischer Richtlinien in nationales Recht. – In: FOMIN, A., ARNDT, U., ELSNER, D. & KLUMPP, A.: Bioindikation. Biologische Testverfahren. 2. Hohenheimer Workshop zur Bioindikation am Kraftwerk Altbach-Deizisau 1998. Heimbach, Stuttgart, 103–110).

1975	Richtlinie über Qualitätsanforderungen an Oberflächengewässer für die Trinkwassergewinnung und Badegewässerrichtlinie
1976	Richtlinie betreffend die Verschmutzung infolge der Ableitung bestimmter gefährlicher Stoffe
1978	Fischgewässerrichtlinie
1979	Richtlinie über Messmethoden, Probehäufigkeit und Analysen bei Trinkwassergewinnung aus Oberflächengewässern, Muschelgewässerrichtlinie, Grundwasserschutzrichtlinie
1980	Richtlinie über die Qualität von Wasser für den menschlichen Gebrauch
1991	Kommunalabwasserrichtlinie, Nitratrichtlinie
1996	Richtlinie über die integrierte Vermeidung und Verminderung von Umweltverschmutzungen
2000	Wasserrahmenrichtlinie

grenzen hinweg eine koordinierte Bewirtschaftung der Gewässer innerhalb der Flusseinzugsgebiete bewirken soll. Durch die Richtlinie werden insbesondere neue Impulse für einen stärker ökologisch ausgerichteten ganzheitlichen Gewässerschutz erwartet. Die bereits im deutschen Wasserrecht verankerten Bewirtschaftungselemente und immissionsbezogenen Instrumente werden verstärkt anzuwenden sein.

2.3 Spezielle Entwicklungen und Anwendungen von Testverfahren

Betrachtet man die Verwendung pflanzlicher Organismen in der Gesetzgebung, so ist in den meisten Fällen die Messung der Hemmung der Zellvermehrung bei einer Grünalge vorgesehen. Die Verwendung von Algen als Vertreter des Pflanzenreiches und die damit verbundene Übertragung von Testergebnissen auf alle Gefäßpflanzen ist nicht unproblematisch und wird vielfach kritisch diskutiert. Vor allem die komplexere Struktur, der unterschiedliche Lebenszyklus mit zahlreichen physiologischen Merkmalen, wie Blattfall, Blüten- und Samenbildung, unterscheiden höhere von niederen Pflanzen. Eine Wirkung von Schadstoffen kann sich im Einzelfall deutlich bei den verschiedenen Organismen unterscheiden. So erbrachte ein Vergleich von Herbiziden bei Algen und Gefäßpflanzen, dass ca. 50 % der Chemikalien, die bei Gefäßpflanzen eine Wirkung hervorriefen, bei Algen keinerlei Wirkungen zeigten. Die höhere Empfindlichkeit von Gefäßpflanzen für bestimmte Pestizidverbindungen im Vergleich zu Algen ist auch durch andere Untersuchungen bestätigt worden. Auf internationaler Ebene ist für die Prüfung der Toxizität von Pestiziden an höheren Pflanzen daher eine Richtlinie mit der Wasserlinse *Lemna gibba* erarbeitet worden (siehe Tabelle 2-3), nach der bislang auch in Deutschland alle neu entwickelten Pflanzenschutzmittel getestet werden.

Ein weiteres Defizit ist die Verwendung wurzelnder, dikotyler Makrophyten sowohl bei der Zulassung neuer Pflanzenschutzmittel als auch bei der Sedimenttestung. Erste Untersuchungen zur Verwendung von *Myriophyllum*-Arten zeigen, dass die Pflanzen im Vergleich zu Wasserlinsen vor allem bei Wuchsstoffherbiziden eine höhere Empfindlichkeit aufweisen und darüber hinaus auch für eine Prüfung der Sedimenttoxizität geeignet sind, da sie mit diesem Kompartiment aufgrund ihrer wurzelnden Lebensweise direkt in Kontakt stehen.

Die bisher genormten Testverfahren im Bereich der Wasser-/Abwasserprüfung (siehe Tabellen 2-1, 2-2, 2-3) reichen zwar in vielen Fällen für eine sichere Überwachung aus, bilden aber nur einen Teil der möglichen ökotoxikologischen Wirkungen ab. So sind Defizite sichtbar geworden, die mit bestehenden Konzepten einer Testprüfung nicht behoben werden können. Das betrifft beispielsweise die bereits angesprochene mangelnde Empfindlichkeit von Algen für bestimmte Schadstoffklassen. Außerdem sind viele Abwässer durch starke Trübungen, Färbungen oder extreme pH-Werte charakterisiert. Die Folge davon sind zusätzliche Vorbereitungsschritte wie Filtration oder Neutralisation, um die Wasserprobe an das entsprechende Verfahren anzupassen und die Gültigkeitskriterien des Biotests zu erfüllen. Der Eingriff in die Zusammensetzung der Probe kann eine wirklichkeitsnahe Erfassung von Toxizitätsdaten erschweren oder sogar verhindern. Als Testorganismen sollten für die Prüfung von Abwässern mit extremen Eigenschaften daher solche zum Einsatz kommen, die beispielsweise eine hohe pH-Wert-Toleranz aufweisen oder deren Wirkungskriterien nicht durch störende Faktoren beeinflusst werden. Die Umweltprobe kann in den meisten Fällen mit diesen Organismen im Originalzustand getestet werden.

Ein Beispiel hierfür ist die Erfassung des ökotoxikologischen Potentials saurer Tagebaurestseen. Viele dieser Seen weisen einen sehr niedrigen pH-Wert auf. Für eine ökotoxikologische Testung sind nur Organismen geeignet, die man ohne Qualitätsverlust an die Testprobe anpassen kann, da eine pH-Wert-Anhebung zu einer Veränderung der originalen Schadstoffbelastung in der Testprobe führt (Abbildung 2-2, unten). In der Abbildung 2-2 (oben) ist die Wirkung einer schadstoffbelasteten Gewässerprobe auf *Euglena gracilis* im Algen-Motilitäts-Test dargestellt. Die Kontrolle wurde beim Original-pH Wert von 2,8 vermessen. Aufgrund dieser Versuchsdurchführung sind

pH-Wert-Einflüsse auszuschließen und die gemessene Abnahme der Beweglichkeit der Organismen auf Schadstoffe zurückzuführen.

In einem Gewässer sind nicht nur toxische Wirkungen auf aquatische Organismen unerwünscht, sondern auch toxische Wirkungen auf die menschliche Gesundheit. Von Bedeutung sind hierbei vor allem erbgutverändernde und fortpflanzungsgefährdende Wirkungen sowie die Immuntoxizität. Zur Prüfung auf erbgutverändernde Wirkungen sind zwei bakterielle Genotoxizitätstests in der Anwendung. Allerdings zeigen eine Reihe von Schadstoffen, die sich im Bakterientest auf Mutagenität als nicht mutagen erwiesen haben, in Ganztier-Testsystemen eindeutige erbgutverändernde

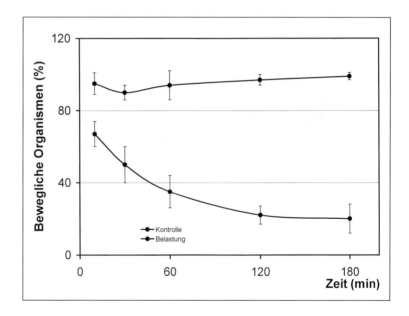

Abb. 2-2: Wirkung einer unmodifizierten Gewässerprobe (pH 2,8) auf die Beweglichkeit von *Euglena gracilis* im Algen-Motilitäts-Test (siehe Kapitel 22) (oben). Veränderung der Schadstoffgehalte nach Anhebung des pH-Wertes von 2,8 (Original) auf 7,0 (unten).

Elemente	pH 2,8	pH 7,0
Fe (mg/l)	552,6	0,20
Al (mg/l)	53,0	1,80
Zn (mg/l)	2,7	0,04
Pb (µg/l)	3,6	< 0,50
Cd (µg/l)	1,6	< 0,30

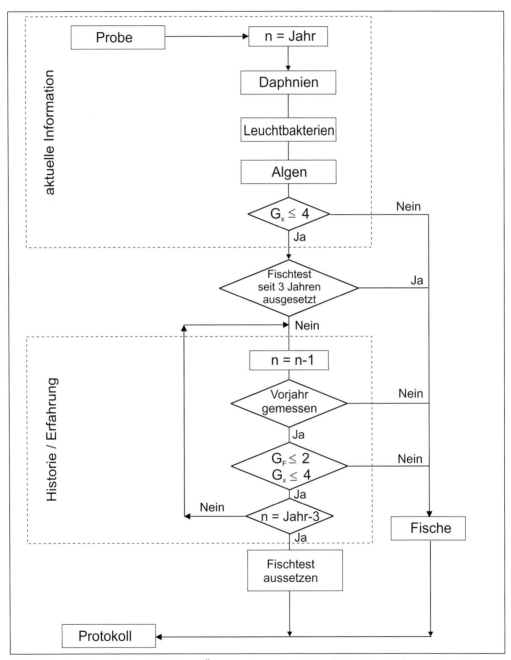

Abb. 2-3: Das Bayerische Modell zur Überwachung der Fischgiftigkeit im Rahmen der Wasserge-setze und der Abwasserabgabengesetze (Quelle: KOPF, W. (2000): Das Bayerische Modell – eine Untersuchungsstrategie zur Reduktion von Fischtests. - In: FOMIN, A., ARNDT, U., ELSNER, D. & KLUMPP, A.: Bioindikation. Biologische Testverfahren. 2. Hohenheimer Workshop zur Bioindika-tion am Kraftwerk Altbach-Deizisau 1998. Heimbach, Stuttgart, 87–93).

Eigenschaften. Pflanzliche Organismen können hier als echte Testalternative verwendet werden, zumal die Möglichkeiten der Nutzung transgener Pflanzen im Bereich des Nachweises genotoxischer Schadstoffwirkungen eine Brücke zu humantoxikologischen Fragestellungen schlagen können. Erste erfolgsversprechende Ansätze liegen mit einer transgenen *Arabidopsis thaliana* vor, mit der die genotoxische Wirkung von Schwermetallen detailliert untersucht worden ist.

Aufgrund der zunehmenden Einwände seitens des Tierschutzes gegen alle Tierversuche sind, vor allem im Bereich fortpflanzungsgefährdender Wirkungen, in den letzten Jahren große Anstrengungen zur Entwicklung von Alternativen mit sogenanntem „schmerzfreien Material" unternommen worden. Eine der ersten Aktivitäten war die Entwicklung des „Early-Life Stage Tests", bei dem unterschiedliche Störungen der Embryonalentwicklung des Zebrabärblings (*Brachydanio rerio*) unter dem Einfluss von Prüfsubstanzen als toxische Wirkungskriterien erfasst wurden. Das Testprinzip besteht darin, dass unmittelbar nach der Eiablage die besamten und befruchteten Eier aus einem Hälterungsbecken entnommen und in Kavitäten einer Mikrotiterplatte einzeln statisch oder im Durchfluss exponiert werden. Über einen Zeitraum von zwei Tagen wird dann mit Hilfe einer Videoüberwachung die Entwicklung der Fischembryonen im Ei bis zum Schlupf erfasst, wobei die normgerechte Ausbildung unterschiedlicher Organanlagen, Organe oder Körperfunktionen protokolliert wird. Die Maximalanforderung des Tierschutzes, alle Tierversuche durch Biotests mit schmerzfreiem Material zu ersetzen, kann jedoch auch der „Early-Life Stage Tests" nur sehr eingeschränkt erfüllen. Es erscheint fragwürdig, ob die Fischlarven während ihrer späten Entwicklung im Ei bei voll ausgebildetem Nervensystem weniger schmerzempfindlich als die ausgewachsenen Exemplare sind. Zell- und Gewebekulturen sowie Bakterientests bieten in dieser Hinsicht weitaus bessere Möglichkeiten, allerdings gestatten sie keine oder nur eingeschränkte Übertragungen auf ganze bzw. tierische Organismen.

Es ist anzumerken, dass auch der Einsatz des Fischtests im Rahmen der Wassergesetze nicht unproblematisch ist und deshalb überdacht wird. Aus Gründen des Tierschutzes sowie aufgrund der ungenügenden Empfindlichkeit ist man in den letzten Jahren sehr bemüht, die Anzahl durchgeführter Fischtests zu reduzieren. Man geht sogar soweit, den akuten Fischtest als „lebendes Fossil" in der Abwassergesetzgebung zu bezeichnen, dessen Festschreibung allerdings keinen großen Spielraum für Veränderungen lässt. In einem „Bayerischen Modell" wurde zumindest eine Reduzierung der Versuchsfische erreicht, indem der Fischtest nicht bei allen Abwässern durchgeführt wird, sondern sich nur auf fischtoxische Abwässer beschränkt (Abbildung 2-3). Einleitungen, bei denen in drei aufeinanderfolgenden Jahren der G_F-Wert nicht über 2 und gleichzeitig der G_x-Wert der übrigen Biotestverfahren nicht über 4 liegt, werden nur noch alle 4 Jahre mit dem Fischtest geprüft. Treten Veränderungen auf, wird der Fischtest wieder jährlich durchgeführt.

3 Eintrag und Wirkungen ausgewählter Schadstoffe

Im Rahmen des Praktikums Ökotoxikologie sollen verschiedene biologische Testverfahren für Wasser, Sediment und Boden auf unterschiedlichen biologischen Integrationsebenen vorgestellt und unter Anleitung durchgeführt werden. Dabei werden als Testsubstanzen verschiedene Schadstoffe sowie Umweltproben auf ihre Wirkung geprüft. Die folgenden Abschnitte beziehen sich auf die im Praktikumsbuch beschriebenen Testverfahren und stellen Grundlagenwissen zu folgenden Fragen dar:
- Durch welche Schadstoffe werden Ökosysteme belastet?
- Welchen Schadstoffquellen entstammen sie?
- Wie ist die Wirkungsweise der verwendeten Schadstoffgruppen?
- Welche Organismen sind gefährdet?

3.1 Eintrag von Schadstoffen in Umweltmedien

Schadstoffe können auf unterschiedliche Weise in Ökosysteme in die Kompartimente Wasser, Boden/Sediment und Luft eingetragen werden:
- „Unbeabsichtigte" Freisetzung als Folge anthropogener Aktivitäten, wie zum Beispiel Bergbautätigkeit, Rauchgasanlagen, Verkehr und daraus resultierende Unfälle (Schiffsuntergänge, Autounfälle, Flugzeugabstürze), Havarien technischer Anlagen, Feuer.
- Abfallbeseitigung, wie zum Beispiel kommunale und industrielle Abwässer, Verklappung im Meer, Deponierung, Abfallverbrennung.
- Gewollte Anwendung von Substanzen im Rahmen des bestimmungsgemäßen Gebrauchs, wie zum Beispiel Agrochemikalien, Biozide, Pestizide, Reinigungsmittel, Medikamente.
- Absichtliche Freisetzung von Substanzen in krimineller Absicht, wie zum Beispiel illegale Einleitung von Abwässern in Oberflächengewässern, Verklappung und Deponierung.

Die folgenden Ausführungen beschränken sich auf die im Praktikum relevanten Umweltmedien Oberflächengewässer, Sediment und Boden.

Oberflächengewässer

Die Tabelle 3-1 gibt einen Überblick über wichtige Eintragspfade von Schadstoffen in Oberflächengewässer. Die Einleitung von Abwässern in die Oberflächengewässer spielt global eine besonders große Rolle. Während häusliche Abwässer in den industrialisierten Ländern zum überwiegenden Teil an die öffentliche Kanalisation angeschlossen sind und daher durch Kläranlagen gereinigt werden, werden in anderen Ländern industrielle Abwässer noch häufig direkt ohne Vorbehandlung oder biologische Reinigung in die Oberflächengewässer eingeleitet.

Die aus Abwassereinleitungen resultierende Belastung für die als Vorfluter dienenden Oberflächengewässer hängt einerseits von der Quantität und Qualität, also der chemischen Zusammensetzung des Rohabwassers ab, andererseits aber auch von der verfügbaren Klärtechnik und damit von der Möglichkeit, potentiell als Schadstoffe wirkende Substanzen aus dem Rohwasser effektiv entfernen oder abbauen zu können. Speziell die Detergentien, die typischerweise in häuslichem Abwasser vorkommen, stellen eine wichtige

Belastungskomponente dar, weil sie häufig nur schwer abbaubar sind. Das trifft auch für zahlreiche synthetische Steroidhormone, beispielsweise aus Empfängnisverhütungspillen zu. Sie gelangen als Metabolite über die Kläranlage in Oberflächengewässer, da sie den Klärprozess weitgehend überstehen. Obwohl die Metabolite häufig eine geringere Aktivität als die Ausgangssubstanz aufweisen, ist ihre ökotoxikologische und toxikologische Bedeutung nicht zu unterschätzen, da bislang kaum etwas

Tab. 3-1: Übersicht über die wichtigsten Eintragspfade von Schadstoffen in Oberflächengewässer (Quelle: WALKER, C. H., HOPKINS, S. P., SIBLY, R. M., PEAKALL, D. B. (1996): Principles of ecotoxicology. – Taylor & Francis, London/Bristol).

Eintragspfad	Schadstoffgruppen	Bemerkungen
Kommunale Abwässer	Verschiedene organische und anorganische Schadstoffe aus privaten Haushalten und kommerziellen Quellen; Detergentien sind grundsätzlich vorhanden	Sehr variable Zusammensetzung des Rohabwassers, aber auch des gereinigten Abwassers in Abhängigkeit von der vorhandenen Klärwerkstechnik
Oberflächenabfluss von instrustriellem und kommerziellem Betriebsgelände	In Abhängigkeit von den kommerziellen Aktivitäten ein weites Spektrum von Schadstoffen, speziell in der chemischen Industrie; Schwermetalle auf Bergbaugeländen; papierherstellende Betriebe sind in einigen Regionen eine bedeutende Schadstoffquelle	Zumeist werden behördlicherseits Maximalkonzentrationen im Abwasser vorgegeben
Oberflächenabfluss und Einleitungen von Kernkraftwerken	Radionuklide	Abhängigkeit von der regelmäßigen und strikten Überwachung in den meisten Ländern
Oberflächenabfluss von Böden und agrarisch genutzten Flächen	Unterschiedliche Schadstoffe von oberirdischen Deponien; Pestizide	Im Allgemeinen wenig überwacht und auch schwierig zu erfassen
Luft/Atmosphäre	Feuchte Deposition	Teilweise Langstreckentransport von Schadstoffen
	Direkte Anwendung von Bioziden	Pflanzenschutz; Kontrolle von Krankheitserregern und -überträgern, Parasiten und aquatischen Unkräutern
	Unbeabsichtigte Kontamination über Aerosole oder Stäube	Pestizidausbringung durch Flugzeuge als potentielle Umweltgefährdung
Verklappung auf See	Rohabwässer; radioaktive Abfälle und toxische Substanzen in verschlossenen Behältern	Mögliche Gefährdung der marinen Umwelt bei einer Alterung der Behälter
Leckagen von Ölbohrinseln und bei Löscharbeiten von Schiffen	Kohlenwasserstoffe	Teilweise unbeabsichtigt durch Unfälle, teilweise als Folge von Kriegshandlungen
Schiffswrack	Kohlenwasserstoffe und andere organische Schadstoffe	Speziell Wracks von Öltankern als Umweltproblem

über Umweltverhalten und Wirkungen bekannt ist.

Gegenüber den kommunalen sind industrielle Abwässer und Einleitungen durch eine größere Heterogenität ihrer Zusammensetzung gekennzeichnet, auch wenn die Abwässer eines einzelnen Betriebes eine bemerkenswert gleichbleibende Quantität und Qualität aufweisen. Viele industrielle Abwässer weisen zudem eine typische Zusammensetzung auf, die bereits Rückschlüsse auf die Aktivitäten oder Produktionsprozesse in den jeweiligen Betrieben zulässt. So treten Schwermetalle oft in den Abwässern der Schwerindustrie, wie Erzgewinnung, Reinigung oder Verhüttung von Erzen auf. Chlorierte Kohlenwasserstoffe und Fungizide dagegen sind charakteristische Inhaltsstoffe der Abwässer der papierverarbeitenden Industrie. Insektizide finden sich häufig in den Einleitungen von Garnveredelungsbetrieben, ein sehr breites Spektrum von organischen Chemikalien ist bei der chemischen Industrie anzutreffen, wogegen diverse Radionuklide bei Kernkraftwerken auftreten.

Die Anwendung von Pflanzenschutzmitteln in der Landwirtschaft ist häufig mit einem Eintrag der Wirkstoffe in angrenzende Ökosysteme verbunden. Den wohl größten Anteil an der Kontamination hat der Austrag von Pflanzenschutzmitteln durch „runoff". Unter „runoff" versteht man den Teil des Abflusses aus dem Wasser- und Bodenbereich, der oberirdisch eine gewisse Fließstrecke zurücklegt, dann entweder versickert oder in einen Vorfluter direkt eindringt. Die Menge an eingetragenen Wirkstoffen hängt unter anderem von den physiko-chemischen Eigenschaften der Substanz, den Bodeneigenschaften und der Hangneigung der Felder ab. Man rechnet im Allgemeinen damit, dass etwa bis zu 5 % der ausgebrachten Wirkstoffmenge von den Flächen in das Wasser und an erodiertes Bodenmaterial gelangen. Weiterhin kann es durch das Niederschlagswasser zu

einer Kontamination von Oberflächengewässern und Sedimenten kommen. Auch über die Atmosphäre kann unkontrolliert ein Eintrag erfolgen. Dieser tritt durch eine Abdrift beim Ausbringen der Präparate, durch Verflüchtigung von Pflanzen- oder Bodenoberflächen oder durch Verwehung kleiner Bodenpartikel auf. Ein direkter Eintrag in kleinere Gewässer ist vor allem bei der Applikation von Pflanzenschutzmitteln mit Flugzeugen unvermeidbar. Auch bei der Reinigung von Spritzgeräten anfallendes Spülwasser, über Kläranlagen oder durch direkte Einleitung in Vorfluter, können Belastungen erwartet werden.

Auch die direkte Anwendung von Bioziden in limnischen und marinen Oberflächengewässern zur Bestandskontrolle von wirbellosen Tieren und pflanzlichen Organismen hat eine nicht zu unterschätzende ökotoxikologische Bedeutung. Besonders in den tropischen und subtropischen Breiten der Erde werden Herbizide eingesetzt, um aquatische Unkräuter zu vernichten oder zumindest so zu dezimieren, dass sie die Entnahme von Trink- und Brauchwasser zu industriellen Zwecken oder andere Wassernutzungsarten nicht behindern. In der Aquakultur mit Fischen, Muscheln und Austern werden zudem häufig Insektizide eingesetzt, um Parasiten oder andere Krankheitserreger auszuschalten. Da derartige Aquakulturen oft in Küstengewässern, Flüssen oder Seen als offene Systeme betrieben werden, resultiert aus der Behandlung der Fische und Schalentiere auch immer eine Belastung der jeweiligen angrenzenden Ökosysteme.

In Antifoulingfarben, die Unterwasserstrukturen wie Bootskörper, Hafeninstallationen oder auch Ölbohrinseln vor einer Besiedlung mit Organismen schützen sollen, wird eine Vielzahl höchst unterschiedlicher und sehr effektiver Biozide eingesetzt. Dabei reicht die Palette von anorganischen Kupfersalzen über zinnorganische Verbindungen bis zu Dithiocarbamaten und anderen organischen Verbindungen, die teilweise zu einer globalen Gefährdung ganzer Organismengruppen geführt haben.

Sedimente

Prinzipiell gelten für Sedimente die gleichen Eintragspfade von Schadstoffen wie für Oberflächengewässer. Sedimente sind Be-standteil des aquatischen Ökosystems und bilden Habitate für zahlreiche Organismen und Biozönosen, die in oder auf dem Sediment leben. Viele Schadstoffe, die aus den unterschiedlichen Quellen in die Oberflächengewässer gelangen (Tabelle 3-1), sind in Wasser kaum löslich. Das betrifft vor allem einige Schwermetallverbindungen, halogenierte Kohlenwasserstoffe und polyzyklische aromatische Kohlenwasserstoffe. Diese Schadstoffe werden dem Wasser dadurch entzogen, dass sie sich an Schwebstoffe und dem Sediment anlagern. Somit kann ein Sediment im Laufe der Zeit hohe Schadstoffkonzentrationen akkumulieren, die allerdings bei veränderten Bedingungen durchaus wieder freigesetzt werden können, so dass man von „chemischen Zeitbomben" spricht.

Sedimente werden landläufig als das Gedächtnis eines Gewässers bezeichnet. Ein gut belegtes Beispiel hierfür sind die im Verlaufe von Jahrhunderten wechselhaften Einträge von Schadstoffen in das Sediment des Bodensees. Im Verlaufe von ca. 15.000 Jahren haben sich durchschnittlich 10 m Sediment abgelagert, deren einzelne Schichten markante Strukturen und Inhalte aufweisen, die verschiedenen Ereignissen zugeordnet werden können. Die Industrialisierung, die mit hohen Emissionen verschiedener Schadstoffe verbunden war, spiegelt sich daher in den Schadstoffablagerungen wieder (Abbildung 3-1). So ist ein Maximum der Bleigehalte in den Sedimenten der 60-er Jahre des 20. Jahrhunderts nachweisbar. Die drastische Reduktion des Ausstoßes von Blei vor allem durch den Kraftfahrzeugverkehr in den Folgejahren führte auch zu einer starken Senkung der Bleigehalte im Sediment.

In den letzten Jahren wurden intensive Untersuchungen über Sedimentbelastungen großer Fließgewässer Deutschlands durchgeführt. Zur besseren Charakterisierung der räumlichen Differenzierung von Belastungen werden üblicherweise entlang eines

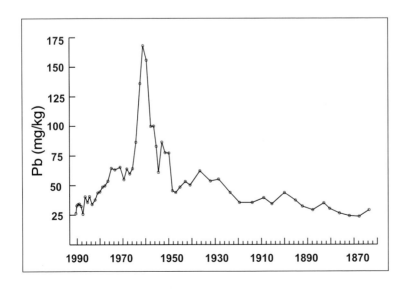

Abb. 3-1: Zeitliche Entwicklung des Bleigehaltes im Sediment des Bodensees (Quelle: WESSELS, M., SCHRÖDER, H.-G. (1998): Lead and zinc in the sediment of Lake Constance, SW Germany. – In: BÄUERLE, E., GAEDKE, U.: Lake Constance. Characterization of an ecosystem in transition. Arch. Hydrobiol. Suppl. 53, 335–349).

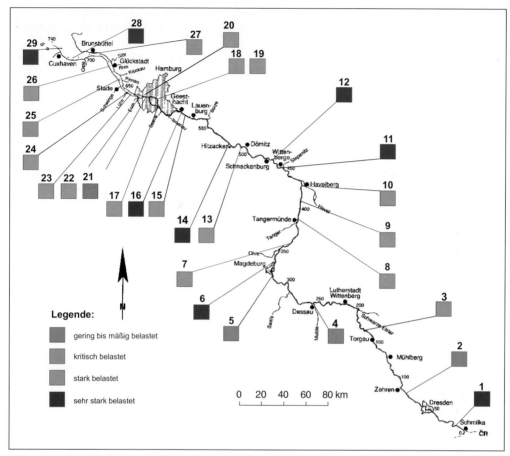

Abb. 3-2: Graphische Darstellung der ermittelten Belastungsklassen für Sedimente bezogen auf Schwermetallgehalte an den mit Ziffern gekennzeichneten 29 Untersuchungsstellen entlang der Elbe. In der Legende ist die Zuordnung der untersuchten Sedimente zu Belastungsklassen in Anlehnung an Wachs aufgeführt (Quelle: SCHULTE-OEHLMANN, U., DUFT, M., TILLMANN, M., OEHLMANN, J. (2000): Biologisches Effektmonitoring an Sedimenten der Elbe mit *Potamopyrgus antipodarum* und *Hinia (Nassarius) reticulata*. Forschungsbericht für die ARGE Elbe, Auftrags-Nr. W25/00).

Flusses zahlreiche Proben genommen. Beispielsweise sind in Abbildung 3-2 Entnahmestellen für Sedimente der Elbe aufgeführt, die im Rahmen verschiedener Forschungsprojekte sowohl chemisch-analytisch als auch biologisch untersucht wurden. Nach einer Elementanalytik konnten die untersuchten Sedimente verschiedenen Belastungsklassen zugeordnet werden, die sich von gering bis mäßig belastet, über kritisch und stark bis sehr stark belastet erstreckten. Besondere Belastungsschwerpunkte, bezogen auf die Schwermetallkonzentration, stellen die Sedimente der Havelmündung sowie die Sedimente im Bereich des Hamburger Hafens bis zur Lühemündung dar.

Böden

In analoger Weise wie für Oberflächengewässer und Sedimente gilt auch für den
Boden, dass eine Kontamination infolge
von Unfällen, Überschwemmungen oder
anderen Naturkatastrophen sowie durch
Langstreckentransport von Schadstoffen
unbeabsichtigt erfolgen kann oder wissent-
lich in Kauf genommen wird (Tabelle 3-2).
Zu den wichtigsten Faktoren, die für einen
Schadstoffeintrag in das Umweltmedium
verantwortlich sind, gehört die kontrol-
lierte Deponierung oder speziell die wilde
Ablagerung von Müll. Auch der Einsatz

von Bioziden zur Regulierung der Be-
standsdichte von Mikroorganismen, Pflanzen und Tieren, die als Krankheitserreger
oder deren Überträger, als Parasiten oder
Schädlinge in der Landwirtschaft auftreten,
zählt dazu. Oftmals werden die Präparate
mit Flugzeugen durch das so genannte
„spraying" weiträumig verteilt und konta-
minieren dadurch den Boden.

Der Einsatz von Klärschlamm als Dünge-
mittel in der Landwirtschaft ist ebenfalls
als Belastungsquelle anzusehen, da auf diesem Weg Schwermetalle, zahlreiche Detergentien und eine große Anzahl anderer

Tab. 3-2: Übersicht über die wichtigsten Eintragspfade von Schadstoffen in den Boden (Quelle:
WALKER, C. H., HOPKINS, S. P., SIBLY, R. M., PEAKALL, D. B. (1996): Principles of ecotoxicology.
– Taylor & Francis, London/Bristol).

Eintragspfad	Schadstoffgruppen	Bemerkungen
Abfalldeponierung von Hausmüll, Bauschutt und Industriemüll	Weites Spektrum unterschied- lichster Schadstoffe	Besonders einige Industriemüll- deponien weisen hohe Schadstoff- gehalte auf, z. B. Mineralöle, Metallerzrückstände, PCB
Anwendungen von Pestiziden auf land- und forstwirtschaftlich genutzten Flächen	Insektizide, Herbizide, Fungi- zide, Nematizide und Rodenti- zide als Sprays oder Aerosole, Stäube oder zur Saatgutbe- handlung	In den meisten Ländern wird die Anwendung von Pestiziden gesetz- lich geregelt
Regulierung der Abundanzen von Arthropoden als Krankheitsüberträger	Insektizide, Akarizide und Nematizide	Weiträumige oder großflächige Belastung vor allem in Zusammen- hang mit der Bekämpfung der Über- träger von Malaria und Schlafkrank- heit
Ausbringung von Klärschlamm auf landwirtschaftlich genutzten Flächen	Schwermetalle, Detergentien, PCB, Dioxine, Furane	In einigen Ländern (z. B. Deutsch- land) sind durch Klärschlammverord- nungen Höchstbelastungen festge- legt
Überflutungsgebiete von Flüssen und Seen	Unterschiedlichste Schadstoff- gruppen, v. a. auch die für Abwässer typischen Verbindun- gen	Eutrophierung von Auenregionen, in vielen Industrienationen aufgrund wasserbaulicher Maßnahmen heute praktisch bedeutungslos
Trockene und feuchte Deposition	Vor allem Schadstoffe, die im Ruß, Staub und im sauren Regen auftreten sowie Pestizide	Kurzstreckentransport durch Spritz- mittelverdriftung, Ruß und Staub aus Kaminen, Langstreckentransport durch Verdriftung und feuchte Deposition sind möglich

organischer Schadstoffe in den Boden gelangen können. In Deutschland wird die Ausbringung von Klärschlamm auf landwirtschaftlich genutzten Flächen durch die Klärschlammverordnung geregelt (Tabelle 3-3).

Ein weiterer wichtiger Eintragspfad von Schadstoffen in Böden ist die trockene und feuchte Deposition. Hierunter versteht man die Kontamination des Bodens durch Stoffe, die über die Atmosphäre transportiert werden und die als Partikel oder durch Niederschläge auf die Bodenoberfläche gelangen. Besonders die unmittelbare Umgebung von Emittenten kann stark belastet

sein, was sich unter anderem in Vegetationsschäden äußert, die mit der Entfernung zum Emittenten abnehmen.

Bodenkontaminationen mit Schadstoffen lassen sich häufig über erhöhte Belastungen der Vegetation nachweisen. Analysen ergaben, dass ähnlich wie bei Sedimenten (Abbildung 3-1), auch der zeitliche Eintrag von Schwermetallen in Böden mit entsprechenden Gehalten in Pflanzen korreliert. So nahm die Bleikonzentration im Moos *Polytrichum formosum* an einem Standort im Zeitraum von 1985 bis 1991 um mehr als das Dreifache ab (Abbildung 3-3), was insgesamt auf eine Reduktion der Bleiemission zurückzuführen ist.

Tab. 3-3: Zulässige Grenzwerte für einige Schwermetalle in Klärschlämmen und Böden nach der Klärschlammverordnung (AbfKlärV, 1992).

Metall	mg Metall/kg TM	
	Klärschlamm	Boden
Zink	3000	300
Chrom	1200	100
Kupfer	1200	100
Nickel	20	50
Cadmium	30	3
Quecksilber	25	2

Eine Bodenkontamination kann außerdem durch die regelmäßige Überflutung der Uferbereiche belasteter Flüsse und Seen hervorgerufen werden. Derartige Auengebiete sind häufig durch erhöhte Gehalte an Schwermetallen und organischen Schadstoffen in den Böden charakterisiert und zeigen generell vergleichbare Belastungsmuster wie landwirtschaftliche Flächen, auf denen Klärschlamm ausgebracht wurde. Aufgrund der starken wasserbaulichen Veränderungen durch Begradigungen, Deichbau und ähnliches, die die meisten

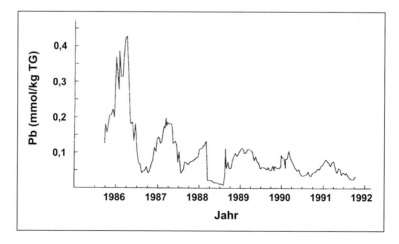

Abb. 3-3: Bleikonzentration in *Polytrichum formosum*. Pflanzenproben wurden im Zeitraum von Herbst 1985 bis Herbst 1991 gesammelt (Quelle: MARKERT, B. (1993): Instrumentelle Multielementanalyse von Pflanzenproben. – VCH, Weinheim).

Flusssysteme in Mitteleuropa in der Neuzeit erfahren haben, war dieser Eintragspfad allerdings zwischenzeitlich fast bedeutungslos geworden. Im Zuge der verstärkten Renaturierungsbemühungen, dem Rückbau von Deichen sowie der Einrichtung von Überflutungsflächen gewinnt der Aspekt wieder zunehmend an Bedeutung.

3.2 Wirkungsweise von Schwermetallen, Pestiziden und endokrinen Disruptoren

Schwermetalle

In acht Praktikumsversuchen wird die Wirkung von Schwermetallen auf Organismen untersucht. „Schwermetall" ist eine Sammelbezeichnung für Metalle mit einer Dichte von über 4,5 g/cm^3. Zahlreiche Metalle sind für den Organismus als Spurenelemente essentiell. Darunter befinden sich Elemente wie Eisen, Kupfer, Zink, Chrom, Selen, Kobalt und Molybdän. Bei einigen Elementen wie Nickel ist deren essentielle Funktion noch nicht hinreichend gesichert. Bei weiteren Metallen wie Cadmium, Blei, Arsen oder Quecksilber ist nachgewiesen, dass sie bei vielen Arten keinerlei Funktionen im Stoffwechsel ausüben, aber toxische Wirkungen entfalten.

Die Hauptmenge der Schwermetalle fällt bei der industriellen Gewinnung und Rückgewinnung sowie beim Verbrauch oder der Abnutzung von metallhaltigen Produkten im landwirtschaftlichen, kleingewerblichen und industriellen Bereich an.

Schwermetalle können als Stäube durch die Atmosphäre weit verteilt werden und gelangen so in Gewässer und Böden. In Gewässern werden sie schnell verdünnt und fallen teilweise als schwerlösliche Carbo-

nate, Sulfate oder Sulfide aus. Eine Anreicherung im Sediment stellt daher eine besonders gefährliche Quelle dar. Die Schwermetalle durchlaufen einen Kreislauf in Luft, Boden, Atmosphäre und Biosphäre und werden in den verschiedenen Kompartimenten häufig umgewandelt. Aus toxikologischer Sicht bedeutsam ist die Biomethylierung von Quecksilber durch Mikroorganismen (Abbildung 3-4). Die entstehenden Methylquecksilberverbindungen reichern sich in der Nahrungskette an. Ein bekanntes Beispiel hierfür sind Massenvergiftungen japanischer Küstenbewohner, die sich jahrelang von belasteten Fischen und Muscheln ernährten (Minamata-Krankheit).

Prinzipiell sind alle Schwermetalle in hohen Konzentrationen toxisch für Organismen. Der Einfluss der Konzentration hängt vor allem davon ab, wie groß die Verfügbarkeit des Metalls für einen Lebensprozess ist. Im Allgemeinen kommt die Toxizität vieler Schwermetalle erst durch die Anreicherung innerhalb des Organismus zustande, wo eine Chelatisierung und Sulfidbildung mit biologisch aktiven Substanzen stattfindet. Hier spielt vor allem die Beeinflussung der Enzyme eine bedeutende Rolle. Obwohl eine einheitliche Wirkungsweise verschiedener Schwermetalle nachgewiesen ist, werden häufig unterschiedliche Schädigungen verursacht, die vor allem auf eine differenzierte Verteilung der einzelnen Metalle im Organismus zurückzuführen sind.

Die Angriffsorte im Stoffwechsel sind hauptsächlich Enzyme und Membranproteine. Deren katalytische Wirksamkeit hängt besonders von funktionellen Gruppen wie Thiol-, Alkohol-, Amino-, Carboxyl- und Imidazolgruppen ab. So ist die Imidazolgruppe ein Rest der Aminosäure Histidin und am Aufbau der aktiven Zentren von Lipasen und Proteasen beteiligt. Durch den Angriff funktioneller Gruppen werden stoffwechselphysiologische Prozesse beeinflusst. Beispielsweise wirkt Arsenat bei Pflanzen als Entkoppler der

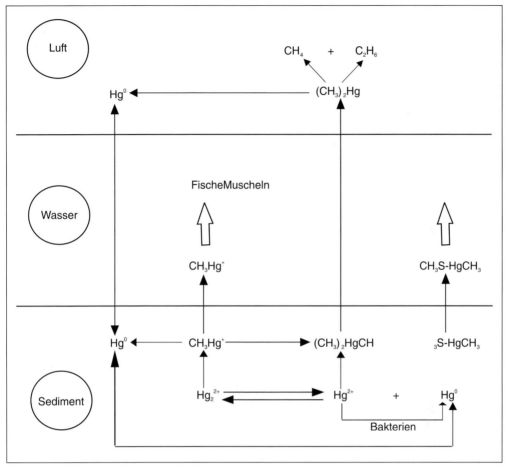

Abb. 3-4: Der biologische Zyklus des Quecksilbers in der Umwelt (Quelle: SCHLEE, D. (1992): Ökologische Biochemie. – 2. Aufl., Fischer, Jena/Stuttgart/New York).

Substratkettenphosphorylierung (Abbildung 3-5). Typisch für Schwermetalle ist, dass sie mit funktionellen Gruppen sehr stabile Verbindungen, Sulfide und Komplexe bilden können. Vor allem Protein-Schwermetallverbindungen akkumulieren häufig im Organismus. Für tierische Organismen ist der Mechanismus einer Hemmung der Cholecalciferolhydroxylase (CCH) durch Cadmium beschrieben worden, was im Weiteren zur Beeinflussung der Resorption von Calcium aus dem Darm führt (Abbildung 3-6).

Pestizide

Pestizide (Pflanzenschutzmittel) sind bioaktive Substanzen, die bewusst in die Umwelt ausgebracht werden und aufgrund ihrer physiko-chemischen Eigenschaften dort ubiquitär verteilt sind. Sie schützen Pflanzen und Pflanzenerzeugnisse vor Schadorganismen, wirken jedoch auch auf Tiere, Pflanzen und Mikroorganismen, die keine Schadorganismen sind.

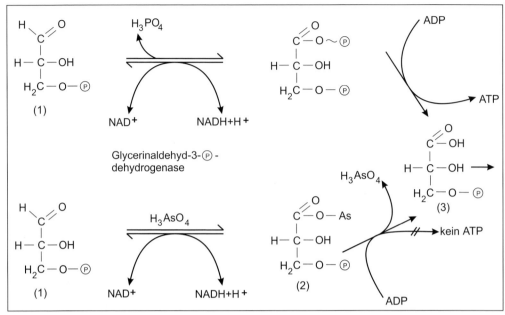

Abb. 3-5: Schematische Darstellung der Arsenatwirkung (H_3AsO_4) auf die Substratkettenphosphorylierung beim pflanzlichen Organismus. Die Carbonylgruppe des Glycerinaldehyd-3-phosphat (1) wird an eine SH-Gruppe der Glycerin-3-phosphatdehydrogenase addiert, dann wird dehydriert und der Wasserstoff auf NAD^+ übertragen. Die aktivierte Aryl-S-Enzym-Verbindung reagiert nun mit Arsenat anstelle von Phosphat, wobei die entstehende aktivierte Arsenverbindung (2) anschließend in 3-Phosphoglycerinsäure (3) und Arsenat hydrolysiert wird. Die Bildung von ATP ist somit nicht möglich (Quelle: HOCK, B., ELSTNER, E. F. (1995): Schadwirkungen auf Pflanzen. – 3. Aufl., Spektrum, Akad. Verlag, Heidelberg/Berlin/Oxford).

Abb. 3-6: Cadmium-Calcium-Interaktion beim tierischen Organismus. Cadmium hemmt die Cholecalciferolhydroxylase (CCH) und damit die Resorption von Calcium aus dem Darm (Quelle: GREIM, H., DEML, E. (1996): Toxikologie: eine Einführung für Naturwissenschaftler und Mediziner. – VCH, Weinheim/New York/Basel/Cambridge/Tokyo).

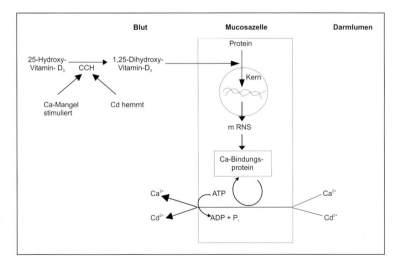

Pflanzenschutzmittel-Präparate bestehen in der Regel aus dem Wirkstoff, der die aktive Substanz darstellt, und verschiedenen Begleit- oder Füllstoffen. In Deutschland sind gegenwärtig rund 250 Wirkstoffe und 1900 Präparate zugelassen, auf europäischer Ebene sind es rund 800 Wirkstoffe in 20.000 Präparaten.

Man unterscheidet verschiedene Wirkstoffklassen von Pflanzenschutzmitteln, die gegen bestimmte Zielorganismen wirken. Wesentliche von ihnen sind Herbizide gegen Unkräuter, Insektizide gegen Insekten und Fungizide gegen Pilze.

In den Kapiteln 13, 14 und 17 des Buches wird die Wirkung von Herbiziden bzw. der in Herbiziden enthaltenen Wirkstoffen geprüft. Im Folgenden wird daher kurz auf die Herbizide eingegangen. Zur Kontrolle von Un-kräutern in der modernen Landwirtschaft werden Herbizide mit einer gezielten Wirkung auf den Stoffwechsel der Unkräuter eingesetzt. Dabei wird hauptsächlich in vier grundlegende Stoffwechselvorgänge eingegriffen: 1. den Photosyntheseapparat, 2. die Biosyntheseprozesse zum Aufbau zelleigener Komponenten, 3. das Phytohormonsystem, das für Wachstum, Entwicklung und Differenzierung verantwortlich ist und 4. den Mechanismus der Zellteilung.

Als Beispiel einer Herbizidwirkung sei die Hemmung der Carotinoidbiosynthese dargestellt (Abbildung 3-7). Es konnte gezeigt werden, dass alle aufgeführten Herbizide trotz unterschiedlicher Grundstrukturen direkt ein membrangebundenes Enzym, die

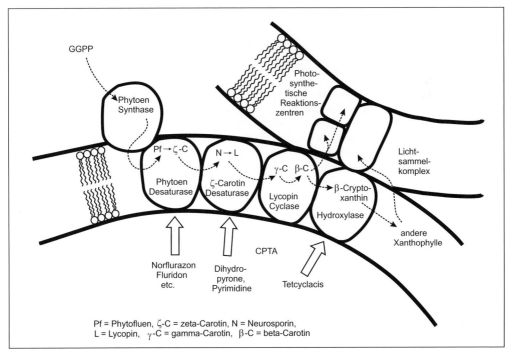

Abb. 3-7: Membrangebundene Enzyme des Carotinoidbiosynthesewegs als Angriffsort für herbizidale Hemmstoffe (Quelle: HOCK, B., ELSTNER, E. F. (1995): Schadwirkungen auf Pflanzen. – 3. Aufl., Spektrum Akad. Verlag, Heidelberg/Berlin/Oxford).

Phytoen-Desaturase, angreifen und damit die Biosynthese hemmen. Auch nachfolgende enzymvermittelte Biosyntheseschritte werden durch Herbizide beeinflusst. Parallel hierzu geht eine photooxidative Zerstörung des Chlorophylls einher, da die Schutzfunktion durch Carotinoide nicht mehr gewährleistet ist. Die Folge ist unter anderem eine verminderte photosynthetische Leistung der Pflanzen. Derartige so genannte „Bleichherbizide" werden beispielsweise bei der Unkrautbekämpfung bei verschiedenen Kulturen im Obst- und Pflanzenbau eingesetzt.

Neben einer gewollten Nutzung von Pflanzenschutzmitteln treten bereits während der Produktion und Lagerung umwelt- und gesundheitsschädliche Belastungen zum Teil beträchtlichen Umfanges auf. So führte der Brand einer Chemikalienlagerhalle der Schweizer Firma Sandoz im Jahr 1986 durch pestizidhaltiges Löschwasser zu einer massiven Vergiftung der Organismen im Rhein.

Auch die gewollte Ausbringung von Präparaten wird häufig von einer ungewollten Belastung der Umwelt begleitet, wobei von besonderer Bedeutung die Auswaschung von Pflanzenschutzmitteln in das Grundwasser sowie der Abfluss in Gewässersysteme ist. Dort sind es die Nicht-Zielorganismen des Pflanzen- und Tierreiches, die zum Teil stark geschädigt werden können. Auch wenn die Austräge von Pflanzenschutzmitteln durch Sprühabdrift und Oberflächenabfluss oftmals nur einen kleinen Teil der ausgebrachten Menge betragen, ist die Gefahr einer Akkumulation im Sediment gegeben. Vor allem sedimentbewohnende Organismen sind dann gefährdet. Auch das Grundwasser kann erhöhte Konzentrationen von Pflanzenschutzmitteln aufweisen.

Die Entwicklung und Anwendung von Pflanzenschutzmitteln kann mit einer Gratwanderung verglichen werden – dem Nut-

zen für die Landwirtschaft muss immer der Schaden an der Umwelt gegenübergestellt werden. Ein Beispiel hierfür ist das Atrazin. Es wurde viele Jahre als selektives Herbizid im Mais- und Hirsebau sowie als Totalherbizid für die Unkrautvernichtung bei Eisenbahnschienen eingesetzt. Dabei ist das Atrazin in hohem Maße in der Umwelt verbreitet worden. Atrazin wird in der Umwelt durch verschiedene Mechanismen zwar abgebaut, jedoch werden die Abbauraten von vielen Faktoren beeinflusst. So schwanken die Halbwertzeiten im Wasser und Boden um mehrere Größenordnungen. Sowohl in Oberflächengewässern als auch im Grundwasser ist Atrazin in höheren Konzentrationen gefunden worden. Auch im Trinkwasser wurden teilweise Konzentrationen deutlich über den von der WHO ausgegebenen Leitwerten ermittelt. Atrazin hat vor allem auf Nicht-Zielorganismen aquatischer Ökosysteme eine schädigende Wirkung. In Gewässern werden in erster Linie das Phytoplankton, das Periphyton und höhere Pflanzen direkt geschädigt. Indirekte Wirkungen, beispielsweise durch reduziertes Futterangebot, findet man dagegen beim Zooplankton. Aufgrund des hohen ökotoxikologischen Gefährdungspotentials wurde die Zulassung für Atrazin im Jahr 1991 zurückgezogen und ein Anwendungsverbot erteilt.

Pflanzenschutzmittel dürfen in der EU nur in Verkehr gebracht werden, wenn sie amtlich zugelassen sind (Kapitel 2). In Deutschland ist dafür die Biologische Bundesanstalt für Land- und Forstwirtschaft (BBA) zuständig. Die Zulassung von Pflanzenschutzmitteln beinhaltet auch die Erfassung der Bioakkumulation sowie die Wirkungen von Pflanzenschutzmitteln auf Gewässerorganismen wie Wasserfloh, Regenbogenforelle, Karpfen oder Planktonalgen.

Die Entwicklung neuer Biotestverfahren berücksichtigt, dass viele der Pflanzenschutzmittel bzw. deren Wirkstoffe und

Umwandlungsprodukte sehr rasch in das Sediment verlagert werden. Werden diese Stoffe nicht abgebaut, ist mit einer Akkumulation der Rückstände zu rechnen. Eine Zulassung von Mitteln, die solche Wirkstoffe enthalten, ist daher nur möglich, wenn negative Auswirkungen auf die im Sediment lebenden Organismen ausgeschlossen werden können. Die Entwicklung entsprechender Verfahren mit tierischen und pflanzlichen Organismen wird gegenwärtig forciert.

Endokrine Disruptoren – hormonwirksame Substanzen

In drei Praktikumsversuchen (Kapitel 10, 11 und 12) wird die Wirkung von hormonähnlichen Stoffen bzw. Stoffen, die auf unterschiedliche Weise das Hormonsystem von Tieren und Menschen beeinflussen können und als endokrine Disruptoren bezeichnet werden, getestet.

Das endokrine System tierischer Organismen ist verantwortlich für die Regulation verschiedener biologischer Prozesse wie die Reproduktion, das Wachstum und die Entwicklung, Homöostase (Gleichgewicht der Körperfunktionen) sowie Produktion, Verwertung und Speicherung von Energie. Seit einiger Zeit wird diskutiert, dass Industriechemikalien, die bei der Herstellung von industriellen Erzeugnissen anfallen, auf das Hormonsystem wirken und endokrine Effekte auslösen können. Inzwischen weiß man, dass hormonähnliche Effekte auch durch pflanzliche Naturstoffe und durch zahlreiche synthetische Hormone hervorgerufen werden. Gegenwärtig sind mehrere hundert Substanzen mit hormonähnlicher Wirkung bekannt. Bei den meisten handelt es sich um phenolische bzw. aromatische Verbindungen.

Endokrine Wirkungen von Schadstoffen rufen eine Verminderung der Fortpflanzungsfähigkeit von Organismen hervor, da sie die Ausbildung der Sexualorgane stören. Sie schädigen die Entwicklung des Embryos und vermindern seine Überlebenschancen oder behindern die Bildung von Ei- und Samenzellen. Folgen der endokrinen Wirkung von hormonähnlichen Substanzen sind bereits bei wildlebenden Tieren anhand von Fortpflanzungsstörungen nachgewiesen (Tabelle 3-4). Ebenso sind epidemiologische Befunde über die Zunahme von Hodenkrebs, von Genitalienanomalien und von Veränderungen bei Spermienzahl und Spermienqualität beim Menschen beschrieben worden. Besonders eindrucksvoll sind Verschiebungen der Geschlechterverhältnisse bei verschiedenen Schnecken- und Fischarten nachgewiesen worden.

Bei den Schadstoffen, die das hormonelle System beeinflussen, wird die Wirkung auf

Tab. 3-4: Chronologie der Entdeckung von reproduktionstoxischen Wirkungen von Schadstoffen (Quelle: FENT, K. (1998): Ökotoxikologie. – Thieme, Stuttgart/New York).

1952	Methoxychlor: östrogene Wirkungen auf Säuger
1953	Experimenteller Nachweis östrogen wirkender Pflanzeninhaltsstoffe
1960	DDT, DDE: Eischalenverdünnung bei Raubvögeln
seit 1960	DDT: Reproduktionsschädigungen bei Vögeln und Säuger
seit 1970	Östrogene Wirkungen von PCB auf marine Säuger
seit 1980	Organische Zinnverbindungen (TBT): Schädigung der Reproduktion von Austern und anderen Wassertieren (Larven), Vermännlichung von Wasserschnecken
seit 1980	Schadstoffbedingter Rückgang der Alligatorenpopulation in einem Feuchtgebiet in Florida, Verlust von Nachkommen und verschiedene Reproduktionsstörungen, verkümmerte männliche Reproduktionsorgane
seit 1992	Kläranlagenausläufe: Östrogene Wirkungen auf Fische

direktem oder indirektem Wege ausgelöst. Von direkter Wirkung wird dort gesprochen, wo die Schadstoffe aufgrund struktureller Ähnlichkeiten mit Hormonen direkt an einen Hormon-Rezeptor binden. Entweder blockieren sie dadurch den Rezeptor, so dass körpereigene Hormone nicht mehr wirken können, oder sie aktivieren ihn und lösen dadurch selbst die Hormonwirkung aus (Abbildung 3-8). Beispiele hierfür sind das Pestizid Dichlordiphenyltrichlorethan (DDT), das synthetische Östrogen Diethylstilbestrol (DES) und Abbauprodukte von Alkylphenolen. Bei einer indirekten Wirkung bindet der Schadstoff nicht am Rezeptor, sondern beeinflusst die Hormonbildung und stört damit die Hormonbalance oder initiiert den Abbau von Hormonen. Dies ist zum Beispiel bei zinnorganischen Verbindungen wie Tributylzinn (TBT) der Fall.

Werden die Störungen der normalen hormongesteuerten Abläufe bei Tieren hauptsächlich durch östrogenartige Eigenschaften verursacht, beschreibt man all diese Phänomene zusammenfassend unter dem Begriff der „Verweiblichung". So fand man bei einigen Möwenarten in Kalifornien eine Verschiebung der Geschlechterverhältnisse zugunsten der Weibchen. In den Hoden der Männchen entwickelte sich zudem ovarähnliches Gewebe. Aber auch gegensätzliche Wirkungen, „Vermännlichung" genannt, können durch Industriechemikalien, vor allem durch TBT, hervorgerufen werden. So entwickeln weibliche Schnecken von weltweit über 150 Arten bei Anwesenheit von TBT männliche Geschlechtsorgane, was häufig zur Sterilität führt. Eine Ursache der Vermännlichung durch TBT kann die Hemmung des Enzyms Aromatase

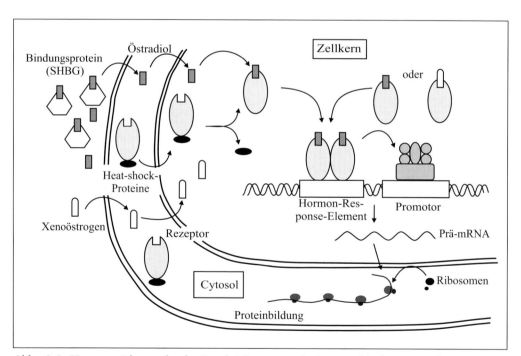

Abb. 3-8: Hormonwirkung durch Genaktivierung nach Rezeptorbindung (Quelle: SCHRENK-BERGT, C., STEINBERG, C. (1999): Endokrine Substanzen – Bedeutung und Wirkmechanismen. – In: OEHLMANN, J., MARKERT, B. (Hrsg.): Ökotoxikologie. Ökosystemare Ansätze und Methoden. ecomed, Landsberg, 521–526).

sein, das für die Bildung des weiblichen Geschlechtshormons Östradiol aus dem männlichen Hormon Testosteron verantwortlich ist.

Schadstoffe, die die Fortpflanzung von Organismen beeinträchtigen, werden in den nächsten Jahren noch umfassender als bislang zu untersuchen sein. Hierfür ist auch die weitere Entwicklung von ökotoxikologischen Testverfahren notwendig, um die vielfältigen Wirkungen erfassen und abschätzen zu können.

4 Statistik für ökotoxikologische Testverfahren

Nahezu alle Experimente und Beobachtungen im naturwissenschaftlichen Bereich zielen darauf, generalisierbare Aussagen über das Verhalten von Naturphänomenen abzuleiten. Das ist beim Biotest nicht anders, denn auch hier geht es darum, mit Hilfe geeigneter biologischer Parameter die Toxizität eines Testguts (siehe Kapitel 1) zu erfassen und generell etwas zur Sensitivität der untersuchten Testorganismen nach Schadstoffeinwirkung auszusagen. Dabei sollen Wirkungen und Sensitivitäten nicht nur für die untersuchte Stichprobe, sondern auch für die Grundgesamtheit aller Individuen einer Art mit hoher Wahrscheinlichkeit gelten. Die Statistik bietet für diese Anforderungen das notwendige Rüstzeug.

Während der letzten Dekade ist parallel zur Weiterentwicklung statistischer Verfahren für die Ökotoxikologie eine intensive und kritische Diskussion darüber entstanden, welche statistischen Methoden für die Biotest-Auswertung herangezogen werden sollten. Fast alle Anwender klagen über eine mangelhafte Anleitung zur statistischen Auswertung von Biotestnormen und -richtlinien. Daher wurde eine gemeinsame Arbeitsgruppe der ISO (ISO TC147/SC5/WG 10) und OECD gegründet, um ein international abgestimmtes Dokument zur Statistik für Biotests zu erstellen, das derzeit als unveröffentlichter Entwurf vorliegt. Soweit bekannt, werden die dort ausgesprochenen Empfehlungen nach Möglichkeit in den folgenden Ausführungen berücksichtigt.

Eine Schwierigkeit für den statistischen Laien besteht darin zu erkennen, dass die in den Biotests erhobenen Beobachtungs- und Messdaten in ihrem Informationsgehalt nicht gleichwertig sind und das Testdesign, das heißt der Aufbau eines Biotests unterschiedlich sein kann, weshalb verschiedene statistische Verfahren angewendet werden müssen. Geschieht dies nicht, können die abgeleiteten generellen Aussagen falsch sein und folglich zum Beispiel Substanzen behördlicherseits zu Unrecht zugelassen oder abgelehnt werden. Eine Gerichtsfestigkeit der Ergebnisse wäre dann nicht gewährleistet – mit allen daraus resultierenden Konsequenzen.

4.1 Der Typ des biologischen Merkmals und das Testdesign sind entscheidend

Im Biotest werden biologische Zustände, Eigenschaften und Prozesse erfasst, die in der Statistik allgemein als biologische Merkmale oder biologische Variablen und in der Ökotoxikologie als Endpunkte oder Wirkungskriterien bezeichnet werden. Entscheidend für die Eignung des gewählten Merkmals sollte sein, dass dessen Ausprägung wie beispielsweise Zustand oder Wert signifikant durch die verabreichte Dosis oder eingestellte Konzentration des Testguts beeinflusst wird. Man unterscheidet folgende Merkmals- bzw. Variablentypen:

• Quantitative Variablen (Messvariablen): Hierunter versteht man kontinuierliche Variablen, die metrisch sind und einen unbegrenzten Wertebereich aufweisen. Beispiele hierfür sind Gewicht, Länge, Zeitspanne des Biotests. Diskontinuierliche Variablen sind diskreter Natur und weisen ebenfalls einen unbegrenzten Wertebereich auf wie zum Beispiel Zähldaten wie Nachkommenzahl und Abundanz. Die zugehörige Skala ist metrisch, die Merkmalsausprägungen sind in Form reeller Zahlenwerte fassbar und die Unterschiede in den Werten können als metrische Distanzen angegeben werden.

• Ordinale Variablen:
Ordinale Variablen sind diskrete Variablen mit einem unbegrenzten Wertebereich. Die Ausprägungen ordinalskalierter Variablen sind nach Größe geordnete, im Allgemeinen ganzzahlige Ränge; jedoch können Rangunterschiede nicht im Sinne von metrischen Abständen wie oben interpretiert werden. Dieser Merkmalstyp wird in Biotests eher selten angetroffen. Gleichwohl ist er sehr bedeutsam, denn quantitative Variablen werden oftmals in ordinalskalierte transformiert, um Rang-basierte statistische Verfahren durchführen zu können.

• Nominale Variablen (Attribute)
Hierunter fallen diskrete Variablen mit einem begrenzten Wertebereich. Für Biotests bedeutsam sind hier die Mortalität mit den zwei Ausprägungen „tot" oder „lebend" sowie „mobil" oder „immobil", die Fertilität mit „fertil" oder „nicht fertil", die Emergenz mit „geschlüpft" oder „nicht geschlüpft" und das Geschlecht mit „männlich" oder „weiblich". Dieser Datentyp wird meistens als „quantal" bezeichnet, das heißt, er bezeichnet eine Anzahl aus einer anderen Anzahl. Merkmale mit mehr als zwei Ausprägungen werden in Biotests selten untersucht, jedoch findet sich ein Beispiel für ein vierfach gestuftes Merkmal in Kapitel 19 (vier Sterilitätsgrade).

• Abgeleitete Variablen
Hierzu gehören hauptsächlich Verhältniszahlen oder Raten, die aus einer metrisch oder nominal skalierten Merkmalsausprägung berechnet wurden. Beispiele hierfür sind Prozentzahlen, Wachstumsraten oder Stoffwechselraten.

Tabelle 4-1 gibt einen Überblick über die Typen von Merkmalen, wie sie in den im vorliegenden Praktikumsbuch beschriebenen Biotests erfasst werden.

Warum ist die Kenntnis über die verschiedenen Merkmalstypen bedeutsam? Erstens sind die zugrunde liegenden Wahrscheinlichkeitsverteilungen bei den unterschiedlichen Variablentypen verschieden, und dies beeinflusst entscheidend, wie eine statistische Schätz- und Testmethode durchgeführt werden muss.

Zweitens stellt die stichprobenhafte Untersuchung einen wichtigen Aspekt dar, denn es kann nur ein Teil einer fast unendlich großen Grundpopulation (Grundgesamtheit) einbezogen werden. Die Schlussfolgerungen aus der stichprobenartigen Untersuchung sollen sich jedoch auf die Grundgesamtheit beziehen und mit hoher Wahrscheinlichkeit auf diese zutreffen.

Ein dritter wichtiger Aspekt betrifft grundsätzlich die unterschiedlichen Herangehensweisen, die man bei der Ermittlung signifikanter ökotoxikologischer Effektschwellen und Effektkonzentrationen einschlagen muss. Wenn im Folgenden die Bezeichnung Konzentration verwendet wird, so trifft die Aussage gleichermaßen auch auf Dosis zu. Ein Effektschwellenwert ist zum Beispiel der LOEL (Lowest-Observed Effect Level; LOEC, Lowest-Observed Effect Concentration). Diese Konzentration wird in einem statistischen Test, auch Hypothesen-Test genannt, ermittelt und ergibt denjenigen Wert, bei dem zum ersten Mal ein signifikanter Effekt statistisch nachweisbar ist. Die nächst kleinere Konzentration unter der LOEC nennt man NOEC (No-Observed Effect Concentration; NOEL, No-Observed Effect Level) (siehe Kapitel 1).

Neben der Hypothesen-Testung kann man eine Konzentrations-Wirkungsbeziehung an die Daten anpassen, aus der man dann die Effektkonzentrationen ablesen kann

Tab. 4-1: Übersicht über die Zugehörigkeit der Variablen der Biotests in diesem Buch zu den verschiedenen Skalentypen.

Ökotoxikologisches Testverfahren	Quantale Variablen	Quantitative (metrische) Variablen	
		Zähldaten	Messdaten
Regenwurmtest mit *Eisenia fetida*	Mortalität	Jungtierzahl	Gewichts-veränderung
Nematodentest mit *Caenorhabditis elegans*	Anteil gravider Würmer	Zahl der Jungwürmer	Körperlänge
Verhaltenstest mit *Lumbricus rubellus*		Verteilung	
Reproduktionstest mit *Potamopyrgus antipodarum*	Mortalität	Zahl Embryonen	
Sedimenttoxizitätstest mit *Chironomus riparius*	Emergenz, Geschlechterverhältnis	Eizahl pro Gelege	Entwicklungsrate
Häutungstest mit *Calliphora erythrocephala*	Anteil Verpuppungen		
Zellvermehrungshemmtest mit *Chlorella vulgaris*			Zellzahl, Wachstumsrate
Wachstumshemmtest mit *Lemna minor*			Frondfläche, Pigmentgehalt, Wachstumsrate
Toxizitätstest mit *Myriophyllum aquaticum*			Sprosslänge, Pigmentgehalt
Keimungs- und Wurzellängentest mit *Lepidium sativum*	Keimrate		Wurzellänge
Kleinkerntest mit *Tradescantia* spec.	Kleinkernrate/ 100 Tetraden		
Staubhaartest mit *Tradescantia* spec.	Anteil Pinkmutationen		
Mutationstest mit *Arabidopsis thaliana*	Anteil der Schoten mit Mutanten		
Motilitätstest mit *Euglena gracilis*	Anteil Motilität		Geschwindigkeit, Formfaktor

(Punktschätzung, point estimation). Bekannt sind hier zum Beispiel die LC_{50}, die jene Konzentration bezeichnet, bei welcher 50 % der Versuchskohorte noch überleben, oder die EC_{10}, eine Konzentration, bei der eine Wirkung von 10 % relativ zur Kontrolle auftritt (allgemein: EC_x; wobei x = Effektgröße [%]). Die Herangehensweise wird auch als Datenmodellierung bezeichnet.

Der Variablentyp und die Art des Ansatzes, wie Hypothesentest und Datenmodellierung, üben einen starken Einfluss auf die Planung von Versuchen aus. Insbesondere sind bei der Planung von Hypothesentests genügend echte Replikate vorzusehen. Wenn mehrere Testorganismen im selben Versuchsgefäß untergebracht sind, so ist das Gefäß das Replikat. Durch Summierung oder Mittelwertbildung der Mess-

und Beobachtungswerte der Einzelorganismen erhält man einen „besseren" Einzelwert für das betrachtete Replikat. Aus praktischen Gründen ist bei einem Teil der in diesem Buch vorgestellten Praktikumsversuche auf die ausreichenden Replizierung verzichtet worden. Zur Übung werden die statistischen Tests mit Hilfe der Variabilität der Organismen aus demselben Testgefäß durchgeführt. Die Anpassung an eine Dosis-Wirkungskurve ist davon nicht betroffen.

Im Falle der genormten Biotests (siehe Kapitel 2) wird die Versuchsplanung im Rahmen von Ringtests erstellt, so dass man sich bei der Durchführung eigener Routinetests nach den Angaben der entsprechenden Normen und Richtlinien orientieren kann. Jedoch stellen diese Festsetzungen zum Versuchsaufbau oft einen Kompromiss zwischen statistischer Aussagekraft und dem experimentellem Aufwand bzw. den aufzuwendenden Kosten dar – leider oft zu Ungunsten der statistischen Aussagekraft. Das Thema Versuchsplanung wird hier nicht weiter vertieft, da es den Rahmen des vorliegenden Buches sprengen würde.

Bevor näher auf die Hypothesentestung und Datenmodellierung eingegangen wird,

folgt zunächst ein etwas einfacherer Einstieg in die Materie der Datenanalyse und -aufbereitung.

4.2 Datenanalyse und Datenaufbereitung

Vor einer statistischen Auswertung ist eine kritische Sichtung der erhaltenen Testergebnisse durchzuführen. Sind die Ergebnisse plausibel? Liegen möglicherweise Ausreißer vor?

Rohdaten, daraus berechnete Mittelwerte und Streuungsmaße sowie die Zahl unabhängiger Beobachtungen aus Parallelansätzen, so genannte Replikate, sollten in einer Tabelle zusammengestellt werden. Welche Kenngrößen sinnvoll sind und wie ihre Berechnung erfolgt, ist den Tabellen 4-2 bis 4-4 zu entnehmen.

Man trägt zunächst die untransformierten Werte einer Variablen über die logarithmierten Testkonzentrationen auf. Hierbei sollten die Einheit der Konzentration sowie die Anzahl der Kontrollen und Parallelansätze erkennbar sein. Eine grafische Darstellung kann zusätzliche Informationen

Tab. 4-2: Übersicht über die statistischen Kenngrößen und mathematischen Operationen, geordnet nach Skalenart.

Variablentyp	metrisch	rangskaliert	nominalskaliert
Lagekenngrößen	Modalwert Medianwert Arithmetischer Mittelwert	Modalwert Medianwert	Modalwert
Streuungsmaße	Spannweite Mittlere absolute Abweichung Standardabweichung Variationskoeffizient	Spannweite Mittlere absolute Abweichung	
Erlaubte Operationen	=, ≠, <, > Angabe metrischer Abstände Angabe von Proportionen (Proportionalskala)	=, ≠, <, >	=, ≠

Tab. 4-3: Übersicht über die Lagekenngrößen, ihre Definition und Berechnungsweise. x_i = Einzelwerte; x_k = Klassenmitte; f = Häufigkeit, Besetzungszahl der Klasse; n = Stichprobenumfang.

Kenngröße/Symbol	Definition/Beschreibung	Berechnungsweise, Formel
Modalwert, Modus	Wert der am stärksten besetzten Klasse	Sind zwei benachbarte Klassen mit der gleichen maximalen Häufigkeit besetzt, so bildet man den Mittelwert aus den Klassenmitten beider Klassen
Medianwert, Median $\tilde{x}$	Der Median ist derjenige Wert in einer nach Größe geordneten Rangreihe von Werten, der die Reihe halbiert.	Ungerade Zahl von Werten: auszählen und mittleren Wert angeben. Gerade Zahl von Werten: Durchschnitt aus den beiden mittleren Werten. Klassifizierte Werte:
	Bei klassifizierten Werten liegt der Median in der Klasse (= Medianklasse), bei der die summierte Häufigkeit aller Klassen mit kleinerem Klassenmittel zum ersten Mal n/2 erreicht oder überschreitet.	$$\tilde{x} = \tilde{U} + b\,\frac{\frac{n}{2} - F_{\tilde{U}}}{f_{Median}}$$ $\tilde{U}$: Obergrenze der nächst niederen Klasse zur Medianklasse; b: Klassenbreite; $F_{\tilde{U}}$: Summenhäufigkeit der nächst niederen Klasse; f_{Median}: Häufigkeit in der Medianklasse
Arithmetischer Mittelwert $\bar{x}$	Der Mittelwert ist derjenige Wert, bei dem die Summe der negativen Abweichungen der einzelnen Werte vom Mittelwert gleich ist der Summe der positiven Abweichungen.	Wertereihe: $\bar{x} = \dfrac{\sum x_i}{n}$
	Parameter der Normalverteilung	Klassifizierte Daten: $\bar{x} = \dfrac{\sum\limits_{i=1}^{k} f x_k}{n}$

über die Wirkung und Wirkungsweise eines Testguts geben (siehe Kapitel 1). Beispielsweise kann das Erreichen einer Sättigungskonzentration erkannt werden. Hieraus kann auch abgeschätzt werden, inwieweit die Ermittlung einer mathematischen Konzentrations-Wirkungsbeziehung sinnvoll ist und welches statistische Modell sich wahrscheinlich am besten eignet.

Bei der weitergehenden Auswertung sollte grundsätzlich rechnerischen Verfahren gegenüber rein grafischen der Vorzug gegeben werden, weil sie eine Berechnung von Varianzen und Vertrauensbereichen erlauben. Allerdings wurde im Buch bei den beschriebenen Versuchen im Sinne eines einführenden Praktikums zur Ökotoxikologie „ein Auge zugedrückt" und häufig eine graphische Auswertung vorgeschlagen.

Im Rahmen des Wasserhaushaltsgesetzes (siehe Kapitel 2) wird in einigen Fällen keine weitergehende statistische Auswertung von Biotests gefordert. Statt dessen sind einfache testspezifische Kenngrößen wie zum Beispiel die G_x-Werte (x = A für Algentest, x = F für Fischtest) definiert worden. Es ist nur eine Berechnung von prozentualen Hemmungen und die Bestimmung des G_x-Wertes notwendig, der jene Verdünnungsstufe angibt, welche einen kleineren Effekt als eine vorgegebene Schwelle verursacht (siehe Kapitel 1).

Der folgende Abschnitt versucht, die Hintergründe der Hypothesentests zu beleuch-

Tab. 4-4: Übersicht über die Streuungsmaße, ihre Definition und Berechnungsweise. x_i = Einzelwerte; x_k = Klassenmitte; f = Häufigkeit, Besetzungszahl der Klasse; n = Stichprobenumfang.

Kenngröße/Symbol	Definition/Beschreibung	Berechnungsweise, Formel
Spannweite, Variationsbreite, Variationsweite R	Wird nur von zwei Werten, den beiden Extremwerten charakterisiert und ist starken Zufallsschwankungen unterworfen. Hängt stark von der Stichprobengröße ab.	größter Wert − kleinster Wert
Durchschnittliche Abweichung	Mittelwert bestimmen, die absoluten Abweichungen der Einzelwerte vom Mittelwert addieren und durch n teilen	$\text{d. Abw.} = \dfrac{\Sigma x_i - \bar{x}}{n}$
Varianz s^2, Standardabweichung s	Gebräuchlichstes Maß, das aus der Summe der quadrierten Abweichungen vom Mittelwert gebildet wird.	$s^2 = \dfrac{\Sigma (x_i - \bar{x})^2}{n-1}$
	Parameter der Normalverteilung	$s = \sqrt{s^2}$
	n − 1 wird als Freiheitsgrade bezeichnet. Für die Berechnung der Standardabweichung muss erst der Mittelwert bestimmt werden, wodurch ein Freiheitsgrad verloren geht.	Maschinenformel: $s^2 = \dfrac{\Sigma x^2 - \dfrac{(\Sigma x)^2}{n}}{n-1}$
		Klassifizierte Werte: $s^2 = \dfrac{\Sigma f(x_k - \bar{x})^2}{n-1}$
		oder $s^2 = \dfrac{1}{n-1} \left[\Sigma f x_i^2 - \dfrac{(\Sigma f x_k)^2}{n} \right]$
Variationskoeffizient V	Der Variationskoeffizient ist ein relatives Streuungsmaß, bezogen auf den Mittelwert. Er ist nur bei Daten sinnvoll, die verhältnisskaliert sind, z. B. Längen, Gewichte.	V = s/x Prozentwert: V = s/x · 100 %

ten, um damit ihre Stärken oder Schwächen aufzuzeigen.

4.3 Hypothesen-Tests – Wann ist etwas signifikant?

Wie ein Hypothesentest funktioniert, lässt sich relativ einfach an einem paarweisen Test für metrische Daten erklären. Grundsätzlich geht man beim statistischen Testen davon aus, dass beobachtete Unterschiede in den zwei zu vergleichenden Stichproben rein zufällig zustande gekommen sein könnten. Man spricht von einer Nullhypothese (H_0). Tatsächlich könnte man solche zufälligen Differenzen gut beobachten, wenn man zum Beispiel eine große Zahl von Kontrollen im Daphnia-Reproduktionstest untersuchen würde. Die Entnahme von Jungtiergruppen aus der Stammzucht entspricht dem zufälligen Stichprobenziehen ohne Zurücklegen in die Grundgesamtheit. Wenn man Differenzen der mittleren Körperlänge von je zwei Gruppen bildet, so erhält man meist Differenzen, die nahe 0 liegen, jedoch zuweilen auch beträchtlich groß sein können.

Abbildung 4-1 gibt in der linken Darstellung die zu Grunde liegende Wahrscheinlichkeitsverteilung der Differenzen für den Fall an, dass unendlich viele Stichprobendifferenzen gebildet werden. Die Wahrscheinlichkeitsverteilung ist eine Normalverteilung, wird „Stichprobenverteilung der Differenzen zweier Mittelwerte" genannt und hat stets den Mittelwert $\mu = 0$. Im konkreten Fall hat die Standardabweichung einen Wert von 0,04. Die allgemeine Formel für die Standardabweichung der Differenzen zweier Mittelwerte lautet wie folgt:

$$\sigma_{\bar{x}_1 - \bar{x}_2} = \sqrt{\frac{\sigma_1^2}{n_1} + \frac{\sigma_2^2}{n_2}} = \sigma\sqrt{\frac{1}{n_1} + \frac{1}{n_2}};$$

$$\text{da } \sigma_1^2 \equiv \sigma_2^2 \qquad \text{(Formel 4-1)}$$

wobei: σ_1, σ_2 = Standardabweichungen der Grundgesamtheiten und
n_1, n_2 = Umfänge der beiden Stichproben.

Es gibt viele weitere normalverteilte Wahrscheinlichkeitsverteilungen. Eine Standardisierung überführt sie in eine einheitliche Verteilung, die so genannte Standardnormalverteilung. Hierzu zieht man von jedem Abszissenwert den Mittelwert ab, um einen Mittelwert von $\mu = 0$ zu erhalten. Außer-

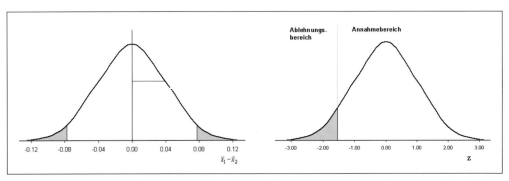

Abb. 4-1: Linke Seite: Stichprobenverteilung der Differenzen zweier Mittelwerte ($\mu = 0$; $s = 0,04$) mit eingezeichneter Standardabweichung; rechte Seite: die daraus gewonnene standardisierte Verteilung mit $\mu = 0$ und $s = 1$. Außerdem sind der zweiseitige (links) und der einseitige Ablehnungsbereich (rechts; einseitig-kleiner) in grauer Markierung eingezeichnet.

dem wird die Differenz zwischen Abszissenwert und Mittelwert durch die Standardabweichung dividiert. Die so umgeformte Variable wird meist mit z bezeichnet und heißt Standardnormalvariable. Sie gibt die Abstände von Abszissenwerten zum Mittelwert in Standardabweichungen an. Die Formel hierfür lautet:

$$z = \frac{x - \mu}{\sigma} \qquad \text{(Formel 4-2)}$$

wobei: x = Abszissenwert,
μ = Mittelwert,
σ = Standardabweichung,
z = Standardnormalvariable.

Die Standardisierung der obigen Stichprobenverteilung der Differenzen zweier Mittelwerte (Abbildung 4-1 links) geht für einen Abszissenwert (Differenz) von –0,8 folgendermaßen:

$$z = \frac{(\bar{x}_1 - \bar{x}_2) - \mu}{\sqrt{\dfrac{\sigma_1^2}{n_1} + \dfrac{\sigma_2^2}{n_2}}} = \frac{-0,08 - 0}{0,04} = -2$$

$$\text{(Formel 4-3)}$$

Ein $z = -2$ besagt, dass die Differenz zwei Standardabweichungen links von μ lokalisiert ist. Wenn man s_1 und s_2 nicht kennt, schätzt man die Standardabweichung der Differenzen aus den Standardabweichungen der beiden Stichproben. Da $\mu = 0$ gilt, lässt man die Null in der Formel weg:

$$z = \frac{\bar{x}_1 - \bar{x}_2}{\sqrt{\dfrac{s_1^2}{n_1} + \dfrac{s_2^2}{n_1}}} \qquad \text{(Formel 4-4)}$$

Die Stichprobenverteilung der Differenzen zweier Mittelwerte ist als Normalverteilung nach beiden Seiten unbegrenzt, die Fläche unter der Glockenkurve entspricht allen, nämlich unendlich vielen Differenzen, die theoretisch gebildet werden können. Im Falle der standardisierten Verteilung hat sie den Wert 1. Die Ordinate bezeichnet die Wahrscheinlichkeitsdichte in einer bestimmten Region.

Die Unbegrenztheit der Stichprobenverteilung an den Außenenden bedeutet, dass beliebig große Differenzen zufällig zustande kommen können, allerdings geht die Wahrscheinlichkeit dafür gegen Null. Streng genommen ist es demnach unmöglich zu beweisen, dass eine Differenz der Mittelwerte auf einer Wirkung eines Einflussfaktors in einer der Stichproben beruht. Wenn man diese Wirkung dennoch behauptet, was eine Ablehnung der Nullhypothese bedeutet, geht man das Risiko einer Falschbehauptung ein, denn es könnte mit einer bestimmten Wahrscheinlichkeit doch ein Zufallseffekt sein. Die Annahme einer Alternativhypothese, nämlich die Behauptung einer zustande gekommenen Wirkung, wäre dann falsch. Die Risiken beim Hypothesentesten sind in der Tabelle 4-5 zusammengestellt.

Der α-Fehler, auch Irrtumswahrscheinlichkeit genannt, bezeichnet das Risiko, eine richtige Nullhypothese abzulehnen. Der β-Fehler stellt das Risiko dar, eine falsche Nullhypothese beizubehalten. Er ist jedoch im Allgemeinen unbekannt.

Entscheidung	Wirklichkeit	
	H_0 wahr	H_0 falsch
H_0 abgelehnt	**Fehler !!** Fehler 1. Art, α-Fehler	richtige Entscheidung
H_0 beibehalten	richtige Entscheidung	**Fehler !!** Fehler 2. Art, β-Fehler

Tab. 4-5: Was passiert, wenn...? Die möglichen Fehler beim statistischen Testen.

Welches Risiko man bei statistischen Entscheidungen eingehen sollte, wird durch die so genannten Signifikanzniveaus festgelegt, auf die sich die Statistik geeinigt hat. Geläufig sind α = 0,05 (signifikant), α = 0,01 (sehr signifikant) und α = 0,001 (hoch signifikant), was bedeutet, dass die Irrtumswahrscheinlichkeit nicht höher als 5 %, 1 % bzw. 0,1 % sein darf. Am häufigsten wird das 5 %-Niveau verwendet.

In der Abbildung 4-1 sind in der rechten Darstellung die 5 %-Bereiche grau schraffiert eingezeichnet, die auch als Ablehnungsbereiche für die Nullhypothese bezeichnet werden. Gleichzeitig sind hier zwei Möglichkeiten aufgezeigt, wie man den Ablehnungsbereich aufteilen kann: Man legt ihn je zur Hälfte auf den linken und rechten Außenbereich der Verteilung, oder als Ganzes auf nur eine Seite. Im ersten Fall erwartet man sowohl positive wie negative Abweichungen zwischen den beiden Stichproben oder weiß überhaupt nichts über eine mögliche Richtung der Abweichung. Im anderen Fall ist aus der Vorerfahrung bekannt, welche Richtung die Abweichung hat. Die Abbildung demonstriert die Verhältnisse, wenn die Abweichung in negativer Richtung erwartet wird. Bei Erwartung einer positiven Abweichung würde der Ablehnungsbereich auf die rechte Seite der Verteilung gelegt. Der Nullhypothese können demnach verschiedene Alternativhypothesen gegenübergestellt werden:

Nullhypothese: $H_0: \mu_1 = \mu_2$

Alternativhypothese1 $H_1: \mu_1 \neq \mu_2$, zweiseitige Hypothese

Alternativhypothese2 $H_2: \mu_1 < \mu_2$, einseitige Hypothese (μ_2 größer)

Alternativhypothese3 $H_3: \mu_1 > \mu_2$, einseitige Hypothese (μ_2 kleiner)

Die niveau-spezifischen kritischen Abszissenwerte, welche die Verteilungen in Annahme und Ablehnungsbereiche aufteilen, sind für viele statistische Testverteilungen tabelliert und in Statistikbüchern zu finden. Für die Standardnormalverteilung, somit auch für die oben dargestellte standardisierte Stichprobenverteilung der Differenzen, gilt:

α = 0,05: $z_{zweiseitig}$ = 1,96 $z_{einseitig}$ = 1,645

α = 0,01: $z_{zweiseitig}$ = 2,576 $z_{einseitig}$ = 2,326

α = 0,001: $z_{zweiseitig}$ = 3,29 $z_{einseitig}$ = 3,09

Damit eine Mittelwertdifferenz als signifikant bezeichnet werden kann, muss ihr standardisierter Wert beim 5 %-Niveau und zweiseitiger Richtung mindestens 1,96 betragen, bei einseitiger Richtung mindestens 1,645. Im obigen Beispiel betrug die Differenz 2,0 und ist somit bei jeder der beiden Fragerichtungen signifikant.

Die Standardabweichung der Differenzen zweier Mittelwerte spielt bei der Standardisierung eine überaus wichtige Rolle. Aus der Formel für die Standardabweichung der Differenzen zweier Mittelwerte kann man ableiten, dass die Standardabweichung als Maß für die Breite dieser Verteilung direkt proportional zu σ_1 und σ_2 ist, jedoch umgekehrt proportional zur Wurzel aus den Stichprobenumfängen. Je größer σ_1 und σ_2 und je kleiner n_1 und n_2, desto größer ist die Standardabweichung und somit die Breite der Stichprobenverteilung. Man benötigt in diesem Falle eine sehr große Differenz, um nach Standardisierung den kritischen Wert von 1,96 Standardabweichungen zu überspringen. Wenn man geringe Unterschiede absichern will, müssen Varianzquellen in einem Biotest möglichst klein gehalten und Stichprobenumfänge, das heißt die Zahl der Replikate, genügend hoch angesetzt werden. Dies führt auch dazu, den β-Fehler klein zu halten. Die Praktikumswirklichkeit allerdings lässt entsprechende Empfehlungen für die hier im Buch vorgeschlagenen Versuche leider nicht immer zu.

Ein weiteres Problem ergibt sich aus der Tatsache, dass die Standardabweichung der Grundgesamtheit in der Regel aus der Standardabweichung von Stichproben abgeschätzt werden muss. Leider ist diese Schätzung umso ungenauer, je kleiner die Stichprobenumfänge sind – die wahre Standardabweichung der Grundgesamtheit wird dabei sehr oft unterschätzt. Der Mathematiker Gosset (Deckname: STUDENT) hat gefunden, dass in diesen Fällen die standardisierten Differenzen zweier Mittelwerte nicht mehr normal, sondern leicht anders verteilt sind und nannte diese Verteilung „t-Verteilung". Sie ist auch unter der Bezeichnung STUDENT-t-Verteilung anzutreffen und ist nur unter der Voraussetzung gegeben, dass die Stichprobeneinzelwerte (Replikate) normalverteilt und die Varianzen gleich sind (Homoskedaszität). Die t-Verteilung entspricht bei $n = \infty$ genau der Normalverteilung, besitzt jedoch mit zunehmend kleiner werdendem Freiheitsgrad eine höhere Wahrscheinlichkeitsdichte in den Außenbereichen und dafür weniger Wahrscheinlichkeitsdichte im Zentralbereich. Ersetzt man in Formel 4-4 z durch t, so erhält man die bekannte Formel für den paarweisen t-Test, der einer der bedeutendsten statistischen Tests in der Praxis ist. Die kritischen Grenzen für den Ablehnungsbereich hängen vom Freiheitsgrad ab, der hier $n_1 + n_2 - 2$ beträgt. Wenn $n_1 = n_2 = 10$, der Freiheitsgrad somit 8 beträgt, liegen die Grenzen hier bei folgenden Werten:

$\alpha = 0,05$: $t_{zweiseitig} = 2,306$ $t_{einseitig} = 1,860$

$\alpha = 0,01$: $t_{zweiseitig} = 3,355$ $t_{einseitig} = 2,896$

$\alpha = 0,001$: $t_{zweiseitig} = 5,041$ $t_{einseitig} = 4,501$

Bei kleinen Stichproben benötigt man also für eine Signifikanz eine noch höhere Differenz der Mittelwerte als bei der Normalverteilung.

Statistische Software und einige Tabellen in den Lehrbüchern geben direkt an, wie wahrscheinlich ein nach Formel 4-4 aus der Stichprobe berechnetes z oder t in Höhe des beobachteten oder eines noch höheren Wertes ist. Man vergleicht dann diese Wahrscheinlichkeit p direkt mit dem Signifikanzniveau α. Ist $p \leq \alpha$, so wird die Nullhypothese abgelehnt.

Das soeben erläuterte Prinzip des statistischen Testens anhand des Zweistichproben-z- und -t-Tests ist auf die übrigen Tests, die im nächsten Abschnitt vorgestellt werden, übertragbar. Es sind nur jeweils die zugrunde liegenden Testkenngrößen und deren Wahrscheinlichkeitsverteilungen verschieden. Ein Teil der Verteilungen ist aus der Normalverteilung direkt abgeleitet, andere fußen auf der Binomialverteilung, einer Wahrscheinlichkeitsverteilung für diskrete Merkmale.

4.4 Hypothesen-Tests – Wann wird welcher Test angewendet?

Die Tabelle 4-6 gibt einen Überblick über die häufigsten in der Ökotoxikologie relevanten statistischen Testverfahren. Zugleich lässt sie auf einfache Weise erkennen, inwieweit der Datentyp und das Versuchsdesign die Auswahl des geeigneten Tests beeinflussen.

Einstichprobentests werden in der Ökotoxikologie relativ selten angewandt, mit Ausnahme bei der Prüfung auf Normalverteilung (z. B. Kolmogoroff-Smirnov-Test) oder bei der Qualitätskontrolle (Vergleich einer Stichprobe mit einem Standard).

Tab. 4-6: Übersicht über gebräuchliche statistische Test- und Schätzverfahren in Abhängigkeit von Skalenniveau, Variablen- und Stichprobenzahl. Tests für den Vergleich mehrerer Stichproben mit einer Kontrolle zur Bestimmung einer LOEC sind blau hervorgehoben.

	Monovariable Verteilung			Bivariable Verteilung
	EINE Stichprobe	ZWEI Stichproben	k Stichproben	
Nominalskala	n klein: exakter Binominaltest nach Fisher (Vorzeichentest) n groß: Prozentanteiltest χ^2-Anpassungstest	n klein: exakter Binominaltest nach Fisher (Vierfeldertafel) n groß: Prozentanteiltest χ^2-Test (Vierfeldertafel)	n klein: exakte Mehrfeldertafel (Polynomialtest) n groß: χ^2-Test (Mehrfeldertafel) χ^2-Test (Vierfeldertafel) und exakte Vierfeldertafel mit Bonferroni-Holm Anpassung, Cochran-Armitage-Test	n klein: exakte Mehrfeldertafel (Polynomialtest), n groß: χ^2-Test (Mehrfeldertafel)
Ordinalskala Metrische Skala (nicht normalverteilt)	Wilcoxon-Test	Wilcoxon-Mann-Whitney-Test (U-Test)	Kruskall-Wallis-Test, U-Test mit Bonferroni-Holm Anpassung	Spearman-Rangkorrelation, Nichtlineare Regression
Metrische Skala (normalverteilt)	t-Test, z-Test	t-Test, z-Test	ANOVA (Varianzanalyse), Dunnett-Test, Williams-Test	Maßkorrelation nach PEARSON, lineare Regression, nichtlineare Regression
Zusatzprüfung: Normalverteilung Varianzgleichheit	Kolmogoroff-Smirnov Test Shapiro-Wilk Test entfällt	Kolmogoroff-Smirnov Test Shapiro-Wilk Test F-Test	Kolmogoroff-Smirnov Test Shapiro-Wilk Test Levene-Test	Kolmogoroff-Smirnov Test Shapiro-Wilk Test Levene-Test

Paarweise Vergleiche mit Zwei-Stichproben Tests werden in der Ökotoxikologie und auch im vorliegenden Praktikum benutzt, um nachzuweisen, ob allgemein eine signifikante Wirkung von der getesteten Substanz ausgeht oder sich eine mitgeführte Lösungsmittelkontrolle von der Kontrolle unterscheidet. Ist ein signifikanter Unterschied zwischen Lösungsmittelkontrolle und Kontrolle vorhanden, führt man in der Regel den Test auf eine LOEC gegen die Lösungsmittelkontrolle durch.

Wenn man testen will, ab welcher Konzentration eines Testguts eine signifikante Wirkung beobachtet wird und eine LOEC/NOEC bestimmen möchte, so eignen sich die so genannten multiplen Tests. Diese Tests sind so angelegt, dass die Irrtumswahrscheinlichkeit für alle durchgeführten Vergleiche mit der Kontrolle das vorgegebene Signifikanzniveau nicht überschreitet. Während dies in den bekannten multiplen t-Tests nach Dunnett oder Williams eingebaut ist, muss man bei der mehrfachen Durchführung von Zweistichprobentests (U-Test, Fisher-Test, χ^2-Vierfeldertest) zur LOEC-Bestimmung eine Korrektur des Signifikanzniveaus bei den Einzelvergleichen durchführen. Anderenfalls würde zum Beispiel ein vorgegebenes Niveau von $\alpha = 0,05$ überschritten. Um dies zu verhindern, kann man eine Bonferroni-Korrektur des Signifikanzniveaus vornehmen und gleichzeitig einen sequenziellen Test nach Holm durch-führen (Abbildung 4-2).

Anpassung des Signifikanzniveaus und sequenzieller Test nach Bonferroni-Holm

Die Bonferroni-Holm-Vorgehensweise hat bei der Bestimmung der NOEC große Bedeutung und wird bei einigen der in Tabelle 4-6 aufgeführten Tests durchge-führt. Das Prinzip sei anhand des Schemas in Abbildung 4-2 kurz erläutert. Im ersten Schritt werden N paarweise Vergleiche durchgeführt, wie beispielsweise U-Tests, χ^2-Vierfeldertests und exakte Vierfelder-tests nach Fisher. Für jeden Vergleich

berechnet man die Wahrscheinlichkeit p, mit der der gefundene Wert der Prüfgröße (z. B. U, χ^2) oder ein noch extremerer unter H_0 erwartet wird. Die Behandlungen wer-den nun nach steigenden Werten von p geordnet. Der Test beginnt im ersten Schritt damit, dass das vorgegebene Signi-fikanzniveau (z. B. $\alpha = 0,05$) durch die Zahl der Vergleiche N dividiert wird. Ist nun bei der ersten Behandlung mit dem kleinsten p-Wert $p_1 \leq \alpha/N$, so gilt diese Behandlung als signifikant von der Kontrolle verschieden und wird bei den nächsten Testschritten nicht mehr betrachtet. Anderenfalls endet der Test, ohne dass auch nur eine Signifi-kanz gefunden wurde. Im nächsten Schritt ohne die bereits ausgesonderte Behandlung wird das Signifikanzniveau durch N-1 divi-

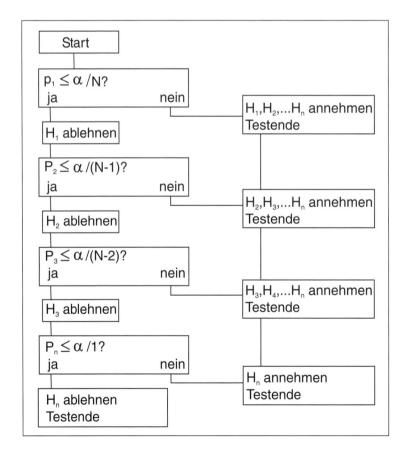

Abb. 4-2: Ablaufschema des sequenziellen Tests nach Bonferroni-Holm (HOLM 1979).

diert. Ist $p_2 \leq \alpha/N$-1, hat man eine zweite signifikante Abweichung. Sobald zum ersten Mal ein $p_i > \alpha$ auftritt, endet der Test.

Allgemeines Schema für die Testdurchführung

Die Auswahl eines geeigneten Tests für den zu prüfenden Datentyp und das betrachtete Versuchsdesign wird ungemein erleichtert, wenn man einen Test nach einem konsequenten Schema durchführt. Die aufgeführte Liste (Abbildung 4-3) mag sehr orthodox erscheinen, hilft jedoch mit hoher Trefferquote, den „richtigen" Test zu identifizieren und ihn fachgerecht durchzuführen. Insbesondere ist der Punkt 3 jedes Mal sorgfältig zu bearbeiten, denn hier wird eine Analyse der Daten und des Versuchsdesigns durchgeführt und darauf-

hin entschieden, welcher der in Tabelle 4-6 aufgeführten Tests in Frage kommt.

Tests für quantale Merkmale

Die in der Tabelle 4-6 aufgeführten Methoden für nominalskalierte Variablen sind für Tests geeignet, in denen das Merkmal „Mortalität" oder „Immobilität" untersucht wird, wie beispielsweise bei akuten Toxizitätstests mit Fischen und Daphnien. Mit einem $k \times 2$-Felder-χ^2-Test oder bei sehr geringen Häufigkeitswerten mit einem exakten $k \times 2$-Felder-Test (k = Zahl der Testansätze einschließlich Kontrolle) kann zum Beispiel geprüft werden, ob allgemein ein statistisch signifikanter Einfluss des Testguts vorliegt. In die $k \times 2$-Felder-Tafel werden hierzu die absoluten Häufigkeiten der beobachteten Merkmalsausprägungen,

---

1. Nullhypothese H_0 und Alternativhypothese(n) H_a formulieren,

2. Irrtumswahrscheinlichkeit festlegen, ein oder zweiseitige Fragestellung?

3. Voraussetzungen für die Wahl des Prüfverfahrens zusammenstellen,

    3.1 Variablentyp (metrisch, ordinal, nominal)

    3.2 Anzahl der betrachteten Variablen

    3.3 Verteilungstyp der Variablen (normal, anders)

    3.4 Anzahl der betrachteten Stichproben

    3.5 Stichprobenumfang (klein $n \leq 25$, sonst groß)

    3.6 insofern arithmetische Mittelwerte verglichen werden:
        μ und σ der Grundpopulation bekannt?

4. Prüfgröße und Prüfverfahren wählen,

5. Kritischen Wert der Prüfgröße bestimmen,

6. Wert der Prüfgröße aus der/den Stichprobe(n) berechnen,

7. Vergleich; Entscheidung für H_0 oder H_a.

Abb. 4-3: Allgemeines Schema für eine statistische Testdurchführung.

zum Beispiel Zahl „tot" und Zahl „lebend", eingesetzt.

Im k × 2-Felder-χ^2-Test werden die beobachteten Häufigkeiten aus mehreren Konzentrationsstufen (Richtung k) für das alternative Merkmal in die folgende Tafel eingetragen:

	Häufigkeit		
	Tot/Immobil	Lebend/ Mobil	Summen
Kontrolle	a	b	a + b
Behandlung	c	d	c + d
Summen	a + c	b + d	n

k→

	j = 1	j = 2	j = 3	
i = 1	n_{11}			$n_{1\bullet}$
i = 2		n_{rj}	n_{rk}	$n_{2\bullet}$
	$n_{\bullet 1}$	$n_{\bullet 2}$	$n_{\bullet 3}$	n

Die Berechnungsformel lautet:

$$\chi^2 = \left[\sum_{i=1}^{2}\sum_{j=1}^{k}\frac{n_{ij}^2}{n_{i\bullet}\,n_{\bullet j}} - 1\right] \cdot n \quad \text{(Formel 4-5)}$$

Freiheitsgrade („degrees of freedom"): df = $(2 - 1)(k - 1)$

Ein Beispiel für die Anwendung dieses Tests findet sich im Kapitel 19. Die Berechnung des exakten k × 2-Felder-Tests ist kaum von Hand möglich. Formeln und Prozedere findet man in entsprechender Fachliteratur (z. B. BORTZ et al. 2000).

Zur Ermittlung einer LOEC/NOEC eignet sich der exakte Binomialtest nach Fisher, wenn im Falle der akuten Biotests die Besetzungszahlen der Tafel mortalitätsbedingt oft sehr klein ausfallen. In anderen Fällen kann auch der χ^2-Vierfeldertest benutzt werden, wie zum Beispiel in den Kapiteln 19 und 22. In jedem Fall sollte das Signifikanzniveau auf die multiple Fragestellung nach Bonferroni-Holm angepasst werden (siehe Abbildung 4-2). In die 4-Felder-Tafel der Tests werden hierzu wie folgt die absoluten Häufigkeiten der beobachteten Merkmalsausprägungen aus Kontrolle und jeweils einem Testansatz eingesetzt:

Ist n klein (n < 20) berechnet man die Wahrscheinlichkeit für den exakten Fisher-Test nach Formel 4-6. Es wird lediglich die Wahrscheinlichkeitsverteilung für a benötigt, da wegen der fixierten Randsummen durch Festlegung von a die gesamte Vierfeldertafel bestimmt ist.

$$p(a) = \frac{(a+b)!(c+d)!(a+c)!(b+d)!}{n!\,a!\,b!\,c!\,d!} \quad \text{(Formel 4-6)}$$

Um die Gesamtwahrscheinlichkeit zu erhalten, dass die beobachtete Tafel oder noch extremere Tafeln auftreten, sind die p(a) der beobachteten und der noch extremeren Tafeln – wenn vorhanden – aufzusummieren. H_0 wird verworfen, wenn $\Sigma p(a) \leq \alpha$. Berechnungsbeispiele findet man in SACHS (2002) und BORTZ et al. (2000).

Beim χ^2-Test berechnet man zunächst χ^2 nach Formel 4-7.

$$\chi^2 = \frac{(n-1)(ad-bc)^2}{(a+b)(c+d)(a-c)(b-d)}$$

(Formel 4-7)

Die Vierfeldertafel besitzt nur einen Freiheitsgrad (df = 1). Ist $\chi^2 \leq \chi^2_{(1,\,\alpha)}$, so wird die Nullhypothese verworfen $\chi^2_{(1,\,0,05)} = 3,84$). Eine andere Möglichkeit ist die Berechnung der zugehörigen Wahrscheinlichkeit $p(\chi^2)$ (Statistik-Lehrbuch, MS-EXCEL Formelfunktion; Software) Ein $p(\chi^2) \leq a$ führt zur Ablehnung der Nullhypothese.

Wenn eine LOEC/NOEC ermittelt werden soll, so führt man zunächst k Vierfeldertests durch (k = Anzahl der Behandlungen ohne Kontrolle), wobei jeweils eine Behandlung mit der Kontrolle verglichen wird. Hierbei ist bei jedem Vergleich $\Sigma p(a)$ bzw. $p(\chi^2)$ zu berechnen. Die erhaltenen Wahrscheinlichkeiten werden dann, wie oben beschrieben, mit den Bonferroni-Holm-korrigierten Signifikanzniveaus abgeglichen. Beispiele hierfür finden sich im Buch in den Kapiteln 7 und 12.

Wenn man mehrere Replikate pro Behandlung eingesetzt hat und die relative Häufigkeit der toten/immobilen Organismen pro Replikat berechnen kann, ist es möglich, nach einer Arcussinus-Wurzeltransformation Tests für metrische Daten durchzuführen (ANOVA, Zweistichproben-t-Test, Dunnett- oder Williams-Test; s. u.). Beispiel und Formel für die Arcussinus-Wurzeltransformation sind im Kapitel 11 zu finden.

Tests für metrische Merkmale

Für Merkmale wie zum Beispiel Biomasse, Wachstumsrate, Jungtierzahl und Stoffwechselrate ist wichtig, ob die Verteilung der Messwerte angenähert einer Normalverteilung folgt und Varianzhomogenität besteht, denn hiervon hängt die Wahl eines geeigneten Testverfahrens ab (siehe Tabelle 4-6). Wenn die Bedingungen erfüllt sind, können teststarke Verfahren, so genannte parametrische Tests, die auf Parametern der Normalverteilung (μ, σ) basieren, angewendet werden.

Bei Normalverteilung und Varianzhomogenität erfolgt die statistische Absicherung eines allgemeinen Effekts mittels der Varianzanalyse (one-way ANOVA; Software), wenn paarweise Vergleiche durchzuführen sind, ist der allseits bekannte t-Test (Formel 4-4; ersetze z durch t) geeignet (df = n_1 + n_2–2). Sind die Voraussetzungen nicht gegeben, ist ein Mann-Whitney-U-Test durchzuführen. Die Werte aus beiden Stichproben werden in eine gemeinsame, aufsteigend geordnete Reihe sortiert und

jedem Wert ein Rangplatz zugeordnet (bei gleichen Werten jedem ein mittlerer Rangplatz). Es wird anschließend für jede Stichprobe getrennt jeweils die Summe der Ränge gebildet, die für die Berechnung der Prüfgröße U benötigt wird (Formel 4-8).

$$U_1 = R_1 - \frac{n_1(n_1 + 1)}{2};$$

$$U_2 = R_2 - \frac{n_2(n_2 + 1)}{2} \qquad \text{(Formel 4-8)}$$

wobei: R_1, R_2 = Rangsummen,
n_1, n_2 = Stichprobenumfang.

Wenn $n_1 < 10$ und $n_2 < 10$, so vergleicht man U ($U = \min(U_1, U_2)$) mit dem tabellierten kritischen Grenzwert U^*. Wenn $U < U^*$ (!) ist, wird die Nullhypothese verworfen. Ebenso findet man die Wahrscheinlichkeit $p(U)$ für Werte von $0 \le U \le 20$ tabelliert, die für die Bonferroni-Holm Prozedur benötigt werden (s. o.).

Bei größeren Stichprobenumfängen nähert sich die Wahrscheinlichkeitsverteilung der U einer Normalverteilung an, und man kann einen z-Test mit der Standardnormalverteilung nach Formel 4-9 durchführen (= asymptotischer U-Test).

$$z = \frac{U - \frac{n_1 n_2}{2}}{\sqrt{\frac{n_1 n_2(n_1 + n_2 + 1)}{12}}} \qquad \text{(Formel 4-9)}$$

Kritische Werte der Standardnormalvariablen z^* sind in fast jedem Statistiklehrbuch tabelliert. Ist $z \ge z^*_\alpha$, wird die Nullhypothese abgelehnt ($z^*_{0,05}$ (einseitig) = 1,645; $z^*_{0,05}$ (zweiseitig) = 1,96).

Wenn mehrere Behandlungen vorhanden sind und eine NOEC/LOEC bestimmt werden soll, ist der Dunnett- oder der Williams-Test zu empfehlen. Beide Tests gehören der t-Test-Familie an, und die Berechnung der Stichproben-t (Formel 4-4; ersetze z durch t) erfolgt paarweise für

Kontrolle und jede Stichprobe. Lediglich sind bei beiden Tests die tabellierten kritischen Grenzwerte für t anders. Diese entstammen multidimensionalen t-Verteilungen und berücksichtigen den multiplen Charakter dieser Tests. Die kritischen t-Werte für den Dunnett-Test hängen stark von den Stichprobenumfängen in Kontrolle und Behandlung ab. Die Teststärke ist höher, wenn mehr Replikate in der Kontrolle vorhanden sind und die Stichprobengröße in den Behandlungen gleich ist (optimal: $n_0 = n\sqrt{a}$; n_0: Stichprobenumfang in der Kontrolle; n: Stichprobenumfang in der Behandlung; a: Zahl der Behandlungen).

Die tabellierten t-Werte und eine sehr gute Übersicht über die multiplen Tests finden sich in HORN & VOLLANDT (2001).

Der Williams-Test ist seiner Natur nach ein Trendtest. Er setzt voraus, dass in den Grundgesamtheiten, nicht nur in den Stichproben, ein monotoner Trend, das heißt eine stets nur ansteigende oder nur absteigende Folge von Mittelwerten existiert (Monotonie-Hypothese). Dies ist in der Regel bei ökotoxikologischen Test zu erwarten. Beispielsweise wird oft die Zahl der Nachkommen mit steigender Konzentration zunehmend gehemmt. Sollte diese Monotonie in den Stichproben nicht gegeben sein, wird es als eine Zufallsabweichung von diesem Prinzip aufgefasst. Der Williams-Test führt in diesem Fall eine Glättung nach dem Maximum-Likelihood-Prinzip durch, um diese monoton abfallenden bzw. ansteigenden Mittelwerte zu erzeugen, welche dann im Test verwendet werden. Tabellen für kritische t-Werte finden sich in RASCH et al. (1996).

Sind die Voraussetzungen für parametrische Verfahren auch nach Transformation der Messwerte zum Beispiel durch Logarithmieren nicht gegeben, ist die Bestimmung einer NOEC/LOEC mit Hilfe von paarweisen U-Tests möglich, wobei dann die Wahrscheinlichkeiten p(U) mit den nach Bonferroni-Holm angepassten Signifikanzniveaus verglichen werden.

Die einzelnen Schritte bei der Bestimmung einer NOEC/LOEC sind in Abbildung 4-4 anhand eines Flussschemas veranschaulicht. Wichtige Schritte dabei sind die Vortests auf Normalverteilung und Varianzhomogenität sowie die statistische Prüfung eines möglichen Unterschieds zwischen Kontrolle und Lösungsmittelkontrolle, sofern eine solche mitgeführt wurde.

Als Schnelltest auf Normalverteilung ist für einen Praktikumsversuch der R/s-Schnelltest zu empfehlen. Es wird dabei der Quotient aus Spannweite R und Standardabweichung s gebildet, der innerhalb kritischer Grenzen schwanken darf (tabelliert in SACHS 2002). Ansonsten ist der Kolmogoroff-Smirnov-Anpassungstest sehr gut geeignet.

Die Varianzhomogenität beim paarweisen Test kann über einen F-Test geprüft werden (H_o: $\sigma_1 = \sigma_2$). Man berechnet den Quotienten aus beiden Varianzen nach Formel 4-10.

$$F = \frac{s_1^2}{s_2^2} \quad (s_1^2 > s_2^2) \qquad \text{(Formel 4-10)}$$

Der kritische Höchstwert $F^*_{\alpha,df1,df2}$, mit $df_1 :=$ $n_1 - 1$; $df_2 = n_2 - 1$, ist in Statistiklehrbüchern tabelliert oder über die Zellenfunktion FINV in MS-EXCEL abrufbar. Ist $F \geq F^*_{\alpha,df1,df2}$ wird die Nullhypothese abgelehnt. Wenn man mehrere Stichproben auf Varianzhomogenität prüfen muss, so ist der Levene-Test empfehlenswert, dessen aufwendige Berechnung hier nicht erläutert wird.

Die Bestimmung der NOEC mit Hilfe der oben genannten statistischen Tests wird derzeit kritisch diskutiert, weil wegen praktischer Probleme (Aufwand, Platz etc.) die Biotests nicht mit genügend Replikaten pro Testansatz durchgeführt werden können.

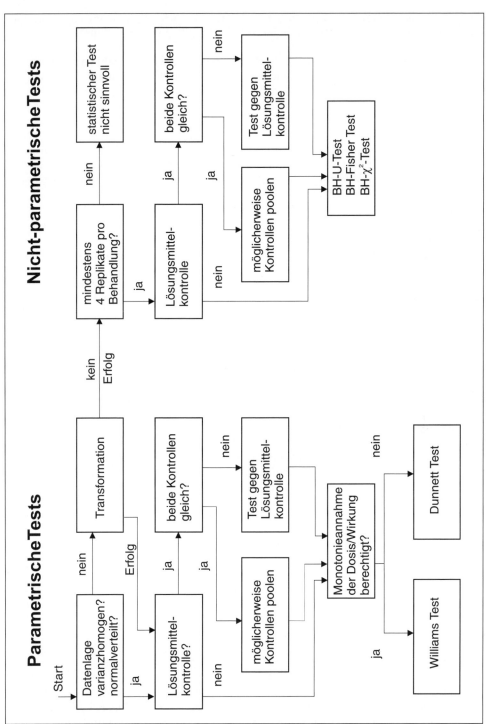

Abb. 4-4: Schema zur Durchführung der Bestimmung der LOEC/NOEC.

Wirkungsschwellen werden dann möglicherweise übersehen oder fallen zu hoch aus, weil es schwierig ist, bei wenig Replikaten eine Signifikanz nachzuweisen. Außerdem hängt die NOEC von der Varianz der beobachteten Messgröße, der Anzahl der Konzentrationsstufen und dem Abstand der Konzentrationsstufen ab. Die OECD hat daher beschlossen, die NOEC-Bestimmung bei Biotests nicht mehr zu empfehlen (CHAPMAN et al. 1996) und statt dessen Konzentrations-Wirkungsfunktionen zu erstellen, woraus als Ersatz für die NOEC eine EC_x bestimmt werden kann.

4.5 Punktschätzung – Ermittlung von Konzentrations-Wirkungsbeziehungen

Bei der Bestimmung von quantitativen Konzentrations-Wirkungsbeziehungen werden die gemessenen oder transformierten Effekte mit Hilfe rechnerischer oder graphischer Verfahren zu den getesteten Schadstoffkonzentrationen in Beziehung gesetzt. Hierfür können beispielsweise die Messwerte in prozentuale Hemmung transformiert und zusammen mit den logarithmierten Konzentrationen in Wahrscheinlichkeitspapier eintragen werden, denn oft folgen die Hemmwerte annähernd einer sigmoiden Normalverteilung. Diese entspricht einer Geraden im Wahrscheinlichkeitsnetz. So kann man auf dem Papier eine Ausgleichsgrade in die Punkte legen und nachfolgend die Konzentrationen bestimmen, die einen definierten quantitativen Effekt auslösen (z. B. EC_{50}). Die Methode eignet sich jedoch nur für den Schnelleinsatz im Praktikum, denn diese Art von Bestimmung ist nicht genau und erlaubt keine Angabe von Vertrauensbereichen, wie sie in der Praxis in der Regel gefordert werden. Vertrauensbereiche für EC-Werte sind nur mühsam von Hand zu berechnen,

werden jedoch von den meisten Statistik-Softwareprogrammen ermittelt.

Bei einer gegebenen Anzahl von Testgefäßen sollte man mehr Gewicht auf eine möglichst hohe Zahl an Konzentrationen legen als auf hohe Replikatzahlen in den Behandlungsstufen. Wenigstens 5 Konzentrationen mit ca. 3 Replikaten sollten möglichst derart gewählt werden, dass je zwei Konzentrationen Effekte erzielen, die über bzw. unter 50 Prozent liegen. Somit wird eine Konzentrations-Wirkungsbeziehung wenigstens im Intervall zwischen 20 % und 80 % Wirkung abgebildet.

Konzentrations-Wirkungsfunktionen

Die Auftragung der gemessenen Effekte (E) gegen die logarithmierten Konzentrationen (c) ergibt im Allgemeinen eine annähernd sigmoid verlaufende Konzentrations-Wirkungsbeziehung (siehe Abbildung 1-9), die durch 4 Parameter nach Formel 4-11 beschreibbar ist:

$$Y = E_{min} + (E_{max} - E_{min}) \cdot F(a + b \cdot \log c)$$

(Formel 4-11)

Die Parameter E_{min} und E_{max} geben hierin den minimal und maximal erreichbaren Effekt als untere bzw. obere Asymptote der Konzentrations-Wirkungskurve wieder, während die Parameter a und b die Lage- und Steigungsparameter einer Funktion F bezeichnen. Ein Beispiel für eine Konzentrations-Wirkungsfunktion mit 4 Parametern gibt Kapitel 15. Treten keine von 0 % und 100 % verschiedenen minimalen und maximalen Effekte auf, so vereinfacht sich die allgemeine Konzentrations-Wirkungsbeziehung Formel 4-11 zu Formel 4-12.

$$Y = F(a + b \cdot \log c) \quad \text{(Formel 4-12)}$$

Der eigentliche Verlauf der Konzentrations-Wirkungskurve wird durch die Funktion F in den Formeln 4-11 und 4-12 beschrieben. Bei einem um die EC_{50} annähernd symmetrischen Verlauf der Versuchsdaten sind die Verteilungsfunktionen der Normalverteilung („Probitanalyse", s. u.) und der logistischen Verteilung („Logitanalyse", s. u.) angemessen, während für asymmetrische Konzentrations-Wirkungsbeziehungen die Weibull-Funktion geeignet ist. Die Bestimmung von Konzentrations-Wirkungsbeziehungen zielt auf die Schätzung der Parameter a und b sowie gegebenenfalls E_{min} und E_{max} aus Formeln 4-11 und 4-12. Wie beim statistischen Testen hängt die Wahl der Schätzverfahren auch hier davon ab, inwieweit quantale oder metrische Effekte vorliegen.

EC-Werte für quantale Merkmale

Diese Verfahren spielen eine Rolle, wenn als Merkmal „Emergenz", „Mortalität" oder „Immobilität" untersucht wird (z. B. akute Toxizitätstests mit Daphnien und Regenwürmern: Kapitel 6 und 7; Chironomiden: Kapitel 11). Das klassische Schätzverfahren bei quantalen Merkmalen basiert auf dem Maximum-Likelihood-Prinzip. Unter Verwendung der Normalverteilung führt dies zur Probitanalyse (FINNEY 1978), mit der logistischen Verteilung zur Logitanalyse (LINDER & BERCHTOLD 1976) und mit der Weibullverteilung zur Weibullanalyse (CHRISTENSEN 1984).

Ein bedeutender Unterschied des Maximum-Likelihood-Prinzips zu einer ungewichteten Regression nach Linearisierungen der Konzentrations-Wirkungskurven (z. B. durch Wahrscheinlichkeits- oder Probitpapier) besteht darin, dass die Varianzheterogenität der Messwerte bei quantalen Merkmalen berücksichtigt wird, was allein zu validen Vertrauensbereichen führt. Es ist üblich, die EC_{50} oder im Falle der Mortalität die LC_{50} (LC, „lethal concentration") anzugeben.

EC-Werte für metrische Merkmale

Für metrische Merkmale können die oben erwähnten Methoden der Probit-, Logit-

oder Weibullanalyse nicht angewendet werden. Für die Schätzverfahren zur Bestimmung der Parameter in den Formeln 4-11 und 4-12 kann zwar auch das Maximum-Likelihood Prinzip benutzt werden, wenn entsprechend modifizierte Verfahren zur Wichtung der Regression und Berechnung der Residualvarianz berücksichtigt werden (z. B. CHRISTENSEN & NYHOLM 1984). In der Regel wird hier aber das Minimum-Quadrate Prinzip der linearen und nichtlinearen Regression verwendet, das diejenige Funktion (F) berechnet, welche die beste Anpassung an die Daten erlaubt (geringste Residualvarianz). Weisen die Messwerte unterschiedliche Varianzen für die einzelnen Testkonzentrationen auf, so müssen auch hier die Regressionsanalysen mit geeigneten Gewichtungsfaktoren durchgeführt werden. Eine sehr gute Übersicht über geeignete Konzentrations-Wirkungsfunktionen und die Beschreibung einer modernen Anpassungsmethode geben SCHOLZE et al. (2001).

Es ist üblich, die in den Testansätzen gemessenen Effekte auf die unbehandelte Kontrolle zu beziehen und sie gegen den Logarithmus der Konzentration aufzutragen. Diese Transformation kann jedoch zu einer Heterogenität der Varianzen führen und hat damit deutliche Nachteile bei der statistischen Auswertung. Daher ist eine Auswertung nicht transformierter Daten vorzuziehen.

In der Regel wird auch hier die EC_{50}, zuweilen auch kleinere EC-Werte (z. B. die EC_{10}: Wachstumshemmtests mit Algen und Wasserlinsen, Kapitel 13 und 14) bestimmt. Hierbei ist zu beachten, dass zum Beispiel die EC_{50} hier nicht einer Konzentration entspricht, die eine mediane Sensitivität/Toleranz der Versuchskohorte wie bei quantalen Merkmalen angibt, sondern jene Konzentration bezeichnet, bei der ein metrisches Merkmal im Mittel um 50 % kleiner ausfällt als in der Kontrolle.

Die EC_x-Werte werden berechnet, indem man die entsprechenden Ordinatenwerte x in die Formeln 4-11 und 4-12 einsetzt und nach der Konzentration auflöst. Wenn bei metrischen Merkmalen nicht in prozentuale Hemmung umgerechnet wurde, dient als Ordinatenwert ein Wert, welcher x % des Kontrollwertes entspricht. Vertrauensbereiche lassen sich durch die Methode von Fieller (siehe FINNEY 1978) schätzen. Die ermittelte Konzentrations-Wirkungskurve sollte als Graph zusammen mit einer Tabelle mit Ergebnissen zur EC_x und deren Vertrauensbereichen dargestellt werden.

Ungünstige Datenlage

Lassen sich wegen einer problematischen Datenlage die bisher genannten Verfahren nicht anwenden, können die EC_{50} und deren Vertrauensbereiche über alternative Methoden angenähert werden. Gebräuchlich sind gleitende Mittelwertberechnungen (Moving Average-Methode, Trimmed Spearman-Kärber-Methode, siehe FINNEY 1978) oder eine einfache Interpolation, die notfalls zum Beispiel bei steilen Konzentrations-Wirkungsbeziehungen aus der Konzentration mit 0 % und 100 %-Effekt erfolgen kann.

4.6. Zitierte Literatur

BORTZ, J., LIENERT, G. A., BOEHNKE, K. (2000): Verteilungsfreie Methoden in der Biostatistik. – 2. Aufl., 939 S., Springer, Berlin / Heidelberg.

CHAPMAN, P. M., CALDWELL, R. S., CHAPMAN, P. F. (1996): A warning: NOECs are inappropriate for regulatory use. – Environ. Toxicol. Chem. 15 (2), 77–79.

CHRISTENSEN, E. R. (1984): Dose-response functions in aquatic toxicity testing and the Weibull model. – Wat. Res. 18, 213–221.

CHRISTENSEN, E. R., NYHOLM, N. (1984): Ecotoxicological assays with algae: Weibull dose-response curves. – Environ. Sci. Technol. 18, 713–718.

FINNEY, D. J. (1978): Statistical Method in Biological Assay. – 3rd ed., 508 pp., Cambridge University Press, London.

HOLM, S. (1979): A simple sequentially rejective multiple test procedure. – Scand. J. Statist. 6, 65–70.

HORN, M., VOLLANDT, R. (2001): A manual for the determination of sample sizes for multiple comparisons – Formulas and tables. – Informatik, Biometrie und Epidemiologie in Medizin und Biologie 32, 1–28.

LINDER, A., BERCHTOLD, W. (1976): Statistische Auswertung von Prozentzahlen. – 232 S., Birkhäuser, Basel/Stuttgart.

RASCH, D., HERRENDÖRFER, G., BOCK, J., VICTOR, N., GUIARD, V. (1996): Verfahrensbibliothek – Versuchsplanung und Auswertung. – Bd. 1, 940 S., Oldenbourg, München/Wien.

SACHS, L. (2002): Angewandte Statistik. – 10. Aufl., 889 S., Springer, New York/Heidelberg.

SCHOLZE, M., BOEDEKER, W., FAUST, M., BACKHAUS, T., ALTENBURGER, R., GRIMME, L. H. (2001): A general best-fit method for concentration-response curves and the estimation of low-effect concentration. – Environ. Toxicol. Chem. 20, 448–457.

5 Organisatorische Planung des Praktikums

Die Durchführung eines Praktikums erfordert zahlreiche vorbereitende Arbeiten und zusätzliche Sicherheitsmaßnahmen, so dass der Konzeption und Planung der Experimente ein besonderer Stellenwert zukommt. Die folgenden Abschnitte beinhalten einige allgemeingültige Hinweise zur Arbeit in einem Labor, spezielle Informationen zu den verwendeten Testorganismen, eine mögliche Gestaltung des Protokolls sowie die zeitliche Planung der einzelnen Testverfahren.

5.1 Sicherheit im Labor

Im ökotoxikologischen Praktikum wird ein Umgang mit gefährlichen Substanzen, beispielsweise konzentrierten Säuren, Schwermetallen, organischen Substanzen oder mit Betriebsbedingungen erfolgen, die zwingend vorsichtiges Handeln erfordern. Daher sind alle Betriebsanweisungen, die man in schriftlicher Form ausgehändigt bekommt, aber auch mündliche Anweisungen des Laborpersonals zum eigenen Schutz gewissenhaft zu beachten. Die nachstehenden Anmerkungen sollten deshalb im eigenen Interesse aufmerksam gelesen und befolgt werden.

Unfälle können im Laborbetrieb nicht gänzlich ausgeschlossen werden, sind aber durch umsichtiges Verhalten auf ein Mindestmaß zu reduzieren. Um die Gefährdung zu minimieren, ist es notwendig, die Gefahrenquellen zu kennen. Sie liegen beispielsweise:
- in der Verwendung von chemischen Stoffen, die gesundheitsschädlich, brennbar oder explosiv sein können,
- in der Anwendung hoher Drücke und Temperaturen sowie (hoher) elektrischer Spannungen und insbesondere
- in der Unachtsamkeit der Handelnden.

Ordnung und Sauberkeit am Arbeitsplatz tragen zur Verminderung von Gefahren bei. Daher müssen die Praktikumsteilnehmer dazu angehalten werden, beim Arbeiten im chemischen Labor selbstständig auf mögliche Gefahren zu achten. Anwesende und die für die Einhaltung der Sicherheitsbestimmungen verantwortliche Person müssen unmittelbar darauf hingewiesen werden, wenn die Gefahr nicht selbstständig sofort ausgeschaltet werden kann.

Um im Notfall vorbereitet zu sein, müssen die Teilnehmer über die örtlichen Gegebenheiten hinsichtlich vorhandener Sicherheits- und Alarmierungseinrichtungen informiert werden. Es sollten Informationen darüber vorhanden sein, wo:
- Fluchtwege,
- Telefone,
- Feuerlöscher,
- Notduschen und Augenduschen sowie
- Erste-Hilfe-Kästen erreichbar sind.

Über gefährliche Eigenschaften von Stoffen kann man sich anhand der Etiketten der Chemikalienverpackungen und der Betriebsanweisungen informieren und selber über mögliche Gefahren nachdenken.

Was grundsätzlich beachtet werden muss...

- Während des Aufenthalts im Labor muss ständig geeignete Arbeitskleidung getragen werden. Für den normalen Laborbetrieb ist dies ein ausreichend langer Laborkittel mit langen Ärmeln aus Baumwolle sowie geschlossenes Schuhwerk.
- Arbeiten, die die Hände gefährden, erfordern Schutzhandschuhe.

- Speziell beim Umgang mit ätzenden, reizenden und hautresorbierbaren Stoffen sowie bei der Erhitzung von Substanzen ist darüber hinaus eine Schutzbrille zu tragen.
- Der Kontakt von Haut, Augen und Schleimhäuten mit Chemikalien ist zu vermeiden. Sind Haut, Augen oder Schleimhäute mit Chemikalien in Berührung gekommen, so sind die betroffenen Stellen mit viel kaltem Wasser zu spülen und sofort die für die Einhaltung der Sicherheitsbestimmungen verantwortliche Person zu unterrichten.
- Mit ätzenden Stoffen benetzte Kleidung ist sofort abzulegen.
- Essen und Trinken ist im Labor grundsätzlich untersagt.
- Im Labor gilt Rauchverbot.
- Nach Beendigung der Laborarbeit sind die Hände zu waschen.
- Alle Gefäße sind immer ordentlich zu beschriften. Es ist neben dem Datum und dem Nutzer zu notieren, was in welcher Konzentration enthalten ist.
- Beim Verlassen des Arbeitsplatzes während des Praktikums hat eine Abmeldung zu erfolgen.

Der Umgang mit Chemikalien

- Betriebsanweisungen müssen beachtet werden, denn sie beschreiben die beim Umgang mit gesundheitsgefährdenden Stoffen auftretenden Gefahren und die erforderlichen Schutzmaßnahmen und Verhaltensregeln.
- Chemikalien, die giftige oder ätzende Gase abgeben können, dürfen nur im Abzug gehandhabt werden.
- Es ist unter allen Umständen untersagt, Flüssigkeiten durch Ansaugen mit dem Mund zu pipettieren!
- Der Vorratsflasche entnommene Chemikalien dürfen niemals in diese zurückgegeben werden, da sonst der gesamte Vorrat verunreinigt werden könnte.
- Bei Salpetersäure ist die Bildung nitroser Gase (Reizgase!) möglich.

- Gefäße mit Chemikalien sind nach der Benutzung wieder zu verschließen. Die Verschlüsse dürfen nicht vertauscht und nicht mit dem unteren Teil auf die Tischplatte gelegt werden.
- Die Entsorgung von Chemikalien muss in den dafür vorgesehenen Gefäßen erfolgen.

Arbeiten mit technischen Apparaturen

- Das Öffnen von Druckgefäßen erhöhter Temperatur darf erst nach dem Abkühlen erfolgen.
- Das Öffnen von Druckgefäßen muss unter einem gut ziehenden Abzug erfolgen.
- Geräte, auch Glasgeräte, sind vor Gebrauch auf Funktionstüchtigkeit zu überprüfen.
- Während eines Versuches sind die Geräte laufend zu kontrollieren.
- Versuchsanlagen mit kontaminierten oder kontaminationsverdächtigen Wasser-, Sediment- oder Bodenproben sind grundsätzlich nur mit Handschuhen zu bedienen bzw. zu warten.

Gefahrensymbole

Alle Verpackungen, die Gefahrstoffe enthalten, müssen durch schwarze Gefahrensymbole auf orangefarbenem Grund deutlich gekennzeichnet sein. Die Symbole sind auf einem im Labor ausgehängten Poster aufgeführt. Dabei bedeutet:

- leichtentzündlich Bezeichnung für Stoffe, die sich bei Raumtemperatur an der Luft ohne weitere Energiezufuhr entzünden können oder durch kurzzeitige Einwirkung einer Zündquelle leicht entzündet werden können.

- **mindergiftig**
Substanzen, die in größeren Mengen zu Gesundheitsschäden führen können.

- **giftig**
Substanzen, die in geringen Mengen zu einer vorübergehenden Erkrankung, bleibenden Gesundheitsschäden oder zum Tode führen können.

- **sehr giftig**
Substanzen, die bereits in sehr geringen Mengen äußerst schwere vorübergehende oder bleibende Gesundheitsschäden hervorrufen oder zum Tode führen können.

- **reizend**
Bezeichnung für Substanzen, die bei Kontakt mit Haut oder Schleimhäuten Entzündungen hervorrufen können.

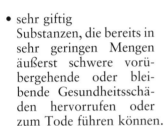

- **ätzend**
Bezeichnung für Substanzen, die bei Berührung zur Zerstörung des Körpergewebes führen können.

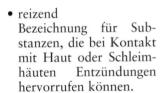

Die von einer chemischen Substanz ausgehenden Gefahren werden durch so genannte R-Sätze und deren Kombinationen beschrieben. Die so genannten S-Sätze und deren Kombinationen beinhalten Sicherheitsratschläge, die in einem Labor ausgehängt werden sollten.

Arbeiten mit gentechnisch veränderten Organismen

Bei einem gentechnisch verändertem Organismus (GVO) ist das genetische Material in einer Weise verändert worden, wie es unter natürlichen Bedingungen durch Kreuzen oder natürliche Rekombination nicht vorkommt. Das Arbeiten mit einem GVO ist nur in gentechnischen Anlagen durchführbar, die für verschiedene Sicherheitsstufen ausgelegt sind. Das Arbeiten in einem so genannten S1-Labor bedeutet, dass hier diejenigen Arbeiten durchzuführen sind, bei denen nach dem Stand der Wissenschaft nicht von einem Risiko für die menschliche Gesellschaft und die Umwelt auszugehen ist. Dennoch sind im Sinne eines vorsorgenden Umwelt- und Verbraucherschutzes allgemeine Vorsichtsmaßregeln einzuhalten, um das Risiko einer Freisetzung von GVOs zu minimieren. Da das Arbeiten in einem S1-Labor spezielle Sicherheitsmaßnahmen erfordert, wird eine zusätzliche Belehrung durch die Betreuungsperson notwendig.

5.2 Verwendete Testorganismen

Im Praktikumsbuch zur Ökotoxikologie werden Experimente mit wirbellosen Tieren, niederen und höheren Pflanzen sowie Bakterien beschrieben. Bei der Auswahl der Verfahren wurde nicht nur Wert auf eine möglichst hohe Repräsentanz der vorzustellenden ökotoxikologischen Testverfahren gelegt, um einen entsprechenden Überblick geben zu können, sondern es werden bevorzugt Methoden eingesetzt, bei denen weitgehend der Einsatz höherer tierischer Testorganismen minimiert werden kann. Einige der Verfahren verzichten ganz auf den Einsatz schmerzempfindlicher Tiere oder – sofern dies nicht vermeidbar ist – ist der Wirkungsparameter der Versuche nicht der Tod der eingesetzten Organismen. In

67

den letzten Jahren wird intensiv die Reduktion von Tierversuchen diskutiert und erfolgreich nach Ersatzmethoden geforscht. So werden beispielsweise Zellkulturen sowie Bakterien- oder Pflanzentests als alternative schmerzfreie Methoden angeboten. Wird die Sinnhaftigkeit der Durchführung von Tierversuchen für Fortschritte in der Medizin oftmals in Zweifel gezogen, ist es bei der Abschätzung der Gefährdung der Umwelt durch Schadstoffe allerdings notwendig, Organismen zu verwenden, die unmittelbar davon betroffen sind. Allerdings sollte auch hier in jedem Fall die Frage des Tierschutzes immer wieder in den Mittelpunkt gestellt werden und, wie in den vorliegenden Praktikumsversuchen, Tiere nur im vertretbaren Maße eingesetzt werden. Im folgenden Abschnitt wird kurz auf die Problematik des Tierschutzes eingegangen.

Der Einsatz von Tieren für experimentelle Studien ist durch das Tierschutzgesetz (1972, Neufassung vom 18.08.1986) geregelt. Der Grundsatz dieses Gesetzes besteht darin, dass der Mensch das Leben und Wohlbefinden der Tiere als Mitgeschöpfe zu beschützen hat. Niemand darf einem Tier ohne vernünftigen Grund Schmerzen, Leiden oder Schäden zufügen. Wenn Versuche an Wirbeltieren durchgeführt werden sollen, ist grundsätzlich eine Genehmigung des Versuchsvorhabens durch die zuständige Behörde notwendig. Tierversuche mit wirbellosen Tieren bedürfen nicht der Genehmigung, sind aber spätestens zwei Wochen vor Beginn des Versuchsvorhabens der Behörde anzuzeigen. Die Anzeige muss im Allgemeinen folgende Informationen enthalten: Zweck des Versuchsvorhabens, Art und Zahl der vorgesehenen Tiere, Art und Durchführung der beabsichtigten Tierversuche einschließlich der Betäubung, Ort, Beginn und voraussichtliche Dauer des Versuchsvorhabens sowie Name und Anschrift der/s verantwortlichen Leiterin/s und ihres/seines Stellvertreterin/s.

In den beschriebenen Versuchen mit Tieren werden ausschließlich wirbellose Tiere als Testorganismen verwendet. Sofern eine Auswertung der Tests nur möglich ist, wenn die eingesetzten Tiere am Ende präpariert werden (z. B. Reproduktionstest mit *Potamopyrgus antipodarum*), werden grundsätzlich alle zu untersuchenden Exemplare vor der Untersuchung betäubt. Dazu wird speziell bei den Schnecken eine 2 bis 7 %-ige Magnesiumchlorid-Lösung eingesetzt, die eine zuverlässige Relaxierung und Narkose der Tiere erlaubt und letztlich auch zum Abtöten der Organismen bei längerer Anwendung führt. Der Betäubungseffekt beruht auf einem Austausch von extrazellulären Protonen, vor allem Natrium gegen Magnesium, was den Zusammenbruch der afferenten und efferenten Erregungsleitung bewirkt. Dazu ist eine ausreichend lange Einwirkzeit zu gewährleisten, die von der Körpergröße der Testorganismen abhängt und zwischen 30 Minuten und 2 Stunden liegt.

5.3 Konzept der Versuche und Anfertigung eines Protokolls

Alle Praktikumsversuche folgen einem einheitlichen Aufbau. Zunächst werden wichtige Erkenntnisse zur Biologie und Ökologie des Testorganismus vermittelt, die in unmittelbarem Zusammenhang mit den zu messenden Testkriterien stehen. Danach werden einige Angaben zum Anwendungsgebiet gemacht. Für jeden Testorganismus erfolgt die Beschreibung eines Experiments zur Untersuchung eines konkreten Schadstoffs oder einer Umweltprobe, deren Wirkungen alle in eigenen Arbeiten getestet wurden. Allerdings können auch andere Schadstoffe untersucht werden. Es wurde versucht, so viel Informationen wie möglich über grundlegende methodische Details zu geben, die farblich besonders hervorgehoben sind. Testdurchführung und Testauswertung werden genau beschrieben, wobei bei der statistischen Bearbeitung der Versuchsergebnisse insbesondere das theoretische Kapitel 4 mit einbezogen werden sollte. Durch einige Fragen zum Abschluss werden Anregungen für eine Diskussion der erhaltenen Ergebnisse gegeben.

Das Ziel eines jeden Praktikumversuchs ist neben der Erlangung experimenteller Fertigkeiten die Schulung der schriftlichen Wiedergabe eines Versuches anhand eines Protokolls. Die Erfahrungen zeigen, dass dabei regelmäßig die Frage aufgeworfen wird: „Was soll alles im Protokoll enthalten sein?". Das Protokoll soll eine eigenständig angefertigte Beschreibung des durchgeführten Versuches und der Ergebnisse mit Diskussion enthalten, der eine knappe Darstellung der Theorie vorangestellt wird. Das Protokoll entspricht damit einer kleineren wissenschaftlichen Abhandlung, zum Beispiel auch als Vorübung zum Schreiben einer Diplomarbeit gedacht. Es sollte daher allen entsprechenden Normen genügen. Die folgende Auflistung der Inhalte ist als eine Anregung zur Erstellung eines Versuchsprotokolls gedacht.

Im Titelblatt ist der Name der/s Praktikantin/en, der Name der Betreuungsperson, die Instituts-, Lehrstuhl- oder Fachgruppenbezeichnung, die Art des Praktikums, die Bezeichnung des Praktikums, der Titel des Versuches sowie das Datum des Praktikums aufzuführen.

Die Einleitung enthält eine knappe und präzise Darstellung des wissenschaftlichen Hintergrunds des Verfahrens. Es soll auf die Biologie der Testorganismen eingegangen werden, warum dieses Verfahren eingesetzt wird, wozu es da ist und welche Aussagen es ermöglicht.

Im Material- und Methodenteil erfolgt die Darstellung der eingesetzten Geräte, des biologischen Materials und der Methoden. In der Regel kann auf die Versuchsvorschrift verwiesen werden, wobei jedoch mögliche Abweichungen von den Vorgaben während des Versuchs genau zu dokumentieren sind.

Die exakte Darstellung der Ergebnisse ist ein wichtiger Bestandteil des Protokolls. Hier sollen die erzielten Resultate dokumentiert werden, wobei neben einer sprachlichen Beschreibung vor allem die Anfertigung von Tabellen und/oder Grafiken zu empfehlen ist. Von Bedeutung ist die statistische Bearbeitung der Daten.

In der abschließenden Diskussion soll eine kritische Würdigung der erzielten Resultate vor dem Hintergrund der eigenen Erwartungen und/oder der wissenschaftlichen Literatur erfolgen. Wenn Abweichungen vorkommen, sind mögliche Gründe zu nennen, die man als so genannte Fehlerdiskussion bezeichnet.

Das Protokoll endet mit einem Literaturverzeichnis, in dem eine lückenlose Aufstellung der für die Anfertigung des Protokolls verwendeten und in ihm zitierten wissenschaftlichen Literatur erfolgt.

5.4 Zeitliche Planung der Praktikumsversuche

Biologische Versuche setzen immer eine genaue zeitliche und organisatorische Planung voraus. Für jedes Experiment muss eine ausreichende Anzahl an gesunden Organismen zur Verfügung stehen. In der Tabelle 5-1 ist der Zeitplan für jedes der im Praktikumsbuch beschriebenen Experimente aufgeführt. Einige der Testverfahren benötigen eine längere Vorlaufphase, in der zunächst Pflanzen kultiviert oder Tiere vermehrt werden. Die Experimente wurden insgesamt so konzipiert, dass sie im Verlaufe eines Semesters durchführbar sind.

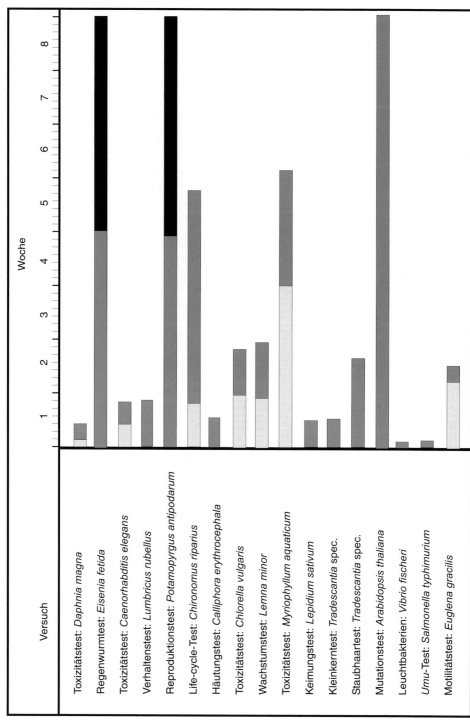

Tab. 5-1: Zeitplan für die Vorbereitung (grauer Balken), die Durchführung (grüner Balken) und die alternative Verlängerung (blauer Balken) der einzelnen Praktikumsversuche.

Die Verwendung pflanzlicher terrestrischer Organismen ist in den Sommermonaten zu empfehlen, wogegen die Verfahren mit Wasserpflanzen aufgrund vorhandener Stammkulturen das ganze Jahr über machbar sind.

6 Akuttoxizitätstest mit *Daphnia magna*

6.1 Charakterisierung des Testorganismus

Der Wasserfloh *Daphnia magna* (Abbildung 6-1) gehört innerhalb des Stamms der Arthropoda (Gliederfüßler) zum Unterstamm Crustacea (Krebse), zur Klasse Phyllopoda (Blattfußkrebse) und zur Ordnung Cladocera (Wasserflöhe). In der Familie der Daphniidae werden mit *Ctenodaphnia*, *Daphnia* und *Hyalodaphnia* drei Gattungen zusammengefasst, die in der Regel nur durch Spezialisten eindeutig zu bestimmen sind.

Die deutsche Bezeichnung für die Mitglieder der Ordnung geht auf den Biologen Swammerdam zurück, der die charakteristische, ruckartig-hüpfende Bewegung 1669 erstmals wissenschaftlich beschrieb und die Tiere fälschlicherweise für wasserlebende Flöhe hielt. Seitdem sind die so genannten Wasserflöhe zu einem vielfach eingesetzten Modellorganismus in der Systematik, Ökologie, Evolutionsbiologie und Physiologie avanciert, da sie problemlos bei geringem Platzbedarf in Laborkulturen gezüchtet werden können. Außerdem weisen sie kurze Generationszeiten und eine Heterogonie, das heißt einen Generationswechsel zwischen biparentalem (zweigeschlechtlichem) und parthenogenetischem (eingeschlechtlichem) Reproduktionsmodus auf. Unter kontrollierten Laborbedingungen lässt sich bei Daphnien über lange Zeit die parthenogenetische Fortpflanzung aufrechterhalten. Es treten dann ausschließlich Weibchen in den Populationen auf, deren Nachkommen genetisch weitgehend identisch sind. Die Produktion von Klonen erhöht häufig die Aussagekraft von Resultaten, da unterschiedliche Reaktionen auf Testbedingungen eindeutiger auf die herrschenden Umwelteinflüsse zurückführbar

sind. Unter ungünstigen ökologischen Bedingungen, wie beispielsweise großer Individuendichte und der sich daraus ergebenden Nahrungsknappheit, entwickeln sich Weibchen und Männchen. Nach der Kopulation bilden die Weibchen ein Dauerstadium mit zwei Eiern, das als Ephippium bezeichnet wird (Abbildung 6-1). Ephippien können lange Zeit im Sediment lebensfähig bleiben und selbst nach Jahrzehnten wieder zwei weibliche Tiere hervorbringen, wobei die den Schlupf induzierenden Faktoren nicht im Detail bekannt sind.

Daphnien sind weltweit verbreitet, wobei die Zahl der bekannten Arten je nach zugrunde liegender Systematik zwischen 50 und 200 schwankt. Alleine in Europa kommen neben *Daphnia magna* 23 weitere Arten vor und stellen hier einen wesentlichen Bestandteil des Zooplanktons (BASTIANSEN 2002). Sie ernähren sich filtrierend von Bakterien, Detritus und Algen, repräsentieren daher die Hauptgruppe der Primärkonsumenten in vielen limnischen Ökosystemen und spielen selbst wiederum eine wichtige Rolle als Fischnahrung. Zusammen mit planktischen Algen als Primärproduzenten und Fischen als Konsumenten höherer Ordnung werden Daphnien seit Jahrzehnten als Teil der so genannten „aquatischen Trias" als Standardtestorganismen in der Ökotoxikologie eingesetzt.

Der Körper der Daphnien ist in Kopf, Thorax und Abdomen unterteilt (Abbildung 6-2). Thorax und Abdomen werden vom Carapax umschlossen, einem zweiklappigen Panzer, der zur Ventralseite hin geöffnet ist. Die Fortbewegung geschieht über das zweite Antennenpaar, das vergrößert und mehrfach verzweigt ist. Die weiteren am Thorax befindlichen Extremitäten

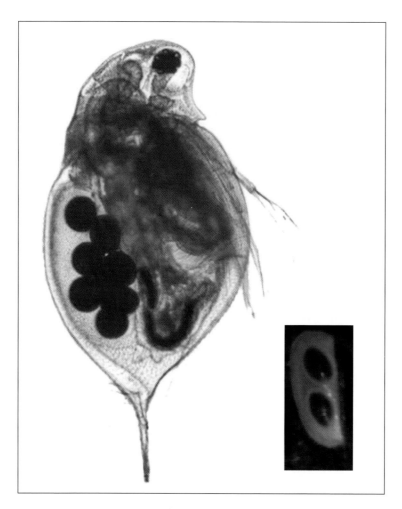

Abb. 6-1: *Daphnia magna*. Gesamthabitus (links, Foto: Schwartz, Oklahoma State University) und Ephippium (rechts, Foto: Bastiansen, Universität Frankfurt am Main).

(Thorakopoden) werden zum Durchsieben des Wassers beim Nahrungserwerb genutzt. Das Abdomen ist gegenüber dem Thorax stark in ventraler Richtung gebogen. An seinem Ende schließt sich das Postabdomen an, an dem sich die paarige, gebogene Furca befindet, die zur Reinigung der Thorakopoden benutzt wird. Zwischen dem Thorax und dem Dorsalrand des Carapax bildet sich bei geschlechtsreifen Weibchen die Brutkammer. Hier entwickeln sich die Eier zu Jungtieren, bei biparentaler Fortpflanzung die Dauereier (Ephippien). Am caudalen Ende läuft der Carapax in einer stachelförmigen, als Spina bezeichneten Struktur aus. Der Kopf der Daphnien bildet ein nasenförmiges Rostrum. An der Unterseite des Kopfes sitzt das stark reduzierte erste Antennenpaar, an deren Ende die mit Sinnespapillen zur Chemorezeption besetzen Ästhetasken sitzen. Als weiteres Fernsinnesorgan weisen Daphnien ein einfaches Komplexaugenpaar auf, das ihnen eine zum Licht gerichtete Bewegung erlaubt. In natürlichen Gewässern führen Daphnien vielfach tagesperiodische Vertikalwanderungen durch. Tagsüber befinden sie sich in tieferen Gewässerzonen

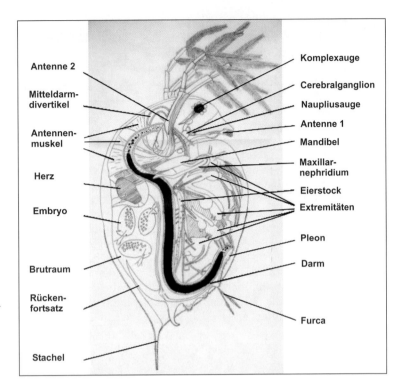

Abb. 6-2: Morphologischer Aufbau von *Daphnia magna* (verändert nach Petersen, www.kamstruppetersen.dk).

und steigen nachts zum Oberflächenwasser auf.

Das äußere morphologische Erscheinungsbild vieler Daphnienarten ist sehr variabel. Dafür sind einerseits Hybridisierungen verantwortlich, also die erfolgreiche Fortpflanzung von Tieren unterschiedlicher Arten, andererseits die so genannte Zyklomorphose, unter der die durch Umweltfaktoren beeinflusste, häufig saisonale Plastizität äußerer Merkmale verstanden wird. Besonders die Kopfform und die Länge und Form der Körperanhänge sind davon betroffen. Induzierende Faktoren sind chemische Substanzen, die von räuberischen Vertebraten (z.B. Fische) oder Invertebraten (z.B. Arten der Dipterengattung *Chaoborus*) abgegeben werden. Weitere beeinflussende Faktoren sind Änderungen in der Lichteinstrahlung und der vorhandenen Nahrungsmenge sowie die Individuendichte.

6.2 Anwendungsbereiche

Toxizitätstests mit *Daphnia magna* gehören zum Standardrepertoire der aquatischen Ökotoxikologie. Bereits 1984 wurde als einer der ersten ökotoxikologischen Verfahren weltweit der akute Immobilisierungstest über 24 Stunden und der chronische Reproduktionstest über mindestens 14 Tage mit *D. magna* in der OECD-Richtlinie 202 standardisiert (OECD 1984). Seitdem sind beide Verfahren mehrfach überarbeitet worden, der Akuttest letztmalig im Oktober 2000 (OECD 2000) und der Reproduktionstest im September 1998 als neue Richtlinie 211 (OECD 1998). Eine der grundlegenden Modifikationen der ursprünglichen Richtlinie 202 betrifft die Verdoppelung der Testdauer auf nunmehr 48 Stunden und eine Modifizierung der Testmedien.

Ursprünglich waren Daphnientests ausschließlich für die Bewertung von Einzelsubstanzen im Labor vorgesehen, doch sind in der Folge zahlreiche Abwandlungen des Testdesigns publiziert worden, die auch die Toxizitätsermittlung von komplexen Substanzgemischen in realen Umweltproben ermöglicht. So werden Daphnien heute in der Abwasserüberwachung, zum Online-Monitoring in Oberflächengewässern und selbst zur Bewertung toxischer Sediment- und Bodeninhaltsstoffe über die Testung von wässerigen oder organischen Eluaten oder von Porenwasser nach Zentrifugation der Sedimente eingesetzt (siehe Kapitel 2).

Im Folgenden soll für das Praktikum eine relativ einfach handhabbare Adaptation der OECD-Richtlinie 202, das heißt des Akuttests mit Daphnien über 48 h vorgestellt werden.

6.3 Experiment: Letale Wirkung von Cadmium auf *Daphnia magna*

6.3.1 Testprinzip

Die Ermittlung, ob ein Testorganismus tot ist oder noch lebt, scheint auf den ersten Blick trivial zu sein, doch ist dies gerade bei Everterbraten nicht ohne Schwierigkeiten möglich. Daher werden häufig Hilfsparameter herangezogen, die eine eindeutigere Entscheidung einer akuten toxischen Wirkung von Testsubstanzen erlauben. Im Falle der Daphnien ist es die Bewegungsfähigkeit. Ein Wasserfloh gilt dann als tot, wenn er immobil auf dem Boden des Testgefäßes liegt und auch auf äußere Bewegungsreize, zum Beispiel die Berührung mit einer Pinzette oder einer Pasteurpipette, nicht mehr reagiert.

Die akuttoxische Wirkung von Testsubstanzen wird mit Hilfe junger Daphnien erfasst, die zum Zeitpunkt des Testbeginns jünger als 24 Stunden sein sollten. Die Exposition erfolgt über einen Zeitraum von 48 Stunden, wobei nach 24 Stunden und am Ende des Tests die Immobilisierung der Testorganismen als Wirkungskriterium überprüft wird. Die Ergebnisse werden für die einzelnen Versuchsgruppen ermittelt und protokolliert, um eine Berechnung der LC_{50} für den Expositionszeitraum von 24 und 48 Stunden zu ermöglichen.

Testsubstanz: Cadmium
(z. B. $CdCl_2 \times H_2O$, $3\,CdSO_4 \times 8\,H_2O$)

Cadmium gehört zu den nicht essentiellen Elementen, bei denen oberhalb artspezifischer Schwellenkonzentrationen ausschließlich toxische Wirkungen festzustellen sind. Für einige Arten gibt es zwar vereinzelt Spekulationen über eine biologische Funktion des Schwermetalls, ein eindeutiger Nachweis dafür steht allerdings bis heute aus. Cadmium ist ubiquitär verbreitet und findet sich entsprechend auch in Nahrungsmitteln, vor allem in Meeresprodukten, unter denen gerade filtrierende Organismen (z. B. Muscheln und Austern) hoch belastet sein können. Das Schwermetall wird in vielfältigen Herstellungsprozessen eingesetzt. Die epidemiologisch wichtigste Kontaminationsquelle für den Menschen dürfte heute das Tabakrauchen darstellen. Bekannt wurde die Toxizität vor allem durch das Auftreten der so genannten Itai-Itai Krankheit in Japan. Dort wurden seit 1946 starke Deformationen der Knochen vornehmlich bei älteren Frauen, die mehrere Kinder geboren hatten, beobachtet. Die Symptome äußerten sich in deutlichen Schmerzen im Rücken- und Beinbereich und gingen auf eine starke Osteoporose zurück. Man erkannte schon bald, dass die Erkrankung auf eine chronisch hohe Cadmium-Zufuhr durch Nahrung und Trinkwasser zurückzuführen war, die durch Industrieabwässer belastet waren. Auch für viele Tiere und Pflanzen ist eine Cadmiumtoxizität nachgewiesen. Cadmium wirkt als Enzymgift und reagiert bevorzugt mit den Sulfhydryl-(SH)-Gruppen der Proteine. Bei Tieren stellen sich als primäre Effekte Schädigungen der Ausscheidungsorgane und anderer gut durchbluteter Kompartimente, speziell des Nervensystems ein, die zu zahlreichen Sekundäreffekten führen. Bei Pflanzen sind als äußere Anzeichen einer Cadmium-Exposition beispielsweise Chlorosen oder ein vermindertes Wachstum zu beobachten.

6.3.2 Versuchsanleitung

Benötigte Materialien:

- 240 junge Daphnien (Alter unter 24 Stunden) für 5 Testkonzentrationen und Kontrolle,
- Stammlösung: 500 µg Cd/l,
- Synthetisches Testmedium,
- HCl- und NaOH-Lösung zum Einstellen des pH-Wertes,

- 24 × 600 ml-Bechergläser mit geeigneten Abdeckungen aus Glas,
- Stift zum Beschriften,
- Versuchsprotokoll-Vordrucke,
- lange Pinzette,
- kleines Aquariennetz (feinmaschig) zum Fangen der Daphnien,
- Sauerstoffmessgerät,
- pH-Meter, alternativ pH-Wert-Teststäbchen,
- Abfallgefäß für Cadmium-Lösung.

Testorganismen und Stammkultur

Für die Experimente sollte möglichst eine Stammkultur von *Daphnia magna* vorhanden sein, um die benötigte Anzahl von jungen Wasserflöhen verfügbar zu haben. Die Tiere können beispielsweise über das Umweltbundesamt sowie über Landesumweltämter bezogen werden. Die Organismen werden mit einzelligen Grünalgen wie zum Beispiel *Chlorella vulgaris*, die ebenfalls für ökotoxikologische Tests eingesetzt wird (Kapitel 13), oder alternativ mit so genanntem „Staubtrockenfutter" für die Aufzucht von Fischbrut (z. B. Tetra Mikromin) aus dem Zoofachgeschäft gefüttert. Falls *D. magna* in einem Labor nicht verfügbar ist, können nach OECD-Richtlinie 202 ebenfalls andere Daphnien, zum Beispiel *D. pulex*, für die Tests eingesetzt werden, wobei jedoch artspezifische Sensitivitätsunterschiede gegenüber den Testsubstanzen zu berücksichtigen sind.

Die Hälterungsbedingungen sollten möglichst denen der späteren Tests entsprechen, das heißt, die Temperatur sollte bei 20 ± 2 °C liegen und das tägliche Beleuchtungsregime 16 Stunden Licht und 8 Stunden Dunkelheit umfassen. Als Hälterungs- und Testwasser ist grundsätzlich zwar auch zuvor für mindestens 24 Stunden kräftig belüftetes Leitungswasser geeignet, doch wird dringend empfohlen, statt dessen ein angepasstes synthetisches Medium zu verwenden, um mögliche toxische Effekte des Wassers auf die Daphnien auszuschließen.

Dieses Medium wird aus demineralisiertem Wasser hergestellt, das pro 10 l mit 3 g Mineralsalz („mineral salt" der Firma Sera) und 6 g $CaCO_3$ versetzt wird. Der pH-Wert des fertigen Mediums sollte zwischen 7 und 8 liegen und gegebenenfalls durch Zugabe von HCl oder NaOH eingestellt werden.

Um sicherzustellen, dass für den Test nur Tiere mit dem vorgesehenen Lebensalter von unter 24 Stunden eingesetzt werden, muss eine ausreichende Anzahl adulter Weibchen am Tag vor Testbeginn aus der Zucht entnommen und in ein mindestens 10 Liter fassendes separates Aquarium eingesetzt werden. Die am nächsten Tag vorhandenen jungen Wasserflöhe können direkt für den Test verwendet werden.

Exposition

Für die Testsubstanz Cadmium als Cadmiumsulfat ($3CdSO_4 \times 8\,H_2O$) wird eine Stammlösung mit einer Konzentration von 500 µg Cd/l (3,42 mg $3CdSO_4 \times 8\,H_2O$/l) hergestellt. Für die Stammlösung wird das oben beschriebene Hälterungs- und Testmedium verwendet, dessen pH-Wert durch Zugabe von HCl zuvor auf 2,5 bis 3,0 eingestellt wurde.

Für die Versuchsgruppen Kontrolle und fünf Testkonzentrationen sind jeweils vier Replikate vorzusehen. Eine entsprechende Anzahl von 24 gereinigten und mehrfach mit demineralisiertem Wasser gespülten 600 ml-Bechergläsern wird mit jeweils 500 ml des synthetischen Testmediums befüllt, wobei der notwendige Zusatz von Cadmium zur Erreichung der folgenden Testkonzentrationen zu berücksichtigen ist:
- Kontrolle (ohne Cd-Zusatz)
- 0,40 µg Cd/l ($\hat{=}$ 2,7 µg Cadmiumsulfat/l)
- 1,6 µg Cd/l ($\hat{=}$ 11 µg Cadmiumsulfat/l)
- 6,3 µg Cd/l ($\hat{=}$ 42 µg Cadmiumsulfat/l)
- 25 µg Cd/l ($\hat{=}$ 171 µg Cadmiumsulfat/l)
- 100 µg Cd/l ($\hat{=}$ 685 µg Cadmiumsulfat/l)

Nach der Zugabe der (sauren) Stammlösungen ist die Einhaltung des gewünschten pH-Wertes zwischen 7 und 8 in den Prüflösungen zu überprüfen und bei Abweichungen durch Zusatz von NaOH einzustellen.

Anschließend sind in jedes Testgefäß 10 junge Wasserflöhe der erforderlichen Altersklasse einzusetzen, und das Gefäß ist mit einer Abdeckung aus Glas (z. B. Uhrglas) zu versehen, um die Verdunstung der Prüflösung gering zu halten. Der Versuch ist unter dem oben für die Hälterungsbedingungen genannten Temperatur- und Lichtregime durchzuführen.

Testdurchführung

Die Testdauer beträgt 48 Stunden. Während des Versuchs werden die Tiere nicht gefüttert, die Prüfgefäße nicht belüftet und die Prüflösungen nicht erneuert. 24 Stunden nach Testbeginn und am Versuchsende wird die Zahl der in jedem Testgefäß immobil auf dem Boden liegenden Wasserflöhe ermittelt und protokolliert. Tote Tiere sollten nach 24 Stunden entfernt werden, um eine Beeinflussung des Testergebnisses durch Pilzbildungen an den Kadavern oder durch die Entstehung toxischer Verwesungsprodukte auszuschließen. Zusätzlich sind bei beiden Inspektionsterminen Auffälligkeiten im Schwimmverhalten der Daphnien zu erfassen und gegebenenfalls zu protokollieren.

Zu Beginn und am Ende des Tests ist in allen Gefäßen der Sauerstoffgehalt und pH-Wert zu überprüfen. Der gesamte Versuchsablauf ist schematisch in der Abbildung 6-3 dargestellt.

6.3.3 Versuchsauswertung

Alle erhobenen Daten werden in tabellarischer Form zusammengefasst, wobei für jedes Replikat jeder Behandlungsgruppe und der Kontrolle die Zahl der eingesetzten

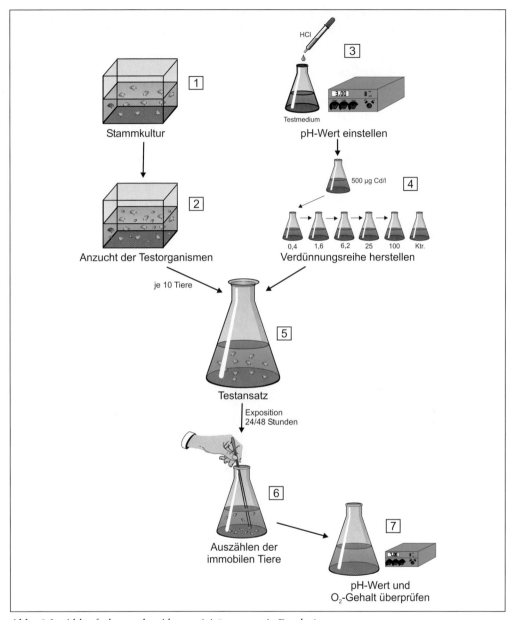

Abb. 6-3: Ablaufschema des Akuttoxizitätstests mit *Daphnia magna*.
(1) Stammkultur,
(2) Anzucht der Testorganismen,
(3) pH-Wert des Testmediums auf 2,5 bis 3,0 einstellen,
(4) Verdünnungsreihe herstellen: 0,4/1,6/6,2/25 /100 µg Cd/l (je vier Replikate), pH-Wert überprüfen,
(5) Testansatz: 10 Jungtiere pro Versuchsansatz,
(6) Auszählen und Entfernen der immobilen Tiere nach 24 und 48 Stunden,
(7) pH-Wert und Sauerstoffgehalt am Testende überprüfen.

Daphnien, die Zahl der immobilen Exemplare an beiden Inspektionsterminen sowie der pH-Wert und der Sauerstoffgehalt zu Testbeginn und -ende zu berücksichtigen sind. An die Immobilitätsdaten, die der Mortalität in den Versuchsgruppen entsprechen, wird mit Hilfe einer Probit- oder Logit-Analyse eine Konzentrations/Wirkungsfunktion angepasst und daraus die LC_{50} mit 95 % Vertrauensintervall berechnet (über Software, siehe Kapitel 4).

Gültigkeit des Tests

Für den Akuttest mit *Daphnia magna* gelten gemäß OECD-Richtlinie 202 die folgenden Validitätskriterien:

- Der Anteil der immobilen Daphnien sollte in der Kontrolle nicht mehr als 10 % betragen.
- Der Sauerstoffgehalt darf am Ende des Tests in keinem der Versuchsgefäße weniger als 2 mg/l betragen.

6.3.4 Fragen als Diskussionsgrundlage

- Wie beurteilen Sie die Aussagekraft eines derartigen Akuttests mit einer Versuchsdauer von 48 Stunden?

- Die genetische Variabilität ist bei den meisten Daphnienkulturen, die für Tests eingesetzt werden, extrem niedrig, da die Weibchen künstlich in der parthenogenetischen Fortpflanzungsphase gehalten werden. Was kann dies für die Tests bedeuten?
- Würden Sie höhere, niedrigere oder vergleichbare LC_{50} erwarten, wenn ältere Daphnien für den Versuch eingesetzt werden? Begründen Sie Ihre Vermutung.

6.3.5 Literatur

BASTIANSEN, F. (2002): Identifikation europäischer Daphnien – morphologische, genetische und morphometrische Methoden. – Diplomarbeit (unveröffentlicht) im Fachbereich Biologie und Informatik der Johann Wolfgang Goethe-Universität Frankfurt am Main, 105 S.

OECD (1984): *Daphnia* sp. acute immobilisation and reproduction test. – Guideline for testing of chemicals no. 202.

OECD (1998): *Daphnia magna* reproduction test. – Guideline for testing of chemicals no. 211.

OECD (2000): *Daphnia* sp., acute immobilisation test. – Draft guideline for testing of chemicals no. 202.

7 Regenwurmtest mit *Eisenia fetida*

7.1 Charakterisierung des Testorganismus

Der Mistwurm *Eisenia fetida* (Abbildung 7-1) gehört innerhalb des Stamms der Anneliden (Ringelwürmer) zur Klasse Clitellata (Gürtelwürmer), Unterklasse Oligochaeta (Wenigborster), Ordnung Opisthopora und Familie Lumbricidae (Regenwürmer). Die Gattung *Eisenia* ist nach dem amerikanischen Zoologen Gustav A. Eisen benannt.

Typisches Kennzeichen der Ringelwürmer sind der metamere Grundbauplan, der aus zahlreichen, mehr oder weniger ähnlich aufgebauten Segmenten besteht sowie eine stark entwickelte Muskulatur, die als Hautmuskelschlauch mit einer als Antagonisten arbeitenden äußeren Ring- und inneren Längsmuskelschicht ausgebildet ist. Zur Fortbewegung werden die einzelnen Körpersegmente abwechselnd zusammengezogen und gedehnt. Schräg nach hinten stehende Borstenbündel verankern die verlängerten Segmente mit kontrahierter Ringmuskulatur im Boden, so dass bei der nachfolgenden Kontraktionsphase der Längsmuskulatur der restliche Körper nachgezogen wird. Auf diese Weise kann sich der Regenwurm auch in die Erde unter Ausnutzung von kleinen Hohlräumen einbohren. Er übt dabei erhebliche Kräfte aus. *E. fetida* gehört zu den streubewohnenden Arten unter den Regenwürmern und hält sich in der Humusauflage der Böden auf. Die Rotfärbung von *Eisenia* weist bereits auf den Lebensraum der Art hin, da durch die Pigmentierung ein gewisser UV-Schutz gewährleistet ist. Andere Arten graben Gangsysteme bis zu 50 cm Tiefe oder einzelne Wohnröhren, die noch tiefer reichen; äußerlich sind entsprechende Spezies (z. B. *Lumbricus terrestris*) durch die weiße oder graue Körperfärbung zu erkennen. Diese tiefbohrenden Arten ernähren sich einerseits von Falllaub, das sie in ihr Röhrensystem im Boden hineinziehen, was äußerlich häufig an trichterförmigen Blattansamm-

Abb. 7-1 Habitus von *Eisenia fetida* (Foto: Ziebart, IHI Zittau).

lungen, die aus den Röhrenöffnungen herausragen sichtbar ist. Andererseits sind sie aber auch „Geophagen", das heißt, sie nehmen den kompletten Boden in ihren Verdauungskanal auf, verwerten die organischen Anteile und scheiden die nicht resorbierten Bodenanteile wieder aus. Auch *Eisenia* zeigt diese geophage Ernährungsweise, die dazu führt, dass die Regenwürmer sowohl über ihre Körperoberfläche als auch den Verdauungstrakt Bodenkontami-

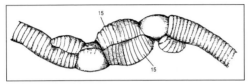

Abb. 7-2: *Eisenia fetida.* Schematische Darstellung einer Paarung. Im gekennzeichneten 15. Segment liegen die männlichen Geschlechtsöffnungen.

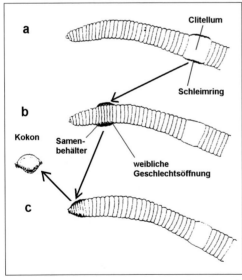

Abb. 7-3: *Eisenia fetida.* Schematische Darstellung der Bildung eines Eikokons von der Bildung der Schleimschicht um das Clitellum (a) über die Aufnahme der Eizellen und deren Besamung (b) bis zur Abgabe des Kokons (c).

nate aufnehmen können. Da die Atmung bei den Ringelwürmern über die gesamte Körperoberfläche erfolgt, weist das Integument nur eine dünne Kutikula aus Eiweißverbindungen auf, was ebenfalls die perkutane Resorption von Schadstoffen erleichtert.

Regenwürmer sind Zwitter, das heißt jedes Tier hat sowohl männliche als auch weibliche Geschlechtsorgane. Bei der Paarung legen sich die Tiere mit den Vorderenden aneinander, und jedes gibt aus der männlichen Geschlechtsöffnung Samen ab, der über eine spezielle Samenrinne zunächst in den Samenbehälter des Partners fließt (Abbildung 7-2). Später bilden Drüsen des Clitellums einen Schleimring, der sich elastisch verfestigt und nach vorn über den Körper gestreift wird (Abbildung 7-3). Das Clitellum, auch „Geschlechtsgürtel" genannt, ist eine drüsenreiche Anschwellung der Haut und bei allen fortpflanzungsreifen Regenwürmern zu finden. Der Schleimring gleitet zunächst über die weibliche Geschlechtsöffnung und nimmt dort Eier auf, die dann bei der Passage der Öffnungen der Samenbehälter besamt werden. Der Schleimring schrumpft anschließend elastisch über den Eiern zusammen und bildet den Kokon (Abbildung 7-4), eine Schutzhülle für die Eier und die sich darin entwickelnden jungen Würmer. Pro Kokon entwickeln sich bis zu 10 Jungwürmer, im Durchschnitt sind es drei bis vier.

Die Regenwürmer stellen in unseren gemäßigten Breiten eine wichtige Bodentiergruppe dar, obwohl in Mitteleuropa im Vergleich zu Süd- und Westeuropa als Spätfolge der Eiszeit und der eingeschränkten Beweglichkeit der terrestrischen Anneliden deutlich weniger Arten anzutreffen sind. Sie haben eine große Bedeutung für die Bodenfruchtbarkeit und für unterschiedliche Bodenfunktionen. Durch die intensive Bohrtätigkeit leisten sie einen bedeutenden Beitrag zur Bodenlockerung und Bodendurchlüftung. Regenwurmgänge sind Teil der Makroporen im Boden. Des weiteren tragen sie wesentlich zur Stabilität von Böden bei, da sie sich vorwiegend von abgestorbenen organischen Stoffen ernähren und bei der Darmpassage organische und mineralische Substanzen zu festen „Ton-Humus-Komplexen" verkitten. Der Umsatz von Boden durch Regenwürmer kann bis zu 250 t/ha x a betragen.

E. fetida kommt in stark organisch angereicherten Materialien wie Kompost, organischem Abfall und Rinderdung vor, ist aber in mineralischen Böden praktisch nicht zu finden. Durch ihre Lebensweise ist die Art relativ unempfindlich gegen Umwelteinflüsse wie hohe Temperaturen, Schwankungen des Sauerstoffgehaltes der Bodenluft und unterschiedliche Feuchtigkeitsgehalte. Im Gegensatz zu den übrigen einheimischen Arten hat sie eine hohe Vermehrungsrate und einen sehr kurzen Generationszyklus von ca. 3 Monaten. Die aufgeführten Eigenschaften vereinfachen eine Zucht und Haltung von *E. fetida* unter Laborbedingungen und sind unter anderem dafür verantwortlich, dass die Art als Standardtestorganismus (ISO 1993) in der terrestrischen Ökotoxikologie eine weite Verbreitung gefunden hat.

Allerdings wird neben den zuchtbezogenen Vorteilen kritisiert, dass *E. fetida* in natürlichen Böden kaum vorkommt. Da er hauptsächlich Extremstandorte, wie Kompost- und Misthaufen besiedelt, weist der Organismus eine geringere ökologische Relevanz auf als andere Ringelwürmer-Arten. Der Versuch, *E. fetida* durch andere Arten zu ersetzen, war bislang aufgrund der meist schwierigeren Hälterung dieser Arten im Labor noch nicht erfolgreich.

7.2 Anwendungsbereiche

Der Regenwurmtest mit *E. fetida* ist vermutlich der verbreitetste Biotest aus dem terrestrischen Bereich (z. B. RÖMBKE et al. 1993). Er ist gesetzlich als Bestandteil des Prüfverfahrens vor der Markteinführung von Pflanzenschutzmitteln vorgeschrieben (PflSchMittelV 1987, EWG 1991). Es wurde eine ISO-Richtlinie (1993) zum Nachweis der akuten Toxizität von Schadstoffen auf *E. fetida* unter Verwendung eines künstlichen Bodensubstrates erstellt.

Der Test wird standardmäßig durchgeführt, indem die Testsubstanz gleichmäßig in den Bodenproben vermischt oder einmalig zu Testbeginn nach dem Einsetzen der Organismen auf die Bodenoberfläche ausgebracht wird.

Die toxische Wirkung von Schwermetallen auf Würmer ist in der Literatur vielfach beschrieben worden (z. B. SPURGEON et al. 1994, JANSSEN et al. 1997). Sie reicht von erhöhter Mortalität der Organismen bei hohen Belastungen bis zu verminderten Kokonablage- und Wachstumsraten. *E. fetida* zeigt unter Laborbedingungen eine hohe Empfindlichkeit für Schwermetallwirkungen. Mit dem Regenwurmtest können sowohl die Wirkungen von Einzelsubstanzen als auch von Bodenproben geprüft werden. Soll eine bestimmte Substanz untersucht werden, so wird diese homogen in eine künstliche Standarderde eingemischt. Soll ein Boden oder ein ähnliches Substrat untersucht werden, so werden die Tiere direkt in dieses Substrat eingesetzt. Es kann auch eine „Verdünnungsreihe" durch Zumischen von Standarderde erstellt werden. In diesem Fall sind jedoch Effekte der eventuell in der Probe enthaltenen Schadstoffe nur schwer von Effekten der physikalischen Bodenparameter wie Struktur, Kohlenstoffgehalt u. a. zu differenzieren.

7.3 Experiment: Wirkung von schwermetallbelasteten Böden auf die Sterblichkeit und den Reproduktionserfolg von *Eisenia fetida*

7.3.1 Testprinzip

Das Testprinzip besteht darin, die akute Toxizität eines Schadstoffes in einem definierten Boden zu ermitteln. Der Regenwurm *E. fetida* steht über seine Körperoberfläche und Nahrung in ständigem Kontakt mit dem Bodensubstrat. In der Bodenlösung enthaltene Schwermetalle können daher über die Haut und/oder über den Verdauungskanal in den Organismus aufgenommen werden. Als primäre Effekte der Exposition gegenüber Schwermetallen und anderen toxischen Substanzen werden im Regenwurmtest eine gegenüber der Kontrolle geringere Zunahme, in Extremfällen sogar eine Abnahme des Körpergewichts, eine erhöhte Sterblichkeit (Mortalität) sowie Beeinträchtigungen in der Fortpflanzung festzustellen sein. Als Wirkungskriterien werden die Sterblichkeit und Wachstumshemmungen, ermittelt als reduzierte Gewichtszunahme, nach 4 Wochen (akuter Regenwurmtest) sowie die Reproduktion anhand der Anzahl der Juvenilen nach 8 Wochen ermittelt (verlängerter oder Regenwurmreproduktionstest). Je nach dem verfügbaren Zeitrahmen kann der Regenwurmtest über 4 oder 8 Wochen im Praktikum durchgeführt werden, doch sollte berücksichtigt werden, dass nur bei verlängerter Testdauer der deutlich sensitivere Parameter des Fortpflanzungserfolgs ausgewertet werden kann.

Testsubstanz: Kaliumdichromat ($K_2Cr_2O_7$)

Kaliumdichromat liegt als große, kristallwasserfreie, orangerot gefärbte, trikline Kristalle vor. Es löst sich in Wasser unter schwach saurer Reaktion, ist aber in Alkohol unlöslich. Kaliumdichromat wird in der Galvanik, als Biozid im Holzschutz, zur Ledergerbung und als Oxidationsmittel in der chemischen Industrie verwendet. Chrom zählt zwar zu den essentiellen Spurenelementen für den Menschen, kann aber bei Mengen von 6–8 g tödlich wirken. Kaliumdichromat ist in seiner sechswertigen Form gut membrangängig und weist dadurch eine hohe Resorbierbarkeit auf. In der Zelle wird es rasch zu dreiwertigem Chrom reduziert und ruft in dieser Form toxische Wirkungen hervor. Chromate sind nachgewiesenermaßen kanzerogen, verursachen bevorzugt Nasen- und Lungentumore und sind zudem ausgesprochen nephrotoxisch. Chronische Vergiftungserscheinungen zeigen sich an schlecht heilenden Geschwüren der Haut, die als „Maurerekzem" bekannt sind. Auch für Wassertiere ist eine hohe Giftigkeit nachgewiesen. Die LC_{50} bei Fischen wird mit 132 mg/l, der für Daphnien mit 1,16 mg/l angegeben. Während des Arbeitens mit Kaliumdichromat sind grundsätzlich Schutzhandschuhe zu tragen.

7.3.2 Versuchsanleitung

Benötigte Materialien:

- mindestens 240 Regenwürmer geeigneter Größe,
- Kaliumdichromat-Lösung: 4 g Cr/l,
- künstlicher Boden nach ISO (1993),
- 20 × 2000 ml-Bechergläser mit passenden Uhrgläsern zum Abdecken,
- 6 × 20 ml-Bechergläser für Kaliumdichromat,
- Glaspipetten und Peleusball,
- Eppendorfpipette und -spitzen,
- pH-Messgerät,
- Laborwaage zur Massebestimmung von Regenwürmern und Bodenkomponenten,
- Versuchsprotokoll-Vordrucke,
- Stift zum Beschriften,
- Stereomikroskop,
- Präparierbesteck,
- Zählapparat,
- Abfallgefäß für schwermetallbelasteten Boden.

Testorganismen

Es werden adulte Individuen von E. *fetida* verwendet, die aus einer eigenen Zucht oder von kommerziellen Anbietern von „Kompost-" oder „Mistwürmern" (z. B. Regenwurmfarm Tacke GmbH, Borken-Burlo) bezogen werden können. Man erkennt die Adulten an dem deutlich sichtbaren Clitellum (siehe Abbildung 7-2). Jedes für den Test vorgesehene Individuum soll zwischen 250 und 600 mg wiegen. Es wird empfohlen, die Testtiere 7 Tage vor Versuchsansatz in unbelastete Kunsterde umzusetzen, damit sie sich an das Substrat gewöhnen können.

Futter

Gefüttert wird mit Rinderdung oder Pferdemist, wobei darauf zu achten ist, dass bei der Bezugsquelle in den letzten Wochen keine chemische Wurmkur bei den Rindern oder Pferden durchgeführt wurde. Nur so ist auszuschließen, dass das vorgesehene Futter im Regenwurmtest selbst toxisch auf die Versuchsorganismen wirkt. Der Mist wird an der Luft getrocknet und dann gemahlen. Dadurch wird er homogenisiert, streufähig und wird während der Lagerung nicht mikrobiell abgebaut. Vor Verwendung wird das Pulver mit demineralisiertem Wasser zu einem Brei angerührt. Jede Woche werden pro Testcontainer 5 g Futter (Trockengewicht) auf die Bodenoberfläche verteilt. Wird der Test über 8 Wochen als Regenwurmreproduktionstest durchgeführt, so werden die Jungtiere nur einmalig nach dem Entfernen der Adulten aus den Gefäßen mit 5 g Futter gefüttert, das mit der Hand unter Verwendung von Schutzhandschuhen vorsichtig im Testsubstrat untergemischt wird.

Testsubstrat

Als Testsubstrat wird Kunsterde („artificial soil") mit Zusammensetzung gemäß ISO (1993) verwendet (Tabelle 7-1). Alle Be-

Tab. 7-1: Zusammensetzung der Kunsterde nach ISO (1993).

Bodenkomponente	Anteil in % (bezogen auf Trockenmasse)
luftgetrockneter, unbehandelter Torf, fein vermahlen	10
Kaolin	20
luftgetrockneter Quarzsand mit mindestens 50 % Anteil der Partikelgröße 0,05–0,2 mm	70
$CaCO_3$ zur pH-Einstellung (pH 6,0–6,5)	nach Bedarf

standteile werden trocken gemischt. Der pH-Wert der Mischung wird durch Zugabe von $CaCO_3$ auf 6,0 bis 6,5 eingestellt. Dazu werden Serien von Unterproben (jeweils ca. 20 g) mit jeweils unterschiedlichem $CaCO_3$-Gehalt angesetzt. Erfahrungsgemäß werden 0,3–0,8 % $CaCO_3$ benötigt. Der Wassergehalt des Bodens sollte zwischen 40 und 60 % der maximalen Wasserhaltekapazität liegen. Auch ohne großen Material- und Zeitaufwand kann im Rahmen des Praktikums mit demineralisiertem Wasser folgendes pragmatisches Vorgehen gewählt werden: Es sollte soviel Wasser zugesetzt werden, dass aus der Erde, wenn sie in der Faust zusammengedrückt wird, weniger als ein Tropfen Wasser zwischen den Fingern hervortritt. Erfahrungsgemäß werden für jedes Testgefäß etwa 250 bis 300 ml Wasser benötigt. Dazu kann das zur Erreichung der gewünschten Schwermetallkonzentration notwendige Volumen der Stammlösung, ergänzt durch demineralisiertes Wasser, verwendet werden.

pH-Wert-Bestimmung

Der pH-Wert von Böden wird bestimmt, indem man den lufttrockenen Boden im Verhältnis 1 : 5 (Vol/Vol) mit 1 mol KCl-Lösung mischt, die Suspension 30 min schüttelt und dann den pH-Wert der Flüssigkeit bestimmt. Der pH-Wert wird im Protokoll notiert.

Applikation der Testsubstanz

Als Testsubstanz wird Chrom als Kaliumdichromat ($K_2Cr_2O_7$) vorgeschlagen, deren LC_{50} im Regenwurmtest im Bereich von 1000 mg/kg Trockengewicht liegt. Alternativ empfiehlt sich das vor allem im Getreideanbau eingesetzte Fungizid Carbendazim, das bereits in einem Konzentrationsbereich von 1 bis 5 mg/kg Trockengewicht die Reproduktion von *Eisenia* negativ beeinflusst.

Für den Praktikumsversuch sind folgende Endkonzentrationen für Kaliumdichromat, jeweils bezogen auf Trockengewicht, vorgesehen:
- Kontrolle (ohne Cr-Zusatz)
- 23 mg Cr/kg   (≙ 130 mg Kaliumdichromat/kg)
- 57 mg Cr/kg   (≙ 320 mg Kaliumdichromat/kg)
- 141 mg Cr/kg   (≙ 800 mg Kaliumdichromat/kg)
- 354 mg Cr/kg   (≙ 2000 mg Kaliumdichromat/kg)
- 884 mg Cr/kg   (≙ 5000 mg Kaliumdichromat/kg)

Eine ausreichend hoch konzentrierte Kaliumdichromat-Stammlösung (z. B. 4 g $K_2Cr_2O_7$/l demineralisiertem Wasser) wird hergestellt, das notwendige Volumen zum Erreichen der gewünschten Endkonzentration dem Boden zugesetzt und vermischt.

Vorbereitung der Testgefäße

Bechergläser mit einem Nennvolumen von 2000 ml werden bis zu einer Höhe von 6 cm mit Boden gefüllt; dies entspricht etwa 500–600 g Trockengewicht. Entscheidend ist aber das Volumen und ein einheitliches Füllgewicht für jedes Glas. Pro getesteter Substanzkonzentration werden 4 Replikate angesetzt. Die Kontrolle mit unbelasteter Kunsterde besteht ebenfalls aus 4 Replikaten.

Testdurchführung

Pro Ansatz werden 10 Versuchstiere ausgewählt, vorsichtig durch Waschen und Abtrocknen von anhaftenden Erdpartikeln befreit, möglichst individuell oder, falls dies mit den verfügbaren Waagen nicht möglich ist, alternativ pro Replikat als Gruppe gewogen und dann in das Becherglas gesetzt. Bei der Zusammenstellung der Versuchsgruppen müssen systematische Fehler vermieden werden. So sollten beispielsweise zu Anfang nicht alle großen Tiere ausgewählt oder die besonders lebhaften Tiere übriggelassen werden. Die Gefäße werden anschließend mit Uhrgläsern bedeckt, so dass zwar ein Luftaustausch möglich ist, die Tiere aber nicht aus den Gefäßen entweichen können. Jedes Testglas muss abschließend gewogen werden, so dass während der Versuchsdauer Feuchtigkeitsverluste durch Differenzwägung bestimmt und ausgeglichen werden können.

Der Test wird bei einer Raumtemperatur von 20 ± 2°C und möglichst bei einem Licht-Dunkel-Zyklus von 16 zu 8 h durchgeführt. Während der Beleuchtungsphase sollte die Lichtstärke im Bereich der Testgefäße 400 bis 800 lx betragen. Erstmals am Tag nach dem Testbeginn und dann in wöchentlichen Abständen sind die Tiere zu füttern (siehe oben). Bei dieser Gelegenheit ist das Gewicht der Testgefäße zu bestimmen und das durch Gewichtsdifferenzbildung ermittelte Volumen des verdunsteten Wassers durch demineralisiertes Wasser zu ersetzen.

Nach 4 Wochen werden die adulten Tiere wieder eingesammelt, gezählt und – je nach dem am Testbeginn gewählten Verfahren – individuell oder gruppenweise je Replikat gewogen. Anschließend werden sie nicht in das Becherglas zurückgesetzt, um das Able-

Abb. 7-4: Kokons von *Eisenia fetida*. (Foto: Ziebart, IHI Zittau).

aussetzungen der multiple U-Test mit Bonferroni-Holm Anpassung). Wenn LC_{10}- bzw. EC_{10}-Werte sowie LC_{50}- bzw. EC_{50}-Werte berechnet werden sollen, kann man eine der in Kapitel 4 für die entsprechenden Datentypen genannten Dosis/Wirkungsfunktionen anpassen.

Außerdem werden die Anfangs- und Enddaten des Wassergehalts und der pH-Werte des Bodensubstrates miteinander verglichen.

Gültigkeit des Tests

Der Test ist gültig, wenn:
- die über alle Kontrollreplikate gemittelte Mortalität maximal 10 % beträgt,
- die Zahl der Juvenilen pro Kontrollansatz mindestens 30 beträgt und
- der Variationskoeffizient der Reproduktionswerte in der Kontrolle 30 % nicht übersteigt.

gen neuer Kokons zu vermeiden. Im Verlaufe der nächsten 4 Wochen entwickeln sich in den Bechergläsern aus den abgelegten Kokons (Abbildung 7-4) Jungtiere. Zum Abschluss des Experiments werden die geschlüpften Jungtiere gezählt. Außerdem sind der Wassergehalt und der pH-Wert des Bodensubstrates zu bestimmen. Der Ablauf des Regenwurmtests ist in Abbildung 7-5 dargestellt.

7.3.3 Versuchsauswertung

Als Wirkungskriterien werden für jede Konzentration die Gewichtsveränderung sowie die Mortalität der eingesetzten Tiere nach 4 Wochen sowie die Zahl der Jungtiere nach 8 Wochen bestimmt. Die Angabe erfolgt für jedes Replikat in Prozent zur Kontrolle. Wenn der NOEL bestimmt werden soll, so ist einer der in Kapitel 4 genannten multiplen statistischen Tests anzuwenden (Mortalität: Bonferroni-Fisher Test; Wachstum, Reproduktion: Dunnett- oder Williams-Test oder bei fehlenden Vor-

7.3.4 Fragen als Diskussionsgrundlage

- Welche ökologischen und toxikologischen Charakteristika machen Regenwürmer prinzipiell zu geeigneten Stellvertreterorganismen in der terrestrischen Ökotoxikologie? Worin unterscheidet sich *Eisenia* in der Lebensweise von anderen mitteleuropäischen Regenwürmern? Beeinflussen diese Unterschiede möglicherweise die ökologische Relevanz des Tests?
- Wie ist die ökologische Relevanz der Wirkungskriterien im akuten und verlängerten Regenwurmtest zu beurteilen?
- Vergleichen Sie die ermittelten toxikologischen Kenndaten für die verschiedenen Wirkungskriterien. Warum unterscheiden sich diese? Vergleichen Sie auch die ermittelten LC_{10}- bzw. EC_{10}-Werte mit der NOEC und LOEC. Welchen Effekt hätte eine Testwiederholung mit veränderten Konzentrationen auf die toxikologischen Kenndaten.

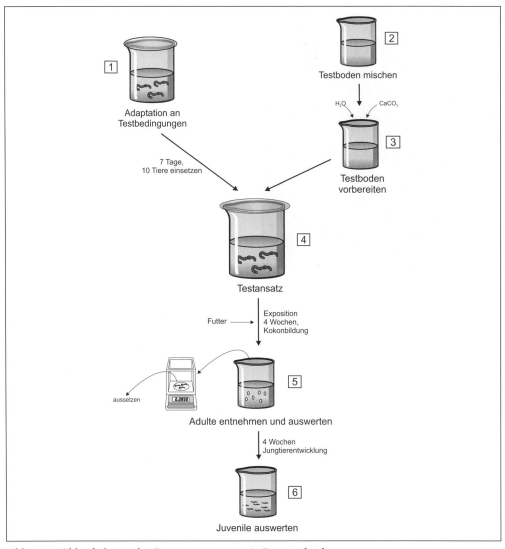

Abb. 7-5: Ablaufschema des Regenwurmtests mit *Eisenia fetida*.
(1) Überführen der Regenwürmer in unbelastete Kunsterde 7 Tage vor Testbeginn zur Adaptation an die Bedingungen,
(2) Ansetzen der Kunsterde für alle Testgefäße aus den Bestandteilen (Quarzsand, Kaolin, Torf),
(3) Einstellen des Wassergehaltes und pH-Wertes durch Zumischung von $CaCO_3$,
(4) Testansatz: Applikation der Testsubstanz, Einsetzen der Testorganismen (10 Regenwürmer pro Testgefäß, zuvor möglichst individuell oder alternativ als Gruppe gewogen); erstmalige Fütterung am Tag nach Testbeginn. Während der folgenden 4 Wochen einmal wöchentlich füttern und verdunstetes Wasser ersetzen,
(5) Auswertung Akuttest nach 4 Wochen: Adulte entfernen, zählen und wiegen (individuell oder gruppenweise, entsprechend dem Vorgehen bei Testbeginn). Bei Fortführung als Reproduktionstest: Nach Entfernen der Adulten Jungtiere einmalig füttern,
(6) Auswertung Reproduktionstest nach 8 Wochen: Jungtiere zählen.

7.3.5 Literatur

PflSchMittelV (1987): Verordnung über Pflanzenschutzmittel und Pflanzenschutzgeräte (Pflanzenschutzmittelverordnung) vom 28. Juni 1987. – BGBl. I, S. 1754.

EWG (1991): Richtlinie des Rates vom 15. Juli 1991 über das Inverkehrbringen von Pflanzenschutzmitteln. – 91/414/EWG.ABL. EG, Nr. L230 H/34 vom 19. August 1991.

ISO (1993): ISO 11268-2: Soil quality – Effects of pollutants on earthworms (*Eisenia fetida*) – Part 2: Determination of effects on reproduction.

JANSSEN, R. P. T., POSTHUMA, L., BAERSELMAN, R., DEN HOLLANDER, H. A., VAN VEEN, R. P. M., PEIJNENBURG, W. J. G. M. (1997): Equilibrium partitioning of heavy metals in Dutch field soils. II. Prediction of metal accumulation in earthworms. – Environ. Toxicol. Chem. 16, 2479–2488.

RÖMBKE, J., BAUER, C., BRODESSER, J., BRODSKY, J., DANNEBERG, G., HEIMANN, D., RENNER, I., SCHALLNASS, H.-J. (1993): Grundlagen für die Beurteilung des ökotoxikologischen Gefährdungspotentials von Altstoffen im Medium Boden – Entwicklung einer Teststrategie. – UBA Texte 53/93, 496 Seiten, Berlin.

SACHS, L. (2002): Angewandte Statistik. – Anwendung statistischer Methoden. – 10. Aufl., 889 S., Springer, New York/Heidelberg.

SPURGEON, D. J., HOPKIN, S. P., JONES, D. T. (1994): Effects of cadmium, copper, lead and zinc on growth, reproduction and survival of the earthworm *Eisenia fetida*. – Environ. Pollut. 84, 123–130.

8 Sediment-Toxizitätstest mit *Caenorhabditis elegans*

8.1 Charakterisierung des Testorganismus

Caenorhabditis elegans gehört zur Klasse der Nematoda (Fadenwürmer), die in der taxonomischen Klassifizierung dem Stamm der Nemathelminthes (Schlauchwürmer) zugeordnet sind. *C. elegans* gehört weiter zur Familie der Rhabditidae und zur Gattung *Caenorhabditis*. Weltweit sind bislang etwa 11.000 Nematodenarten bekannt, doch ist davon auszugehen, dass der Großteil der vorkommenden Arten noch gar nicht beschrieben ist.

C. elegans ist ein etwa 1 mm kleiner, freilebender Bodennematode, der in vielen Teilen der Erde, vor allem in den gemäßigten Breiten vorkommt. Der Organismus lebt vornehmlich in den oberen Bodenhorizonten, der Streuschicht und ist auch in Süßwassersedimenten zu finden. Seine Hauptnahrungsquelle besteht aus Bakterien und Detritus.

C. elegans zählt zu den bedeutendsten Modellobjekten der biologischen Grundlagenforschung, deren Ergebnisse weitreichende Konsequenzen beispielsweise auch für die Medizin haben. So konnten aufgrund der Zellkonstanz des Fadenwurms entscheidende entwicklungsbiologische Erkenntnisse über die Zellalterung erzielt werden. Den Genetikern gelang es am Beispiel von *C. elegans* erstmalig, das Genom eines vielzelligen Organismus vollständig zu sequenzieren. Erkenntnisse aus diesen Projekten sollen u. a. auch die gezielte Suche nach Genen im menschlichen Genom erleichtern.

Der Körperbau von *C. elegans* (Abbildung 8-1) ist typisch für Nematoden und verdeutlicht die einfache Morphologie der Fadenwürmer. Nematoden sind charakterisiert durch einen zylindrischen, durchsichtigen und an den Enden spitz zulaufenden Körperbau, der von außen gesehen bilateralsymmetrisch erscheint. Als Ventralseite wird diejenige bezeichnet, auf der die wichtigsten Poren, Anal- und Genitalöffnung sowie der Exkretionsporus, liegen. Diese Öffnungen befinden sich meist genau auf der Mediallinie. Der Körperquerschnitt ist, wie bei allen Nematoden, kreisförmig. Die morphologische Charakterisierung einer Larve im 1. Juvenilstadium (J1) ist der Abbildung 8-2 zu entnehmen.

Bei *C. elegans* treten zwei Geschlechter auf. Es existieren selbstbefruchtende Hermaphroditen und Männchen, die sich als Adulte im Erscheinungsbild unterscheiden.

Abb. 8-1: Habitus eines adulten Tieres von *Caenorhabditis elegans* (Foto: Blaxter, www.nema.cap.ed.ac.uk).

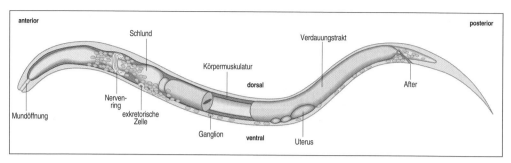

Abb. 8-2: Morphologische Charakterisierung eines juvenilen Nematoden von *Caenorhabditis elegans* im J1-Stadium 20 Stunden nach der Befruchtung (aus WOLPERT 1999).

Das weibliche Reproduktionssystem weist eine tubuläre und paarige Ausbildung der Geschlechtsorgane auf. Es besitzt symmetrisch angeordnete Gonadenbögen, wobei sich ein Bogen vom Zentrum des Tieres ausgehend nach vorne, der andere Bogen dagegen nach hinten richtet. Jeder Bogen ist U-förmig und setzt sich aus Spermatheca, proximalem, das heißt zum Ursprung des Gangs orientierten Ovidukt und distalem, zur Gangmündung orientierten Ovarium zusammen. Der Uterus enthält zahlreiche befruchtete Eier und öffnet sich nach außen hin über die röhrenförmige Vagina in eine Vulva.

Das tubuläre männliche Reproduktionssystem von *C. elegans* besteht aus Testis und Vas deferens sowie Spiculae, borstenartigen Fortsätzen für die Spermienübertragung während der Kopulation und Gubernaculum (Führungsschiene).

Der caudale Anteil von *C. elegans*, der sich von der Analöffnung bis zum hinteren Körperende erstreckt, zeichnet sich durch einen Geschlechtsdimorphismus aus. Die Körperlänge der Hermaphroditen beträgt 1,0 bis 1,8 cm. Die Körperlänge der Männchen beträgt hingegen nur 0,7 bis 1,3 cm.

Die Lebensdauer von *C. elegans* ist durch einen Generationszyklus gekennzeichnet, der unter optimalen Bedingungen bei 20 °C

etwa drei Tage beträgt und aus einer Ei-, vier juvenilen und einer adulten Entwicklungsstufe besteht (Abbildung 8-3).

Die Befruchtung findet entweder im Hermaphroditen selbst oder durch einen männlichen Wurm statt; nie jedoch befruchtet ein Hermaphrodit den anderen. Während seiner reproduktiven Lebensspanne produziert ein einzelner Hermaphrodit durch Selbstbefruchtung etwa 280 zwittrige Nachkommen und mehr als 1000 männliche und zwittrige Nachkommen, wenn eine Paarung mit einem Männchen stattgefunden hat. Es erfolgt eine fortwährende Befruchtung der Eier, die vom Hermaphroditen für einige Stunden in seinem Inneren getragen werden, wo auch die Entwicklung der Juvenilen beginnt. Die Eiablage findet dann über eine Periode von einigen Tagen statt. Die Eier sind meist oval, glattschalig und 30×50 µm groß. Jedes Ei entwickelt sich zu einem J1-Juvenilstadium. Die Embryogenese, also die Zeit von der Befruchtung bis zum Schlupf, verläuft bei 25 °C in einer Zeitspanne von etwa 14 Stunden.

Es werden vier juvenile Entwicklungsstadien mit Häutungen durchlaufen, die häufig mit J1 bis J4 gekennzeichnet werden. J1 kann sich entweder über J2, J3 und J4 direkt zu einem Adultus entwickeln oder ein Dauerstadium ausbilden (Abbildung

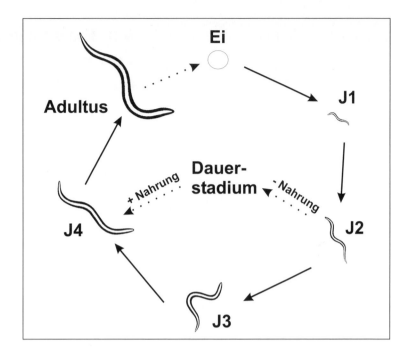

Abb. 8-3: Entwicklungszyklus von *Caenorhabditis elegans*.

8-3). Dies wird während der J2/J3-Häutung ausgebildet, wenn in einem frühen Stadium das Nahrungsangebot begrenzt ist oder eine zu hohe Populationsdichte herrscht. Das Dauerstadium kann weder Nahrung aufnehmen noch sich entwickeln. Allerdings kann es sich fortbewegen und ist widerstandsfähig gegen Trockenheit. Ist wieder ausreichend Nahrung vorhanden, setzen die Juvenilen ihre normale Entwicklung fort.

Ab dem J3 ist eine Differenzierung zwischen Männchen und Hermaphroditen möglich, wobei letztere zahlenmäßig bei weitem überwiegen. Eine merkliche Änderung in Größe und Form der Tiere ist ab dem J4 nicht mehr festzustellen. Der aus der vierten Häutung hervorgehende, geschlechtsreife adulte Wurm ist für etwa 4 Tage fruchtbar. Obwohl die Eiablage um den 5. Tag endet, erreichen adulte *C. elegans* bei gleichbleibendem Nahrungsangebot und unter optimalen Wachstumsbedingungen eine durchschnittliche Lebenserwartung von zwei bis drei Wochen. Die Dauerstadien können einige Monate überleben.

Die detaillierten Kenntnisse zur Biologie von *C. elegans* sowie relativ einfache Zuchtbedingungen sind die besten Voraussetzungen für die Nutzung als Testorganismus.

8.2 Anwendungsbereiche

Das ökotoxikologische Testverfahren mit *C. elegans* wird vor allem für belastete Böden und Sedimente empfohlen, da der Testorganismus aufgrund seiner Lebensweise direkt mit diesen Kompartimenten in Berührung kommt. Sedimente stellen als so genanntes „Gedächtnis des Gewässers" für viele Schadstoffe eine Senke dar, so dass Sedimentuntersuchungen für eine umfassende Bewertung der Gewässerbelastung unverzichtbar sind (DUFT et al. 2002). Die komplexen Belastungen von Sedimenten bzw. Kontaminationen mit Schadstoffen, die analytisch nicht überprüft werden können, lassen sich ausschließlich durch die Anwendung eines Biotests adäquat abbilden. Im Biotest werden zudem Einflüsse abiotischer Parameter auf die Bioverfügbarkeit von Schadstoffen, wie zum Beispiel der organische Kohlenstoffgehalt oder die Korngröße, mit berücksichtigt. Außerdem besteht die Möglichkeit von additiven oder synergistischen, aber auch antagonistischen Wirkungen der Schadstoffe, die ebenfalls nur über einen Biotest dargestellt werden können.

Probenahme von Freilandsedimenten

Die Probenahme sollte mittels eines Stechcorers (Stechrohr aus PVC mit definiertem Durchmesser, zum Beispiel 2, 3 oder 5 cm) oder eines Van-Veen-Greifers erfolgen. Lediglich die oberste Sedimentschicht (0–2 bzw. 0–5 cm Tiefe) sollte verwendet werden. Um eine möglichst homogene Verteilung der Inhaltsstoffe zu gewährleisten, werden die Proben gut durchmischt und in PE-Flaschen abgefüllt. Falls die Sedimente nicht sofort im Biotest eingesetzt werden, sollten sie bei 4 °C im Kühlschrank gelagert (bis zu 2 Wochen) oder bei –20 °C eingefroren werden.

8.3 Experiment: Wirkung von Freilandsedimenten auf Längenwachstum, Fruchtbarkeit sowie Reproduktion von *Caenorhabditis elegans*

8.3.1 Testprinzip

C. elegans ist ein boden- und sedimentbewohnender Nematode. Schadstoffe in Böden oder Sedimenten können sowohl in gelöster Form über das Porenwasser, als auch in feststoffgebundener Form durch Kontakt mit der Körperoberfläche oder über die Nahrung direkt in den Organismus gelangen und Wachstums- sowie Reproduktionsprozesse beeinflussen. Eine Wirkung auf diese Prozesse wird durch einen signifikanten Unterschied zwischen einer unbelasteten Kontrolle und einer belasteten Expositionsgruppe angezeigt. Der hier beschriebene Test basiert auf einer Vorschrift von TRAUNSBURGER et al. (1997) und HÖSS et al. (1999).

8.3.2 Versuchsanleitung

Benötigte Materialien:

- Nematoden,
- *E. coli*-Bakterien (so genannte „Stock-" oder Übernachtkultur),
- Nährmedien: LB-Medium, K-Medium, NG-Agar,
- Kontrollsediment,
- Bengal-Rosa-Lösung,
- Ludox TM 50, colloidal Silica (Dichte mit Wasser auf 1,14 g/cm³ eingestellt),
- Glycerin,
- Autoklav,
- Sterilbank,
- Gefrierschrank,

- Brutschränke 20 °C, 37 °C und 60 °C,
- Horizontalschüttler,
- Zentrifuge mit Ausschwingrotor,
- Fein- oder Analysenwaage (Genauigkeit 0,001 g),
- Petrischalen,
- 1,5 ml-Eppendorf-Reaktionsgefäße,
- Filter-Gaze: 10 μm und 5 μm (z. B. Fa. Hepfinger, München),
- 250 ml-Erlenmeyerkolben,
- Multiwell-Platten mit 12 Vertiefungen,
- Kapillarpipette,
- Wimperpipette,
- Objektträger.

Testorganismen und Futterorganismen

Es wird mit *C. elegans*, Maupas, Stamm N2, var. Bristol, gearbeitet. Dieser Stamm ist beispielsweise über das *Caenorhabditis* Genetic Center (University of Minnesota, USA) erhältlich. Als Futterorganismus wird ein uracildefizienter Stamm von *Escherichia coli* (OP 50) verwendet. Dieser Stamm bildet auf NG-Agar einen dünnen Bakterienrasen, der in relativ kurzer Zeit von den Nematoden abgeweidet werden kann.

Stammkultur

Organismen von *C. elegans* werden in Petrischalen auf NG-Agarplatten (Tabelle 8-1) gehalten, auf denen sich ein *E. coli*-Bakterienrasen befindet. Für eine Stammhaltung eignen sich die Dauerstadien. Diese erhält man, wenn Futtermangel durch fehlende Bakterienrasen auf den Agarplatten induziert wird. Diese so genannten „Hungerplatten" dienen als Vorratskulturen für *C. elegans* und können mindestens zwei Monate bei 10 °C im Labor aufbewahrt werden.

Tab. 8-1: Zusammensetzung der Nähr- und Kulturmedien für den Sediment-Toxizitätstest mit *Caenorhabditis elegans*.

Nährmedien	
LB-Medium	Pepton aus Casein (19 g/l)
	Hefe-Extrakt (5 g/l)
	CaCl (10 g/l)
	in H_2O dest. lösen und autoklavieren.
K-Medium	KCl (2,4 g/l)
	NaCl (3,1 g/l)
	Cholestin-Stammlösung (1 ml/l)
	– s. bei NG-Agar
	Die verschiedenen Salze werden einzeln gelöst, autoklaviert und nach dem Autoklavieren steril vereinigt.
NG-Agar	Pepton aus Casein (2,5 g/l)
	Agar (17 g/l)
	NaCl (13 g/l)
	in 975 ml H_2O dest. lösen und autoklavieren. Nach Abkühlung auf 55 °C folgende Lösungen steril hinzugeben:
	– 1 ml Cholestin-Stammlösung (5 g/l gepulvertes Cholestin in abs. Ethanol)
	– 1 ml 1M $CaCl_2$-Lösung
	– 1 ml 1M $MgSO_4$-Lösung
	– 25 ml 1M K-Phosphatpuffer (pH = 6)
	– 136 g/l KH_2PO_4 mit KOH auf pH = 6 einstellen.

Der Futterorganismus *E. coli* wird als Bakterienstock in 1,5 ml-Eppendorf-Reaktionsgefäßen im Gefrierschrank bei –20 °C aufbewahrt. Zur Herstellung eines sterilen Bakterienstocks werden 200 µl Glycerin in einem Reaktionsgefäß autoklaviert. Danach werden 800 µl einer *E. coli*-Übernachtkultur unter sterilen Bedingungen dazugegeben und vermischt. Die Herstellung einer Übernachtkultur entspricht der Herstellung des Testmediums.

Testmedium

In einem 250 ml-Erlenmeyerkolben werden 50 ml des LB-Mediums (Tabelle 8-1) mit 20 µl Bakterienstock angeimpft und 17 Stunden bei 37 °C auf einem Horizontalschüttler inkubiert. Man erhält somit eine Bakteriendichte von ca. 10^{10} Zellen pro ml. Die Bakteriensuspension wird zentrifugiert, der Überstand verworfen und das Pellet im K-Medium (Tabelle 8-1) resuspendiert. Die Suspension wird erneut zentrifugiert, der Überstand verworfen und das

Pellet nun in der Hälfte des Volumens an K-Medium resuspendiert.

Vorbereitung der Sedimentprobe

In die Testgefäße, die beispielsweise Multiwellplatten mit 12 Vertiefungen sein können (Abbildung 8-4), werden pro Vertiefung 0,5 g Frischgewicht einer Sedimentprobe eingewogen. Anschließend werden 0,5 ml des Testmediums dazugegeben, so dass man ein Endvolumen von 1 ml erhält. Als direkte Kontrolle wird ein Kontrollsediment eingewogen, das aus Quarzsand (70 %), Aluminiumoxid (20 %), Torf (4 %), $CaCO_3$ (1 %), Eisen-III-Oxid (4,5 %) und Dolomit (0,5 %) besteht. Für die Validitätskontrolle werden anstelle des Sediments 0,5 ml K-Medium in die Testgefäße pipettiert.

Für jedes Sediment sowie für die Kontrollen werden sechs Replikate angesetzt.

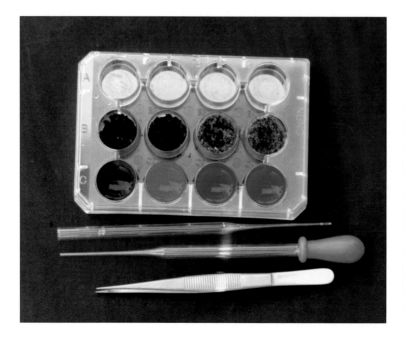

Abb. 8-4: Multiwellplatte mit 12 Vertiefungen als Kulturgefäß (Foto: Ziebart, IHI Zittau). Nach Befüllen der Vertiefungen mit Sediment, Testmedium und jeweils 10 Nematoden des J1-Stadiums (mittlere Reihe) wird nach Testende Bengal-Rosa zugegeben, um die Organismen besser sichtbar zu machen (untere Reihe).

Vorbereitung des Testorganismus

Auf einer NG-Agarplatte werden unter sterilen Bedingungen 0,5 ml einer *E. coli*-Übernachtkultur ausplattiert. Nach 8 Stunden Inkubation bei 37 °C entsteht ein Bakterienrasen. Stücke einer „Hungerplatte" mit Dauerstadien werden auf die Agarplatte mit frischem Bakterienrasen umgesetzt und bei einer Temperatur von 20 °C gehalten. Nach drei Tagen befinden sich zahlreiche Würmer aller Entwicklungsstadien auf der Platte. Für den Versuch werden nur die jüngsten, das heißt die J1-Stadien verwendet. Daher werden alle Nematoden mit K-Medium durch eine Filterkaskade mit 10 µm und 5 µm Maschenweite von der Platte gespült. Aufgrund ihres kleinen Durchmessers befinden sich nur die J1-Stadien im Filtrat, die älteren Stadien weisen meist einen Durchmesser über 10 µm auf und verbleiben auf dem Filter, der auf eine Platte zurückgespült wird.

Testdurchführung

Mit einer dünnen Kapillarpipette werden jeweils 10 Würmer des J1-Stadiums in die mit Sediment bzw. Kontrollmedium befüllten Testgefäße überführt. Um sicher zu stellen, dass alle Würmer in die Testgefäße gelangen, wird mit einigen Tropfen K-Medium nachgespült. Die Testgefäße werden nun bei 20 °C für 72 Stunden auf einem Horizontalschüttler inkubiert.

Beendigung des Tests

Der Test ist nach 72 Stunden beendet. Die Testgefäße werden kurz auf etwa 60 °C erwärmt, um die Nematoden abzutöten. Gleichzeitig wird dadurch eine Streckung der Würmer erzielt, wodurch die Vermessung erleichtert wird. Durch die anschließende Zugabe von 0,5 ml einer wässrigen Lösung von Bengal-Rosa in jede Vertiefung der Testgefäße wird die Kutikula der Nematoden angefärbt, und die Organismen sind dadurch leichter wiederzufinden (Abbildung 8-4). Die Testgefäße können in dieser Form für einige Zeit im Kühlschrank aufbewahrt werden. Erfolgt eine Auswertung nicht innerhalb von zwei Wochen, muss der Testansatz bei –20 °C eingefroren werden.

Extraktion der Nematoden aus dem Sediment

Das Sediment wird mit 6 ml einer verdünnten Ludox-Lösung, deren Dichte mit Wasser auf 1,14 eingestellt ist, unter Zuhilfenahme einer am Ende abgebrochenen Pasteurpipette aus den Testgefäßen in ein Zentrifugenröhrchen gespült. Nach kräftigem Schütteln wird mit einer Zentrifuge mit Ausschwingrotor zentrifugiert. Das Prinzip besteht darin, dass die Nematoden und organische Partikel, die eine ähnliche spezifische Dichte wie Ludox aufweisen, im Überstand verbleiben, während das Sediment und andere Bestandteile den Bodensatz bilden. Der Überstand wird in eine Petrischale mit einem Durchmesser von 3 cm überführt und ausgewertet. Zur Sicherheit kann auch das verbleibende Sediment nach Nematoden durchsucht werden.

Der gesamte Versuchsablauf ist in der Abbildung 8-5 dargestellt.

Herstellung spezieller Pipetten

Kapillarpipette
Zum Arbeiten mit Kleinstlebewesen werden häufig sehr feine und dünne Glaspipetten benötigt, die leicht selber herzustellen sind. Hierfür wird eine lange Pasteurpipette aus Glas genommen und über einer Flamme an einem Ende zu einer dünnen Kapillare ausgezogen. Die verschmolzene Spitze wird nun abgebrochen, und man erhält eine Pipette mit einer sehr schmalen Öffnung, mit der Kleinstlebewesen aufgesaugt und in andere Gefäße überführt werden können.

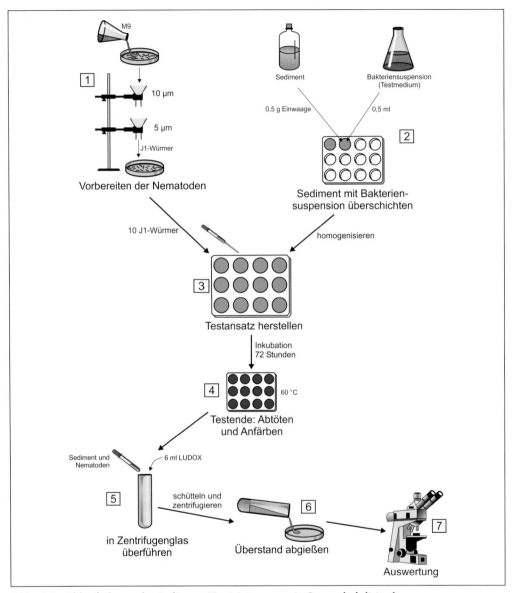

Abb. 8-5: Ablaufschema des Sediment-Toxizitätstests mit *Caenorhabditis elegans*.
(1) Spülen der Nematoden mit K-Medium durch die Filterkaskade,
(2) Sediment mit Bakteriensuspension in K-Medium in Multiwellplatte überschichten und homogenisieren,
(3) Testansatz: Je 10 J1-Würmer werden mittels Kapillarpipette überführt,
(4) Testende: Abtöten der Nematoden im Wärmeschrank, Anfärben mit Bengalrosa,
(5) Überführen von Sediment und Nematoden mit abgestumpfter Pipette in Zentrifugenglas, Zugabe von 6 ml LUDOX,
(6) Auswertung: Zählen der Juvenilen, Adulte auf Objektträger überführen, vermessen und Eier zählen.

Wimperpipette
Hierfür wird wiederum eine Pasteurpipette aus Glas verwendet, an der eine Wimper oder ein Haar aus der Augenbraue mit handelsüblichem Klebstoff oder Silikon an der Öffnung der Pipette befestigt wird. So erhält man ein sehr feines Werkzeug, mit dem Kleinstlebewesen aufgenommen und in andere Gefäße überführt werden können.

Bestimmung wichtiger Parameter des Sediments

Die Art und Zusammensetzung eines Sediments kann einen nicht unwesentlichen Einfluss auf das Testergebnis haben. Deshalb werden häufig als Bezugsgrößen eine Korngrößenbestimmung sowie die Bestimmung des organischen Kohlenstoffgehalts vorgenommen.

Korngrößenbestimmung durch Trockensiebung
Bei der Siebanalyse (Trockensiebung) wird die Korngrößenverteilung in einem Sediment bestimmt. Dafür werden verschiedene Siebe mit von unten nach oben zunehmender Maschenweite aufeinandergesetzt, zum Beispiel für einen Siebsatz nach DIN 66165 (1987) folgende Maschenweiten: 20, 63, 125, 250, 500, 1000, 2000 und 4000 µm. Etwa 400 g der Sedimentprobe wird auf den Siebturm gegeben, worauf dieser für etwa 10 min mit Hilfe einer Siebvorrichtung (z. B. AS 200 basic, Fa. Retsch) gerüttelt wird. Anschließend werden die aufgefangenen Korngrößenfraktionen in den jeweiligen Sieben gewogen und der prozentuale Anteil an der gesamten Probe sowie die mittlere Korngröße berechnet.

Bestimmung des organischen Kohlenstoffgehalts
Die Bestimmung dieses Parameters erfolgt über den Glühverlust der Sedimentprobe (DIN 38414 1985). Dafür wird das feuchte Sediment in einen ausgeglühten Porzellantiegel gegeben und über Nacht bei 100 °C in einem Trockenschrank getrocknet. Anschließend wird der Tiegel mit der getrockneten Probe für 1 h bei 550 °C in einem

Muffelofen inkubiert. Nach dem Glühen wird der Tiegel mit Probe wiederum gewogen und aus der Differenz vor und nach dem Glühvorgang der Glühverlust in Prozent errechnet. Der organische Kohlenstoffgehalt entspricht dann der Hälfte des ermittelten Glühverlustes.

8.3.3 Versuchsauswertung

Bestimmung der Testparameter

Als Maß für das Wachstum wird die Körperlänge jedes der 10 eingesetzten, nun adulten Nematoden bestimmt. Hierfür werden unter einem Binokular bei einer 30-fachen Vergrößerung die Nematoden mit einer Wimperpipette in einen Wassertropfen auf einem Objektträger überführt. Die Körperlänge wird unter einem Mikroskop bei 100-facher Vergrößerung mit Hilfe eines Okularmikrometers bestimmt.

Als Maß für die Fruchtbarkeit wird der Anteil an graviden Nematoden ermittelt. Ebenfalls unter einem Mikroskop bei 100-facher Vergrößerung wird nun untersucht, ob ein Nematode Eier im Körper trägt. Ist die Anzahl der Eier im Körper ≥ 1, wird der Nematode als gravid bezeichnet. Als Testparameter errechnet man den prozentualen Anteil an graviden Nematoden pro Replikat.

Als Maß für die Reproduktion gilt die Anzahl der neu gebildeten Nachkommen pro eingesetztem Wurm. Unter einem Binokular mit 40-facher Vergrößerung wird die Anzahl der Nachkommen, also Juvenile der 2. Generation, ermittelt. Diese erkennt man an der Größe von ± 270 µm. Die Gesamtzahl der Nachkommen wird dann durch die Anzahl der gefundenen Adulten geteilt. Daraus ergibt sich die Anzahl der Nachkommen pro Nematode.

Statistische Auswertung

Aus den Mittelwerten der Längenmessungen pro Replikat, den Einzelwerten der Zahl der Nachkommen pro adultem Wurm sowie des Anteils gravider Würmer werden für die Replikate die Gesamtmittelwerte und Standardabweichungen berechnet. Wenn eine Wirkungsschwelle (NOEC) bestimmt werden soll, so führt man einen multiplen t-Test durch (Dunnett- oder Williams Test) – vorausgesetzt die Daten sind annähernd normalverteilt und varianzhomogen. Bei dem Anteil gravider Würmer handelt es sich um ein quantales Merkmal; hier sollte zuvor eine Arcussinus-Wurzel Transformation der Anteile pro Replikat (Arc Sin $\sqrt{p}$; p: Anteil) erfolgen. Sind die genannten Voraussetzungen nicht erfüllt, so ist der multiple Mann-Whitney U-Test mit Bonferroni-Holm Korrektur sinnvoll.

Wenn man Effektkonzentrationen bestimmen möchte, so können die absoluten Werte der Testparameter in relative Hemmdaten umgerechnet werden. Beim Wachstum wird die Differenz aus mittlerer Körperlänge im Kontrollsediment und mittlerer Ausgangslänge der eingesetzten J1-Nematoden (270 µm) als Referenzwert zu Grunde gelegt:

$$H_{W\_A} = 100 - (k_A - 270)/(k_{Kontrolle} - 270) \times 100$$

wobei: H_{W_A} = Wachstumshemmung durch Sediment A [%]

k_A = mittlere Körperlänge im Sediment A

$k_{Kontrolle}$ = mittlere Körperlänge im Kontrollsediment

Bei Fruchtbarkeit und Reproduktion wird der absolute Wert des Parameters im Kontrollsediment als Referenzwert zu Grunde gelegt:

$$H_{F\_A} = 100 - f_A/(f_{Kontrolle} \times 100)$$

wobei: H_{F_A} = Fruchtbarkeitshemmung durch Sediment A [%]

f_A = mittlere Fruchtbarkeit im Sediment A

$f_{Kontrolle}$ = mittlere Fruchtbarkeit im Kontrollsediment

Für die Wachstumshemmung und die Reproduktion kann man eine der in Kapitel 4 beschriebenen Dosis-Wirkungsfunktionen für metrische Merkmale und im Falle der Fruchtbarkeit solche für quantale Merkmale (z. B. Probit oder Logit) anpassen, um die EC_{50} zu bestimmen.

Gültigkeit des Tests

Der Test wird als gültig bezeichnet, wenn in der Validitätskontrolle, das heißt ohne Sediment, die Fruchtbarkeit bei über 80 % liegt, also über 80 % der Nematoden gravid waren.

8.3.4 Fragen als Diskussionsgrundlage

- Welche abiotischen Parameter können das Testergebnis beeinflussen? In welcher Weise?
- Was kann eine negative Hemmung der Testparameter bedeuten?
- Welche Testparameter können als besonders sensitiv, welche als besonders robust gewertet werden?

8.3.5 Literatur

DIN 38414 (1985): Schlamm und Sedimente. Bestimmung des Glührückstandes und des Glühverlustes der Trockenmasse eines Schlammes. – Teil 3, Deutsches Institut für Normung e.V. (Hrsg.): Deutsches Einheitsverfahren zur Wasser-, Abwasser- und Schlammuntersuchung. Loseblattsammlung. VCH, Weinheim/New York/

Basel/Cambridge/Tokyo & Beuth, Berlin/Wien/Zürich.

DIN 66165 (1987): Partikelgrößenanalyse – Siebanalyse. Grundlagen. Normenausschuss Siebböden und Kornmessung. – Deutsches Institut für Normung e.V. (Hrsg.): Deutsches Einheitsverfahren zur Wasser-, Abwasser- und Schlammuntersuchung. Loseblattsammlung. VCH, Weinheim/New York/Basel/Cambridge/Tokyo & Beuth, Berlin/Wien/Zürich.

DUFT, M., TILLMANN, M., OEHLMANN, J. (2002): Ökotoxikologische Sedimentkartierung der großen Flüsse Deutschlands. – UBA-Abschlussbericht für das Umweltbundesamt, FKZ 299.24.275.

HÖSS, S., HAITZER, M., TRAUNSPURGER, W., STEINBERG, C. E. W. (1999): Growth and fertility of *Caenorhabditis elegans* (Nematoda) in unpolluted freshwater sediments – response to particle size distribution and organic content. Environ. Toxicol. Chem. 18, 2921–2925.

TRAUNSPURGER, W., HAITZER, M., HÖSS, S., BEIER, S., AHLF, W., STEINBERG, Ch. (1997): Ecotoxicological assessment of aquatic sediments with *Caenorhabditis elegans* (Nematoda) – A method for testing liquid medium and whole sediment samples. – Environ. Toxicol. Chem. 16 (2), 245–250.

WOLPERT, L. (1999): Entwicklungsbiologie. – 1. Aufl., 570 S., Spektrum Akad. Verl., Heidelberg/Berlin.

9 Verhaltenstest mit *Lumbricus rubellus*

9.1 Charakterisierung des Testorganismus

Lumbricus rubellus (Rotwurm, Abbildung 9-1) gehört wie *Eisenia fetida* (siehe Kapitel 7) zum Stamm der Anneliden (Ringelwürmer), zur Klasse der Clitellata (Gürtelwürmer) und zur Familie der Lumbricidae (Regenwürmer), unterscheidet sich jedoch in der Lebensweise der Adulten sehr vom Mistwurm.

Abb. 9-1: Habitus von *Lumbricus rubellus* (Foto: Fraser, Lamberts, www.crop.cri.nz).

L. rubellus wird maximal 12 cm lang und hat einen durchgehend rot gefärbten Körper, der ihm auch den Namen gegeben hat. Wie bei allen einheimischen Regenwürmern, so zeigt auch beim Rotwurm die starke Pigmentierung, dass die Art nicht zu den tiefbohrenden Spezies gehört, sondern sich bevorzugt in den oberen Bodenhorizonten aufhält. Der Rotwurm ist ein Saprophage, der sich von abgestorbenen organischen Stoffen und Mikroorganismen ernährt. Häufig werden die auf Streuteilen gewachsenen Bakterienrasen und Ciliaten abgeweidet.

Für den Rotwurm ist charakteristisch, dass, je nach Alter der Organismen, verschiedene Lebensformen durchlaufen werden. Juvenile Organismen leben bevorzugt im Streuhorizont, während ältere, große Individuen bisweilen auch in tiefere Bodenhorizonte vordringen können und dort Wohnröhren anlegen. Die nahe der Oberfläche unter Blättern und Streu versteckte Lebensweise führte zur Herausbildung eines guten Reaktionsvermögens, das sich als evolutive Anpassung an den Fraßdruck durch Amphibien, Vögel und Kleinsäuger entwickelte.

Regenwürmer sind in der Ökotoxikologie vor allem als Akkumulatoren für Schwermetalle und organische Verbindungen bekannt und werden zu diesem Zweck beispielsweise im Rahmen des Umweltprobenbankkonzeptes eingesetzt (z. B. PAULUS et al. 1994). Diese Fähigkeit wird vor allem bei Untersuchungen belasteter Böden genutzt, wo Tiere des Standorts gesammelt und anschließend im Labor auf Schadstoffgehalte analysiert werden. Von Vorteil ist, dass *Lumbricus*-Arten in ausreichender Biomasse verfügbar sind und eine hohe ökologische Relevanz aufweisen. Sie ernähren sich vornehmlich sowohl von toter organischer Substanz der Bodenauflage als auch vom Mineralboden der einzelnen Bodenhorizonte, so dass wesentliche Teile der bioverfügbaren Schadstoffbelastung eines Bodens bioindikativ abgebildet werden können.

In Untersuchungen wurde zudem festgestellt, dass Regenwürmer auf extrem hohe Schwermetallkontaminationen in Böden, zum Beispiel auf Cadmium-Belastungen > 1000 mg/kg, mit unmittelbarem Fluchtverhalten nach der Exposition reagieren. Worauf dieses Fluchtverhalten zurückzuführen ist, konnte bislang noch nicht eindeutig geklärt werden. Es wird einerseits angenommen, dass das Fluchtverhalten der Organismen durch eine direkte primäre

Perzeption des Schadstoffs über die Chemosensoren der Haut ausgelöst wird. Andererseits wäre auch eine schadstoffinduzierte Hemmung von Atmungsenzymen der Haut denkbar, die eine Fluchtreaktion aus Sauerstoffmangel hervorruft.

9.2 Anwendungsbereiche

Der Verhaltenstest mit *L. rubellus* ist, im Gegensatz zum akuten Regenwurmtest oder dem Reproduktionstest mit *Eisenia fetida* (siehe Kapitel 7), kein ökotoxikologisches Routineverfahren. Er wurde im Rahmen eines Forschungsvorhabens am Internationalen Hochschulinstitut Zittau entwickelt und zeigte eine vergleichbare Sensitivität wie der akute Regenwurmtest bei deutlich verkürzter Testdauer von 7 gegenüber 28 Tagen. Daher ist zu unterstreichen, dass der Test in der ökotoxikologischen Prüfpraxis bisher keine Rolle spielt, gleichwohl aber im Rahmen des Praktikums vor allem vor dem Hintergrund interessant ist, dass ein Verhaltensparameter als Wirkungskriterium einer Schadstoffexposition überprüft wird. Verhaltensparameter werden heute vorwiegend bei Wirbeltieren, speziell bei der kontinuierlichen Überwachung von Gewässern, eingesetzt. Das Experiment mit *L. rubellus* ist eines der wenigen Beispiele für ein entsprechendes Testverfahren mit Evertebraten.

9.3 Experiment: Meidungsverhalten von *Lumbricus rubellus* nach Cadmiumbelastung

9.3.1 Testprinzip

Das Testprinzip besteht darin, dass *L. rubellus* auf Schadstoffbelastungen im Boden mit einer Fluchtreaktion reagiert, die im Freiland und bei Akuttests im Labor bei extrem hohen Schwermetallkontaminationen spontan auftritt. Gleichwohl sind die Rotwürmer auch bei erheblich niedrigeren Bodenbelastungen aktiv in der Lage, geringer belastete Bereiche aufzusuchen und damit der Schadstoffbelastung zu entgehen. Dieses Meidungsverhalten kann als statistisch signifikante Abweichung von einer zufälligen Verteilung der Organismen auf unterschiedlich Schwermetall-kontaminierten Teilflächen erfasst werden. Eine geringere Anzahl an Regenwürmer auf einem Areal kann somit auf eine Schadstoffbelastung hinweisen und wird im Verhaltenstest mit *L. rubellus* als Wirkungskriterium verwendet.

Vorkommen und Wirkung der Testsubstanz Cadmium können in Kapitel 6 nachgelesen werden.

9.3.2 Versuchsanleitung

Benötigte Materialien:
- 80 adulte Regenwürmer,
- Versuchsgefäß mit Trennwänden und Deckel,
- Boden eines unbelasteten Agrarstandortes (ca. 160 kg),
- Cadmiumsulfat-Lösung,
- Abfallgefäß für Cadmium-belasteten Boden.

Bezug der Testorganismen

L. rubellus kann problemlos ganzjährig über Fachgeschäfte für Zoo- und Anglerbedarf bezogen werden. Für den Test werden 80 adulte Regenwürmer benötigt.

Expositionsbehälter

Ein runder Behälter von ca. 0,5 m² und 50 cm Höhe wird in acht gleichgroße Kammern eingeteilt, wobei darauf zu achten ist, dass die Trennwände zwischen den Kammern mindestens einige Zentimeter unterhalb der Behälteroberkante enden (Abbildung 9-2). Die Kammern werden mit dem Boden eines unbelasteten Agrarstandortes bis zur Oberkante aufgefüllt, so dass die Testorganismen in der Lage sind, über die Trennwände hinweg von einer Kammer in die benachbarten zu gelangen. Die autochthone Lumbricidenfauna muss vor dem Einbringen des Bodens entfernt werden. Die einzelnen Kammern haben ein Volumen von ca. 13.000 cm³. Bei einer durchschnittlichen Bodendichte von ca. 1,5 g/cm³ müssen daher ca. 20 kg Boden pro Kammer eingewogen werden. Der Wassergehalt der Böden wird zu Beginn gemäß DIN 38414 (1985) ermittelt, da er die Grundlage für die Einstellung der Cadmiumkonzentration darstellt.

Abb. 9-2: Testbehälter mit acht gleich großen Kammern, die mit Boden befüllt sind.

Applikation von Cadmium in die Böden

Die vorbereiteten Böden werden mit Cadmiumsulfat-Lösungen unterschiedlicher Konzentrationen versetzt. Unter Berücksichtigung des Wassergehaltes der Böden in den verschiedenen Kammern werden folgende Cadmiumkonzentrationen, jeweils bezogen auf die Bodentrockenmasse, eingestellt:

- 0,2 mg Cd/kg (≙ 1,4 mg Cadmiumsulfat/kg)
- 0,4 mg Cd/kg (≙ 2,7 mg Cadmiumsulfat/kg)
- 0,6 mg Cd/kg (≙ 4,1 mg Cadmiumsulfat/kg)
- 0,8 mg Cd/kg (≙ 5,5 mg Cadmiumsulfat/kg)
- 1,0 mg Cd/kg (≙ 6,8 mg Cadmiumsulfat/kg)
- 1,2 mg Cd/kg (≙ 8,2 mg Cadmiumsulfat/kg)
- 1,4 mg Cd/kg (≙ 9,6 mg Cadmiumsulfat/kg)
- 1,6 mg Cd/kg (≙ 11 mg Cadmiumsulfat/kg)

Hierfür werden die Böden mit je 100 ml Cadmiumsulfat in Leitungswasser versetzt und innerhalb der einzelnen Kammern homogenisiert. Anschließend wird auf einer Fläche von ca. 10 cm Durchmesser bis zu einer Tiefe von 2 cm im Zentralbereich des Testbehälters, wo die einzelnen Kammern aufeinander stoßen, der Boden entfernt und durch unbelasteten Boden als so genannte Startfläche ersetzt.

Testdurchführung

Zu Testbeginn werden die 80 adulten Regenwürmer in die Mitte des Behälters auf die schadstofffreie Startfläche gesetzt. Unmittelbar danach wird ihre Verteilung auf die verschiedenen Kammern des Behälters protokolliert bzw. die Zahl der Organismen erfasst, die die Startfläche nicht verlassen. Nach spätestens 30 Minuten sollte der Behälter verschlossen werden. Nach 7

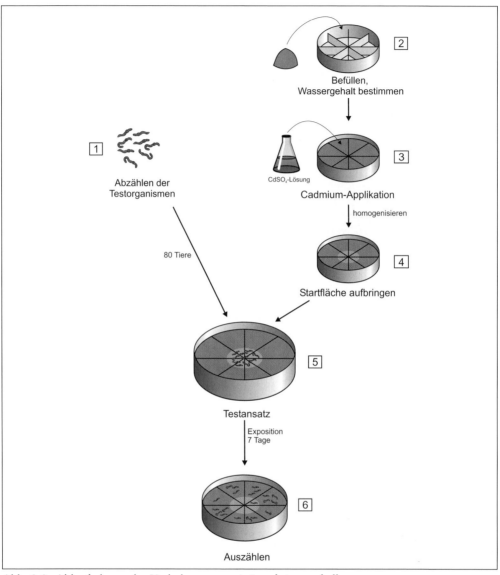

Abb. 9-3: Ablaufschema des Verhaltenstests mit *Lumbricus rubellus*.
(1) Abzählen der Testorganismen,
(2) Befüllen des Expositionsbehälters, Ermittlung des Wassergehaltes des Bodens,
(3) Applikation der Cadmium-Lösung unter Berücksichtigung des Wassergehaltes, Endkonzentrationen: Kontrolle, 0,2/0,4/0,6/0,8/1,0/1,2/1,4/1,6 mg $CdSO_4 \times 8 H_2O$/kg Boden,
(4) Startfläche (10 cm Durchmesser, 2 cm Tiefe) mit unbelastetem Boden im Zentralbereich des Behälters aufbringen,
(5) Testansatz: 80 adulte Regenwürmer auf die Startfläche setzen, Verteilung protokollieren, nach 30 Minuten Behälter verschließen,
(6) Auszählen der Anzahl der Tiere in den einzelnen Kammern,
(7) pH-Wert und Sauerstoffgehalt am Testende überprüfen.

Tagen wird der Behälter wieder geöffnet, und die Regenwürmer in den einzelnen Kammern werden ausgezählt. Exemplare, die auf der Startfläche liegen, werden dabei nicht berücksichtigt. Der Versuchsablauf ist aus Abbildung 9-3 zu entnehmen.

9.3.3 Versuchsauswertung

Die Auswertung des Versuchs erfolgt gemäß dem nachfolgend aufgeführten statistischen Verfahren (vgl. auch LOZÁN 1992, SACHS 2002, WEBER 1972).

Testhypothese

Tiere können in der Natur in unterschiedlichen Verteilungsformen vorkommen (Abbildung 9-4). Diese Verteilungsform kann zufällig (random), gleich (uniform) oder aggregiert (aggregated) sein.

Die Art der Verteilung hängt dabei von den ökologischen Gegebenheiten (z. B. Nahrungsverteilung, Verstecke o. ä.) oder innerartlichen Eigenheiten (z. B. Herdenbildung, Revierbildung etc.) ab. Danach kommen verschiedene Wolfsrudel aufgrund der Revierbildung gleichverteilt vor, wogegen die Verteilung von Rindern auf einer Weide aggregiert ist. Es wurde festgestellt, dass auch Regenwürmer aggregiert vorkommen, wenn Thekamöben (Schalenamöben), die als Nahrungsquelle dienen, vermehrt auftreten. Auch zur Paarungszeit der Regenwürmer, von Februar bis März und August bis September, treten ebenfalls Aggregationen auf.

Häufiger dagegen sind Regenwürmer in der Natur zufällig verteilt, sofern auch ihre Lebensressourcen zufällig verteilt sind. Die Nullhypothese lautet daher: „Die Menge aller Würmer der Art *L. rubellus* ist zufällig verteilt". Eine mögliche toxische Wirkung wird demnach dann sichtbar, wenn die Regenwürmer unter dem Einfluss von Cadmium ihre zufällige Verteilungsform ändern und die Nullhypothese verworfen werden kann.

Hierzu müssen allerdings die bekannten Aggregationsfaktoren im Test ausgeschaltet werden, wie beispielsweise die Homogenisierung des Bodens. Auch ein Vorfin-

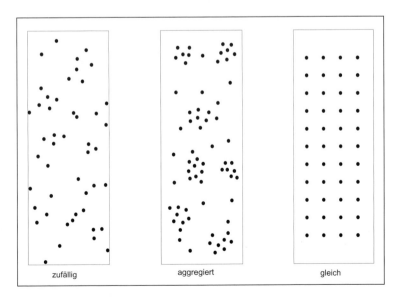

Abb. 9-4: Drei mögliche Verteilungsformen von Organismen innerhalb einer Population.

zufällig   aggregiert   gleich

den der Würmer im Paarungsstadium zum Testende muss als Fehlversuch gewertet werden.

Die zufällige Verteilung von Organismen in einer Population lässt sich durch die so genannte „Poisson-Verteilung" beschreiben. Diese Verteilungsform ist nur von der durchschnittlichen Individuenzahl pro Flächeneinheit abhängig. Da alle drei beschriebenen Verteilungsformen zufällig sein können, gilt als Testparameter die Wahrscheinlichkeit, nach der ein Testorganismus neben einem anderen benachbart vorkommt.

Die Poissonverteilung folgt der Beziehung (vgl. auch Abbildung 9-5):

$$P_x = e^{-\mu} \, (\mu^x/x!)$$

P_x Wahrscheinlichkeit von x Individuen pro Flächeneinheit

x Individuenzahl

μ Durchschnitt der Individuen/Fläche

Auf der Abszisse ist die Anzahl der Individuen pro Flächeneinheit aufgetragen. Die Ordinate beschreibt die nach der Poisson-verteilung zu erwartende Wahrscheinlichkeit, dass eine Flächeneinheit mit x Individuen belegt ist. Um nun die unterschiedli-

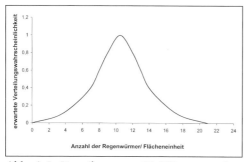

Abb. 9-5: Verteilung von 80 Würmern -ohne Schadstoffbelastung auf 8 Kammern nach der Poisson-Verteilung. Die Kurve entspricht dem Praktikumsversuch mit 80 Würmern auf 8 Flächen.

chen Verteilungsformen gegeneinander zu unterscheiden, be-dient man sich des Dispersionsindex (I):

I = beobachtete Varianz/beobachteter Mittelwert (I = $s^2/\bar{x}$)

Der Dispersionsindex kann drei Extrema annehmen. Für die theoretische Poisson-verteilung ist die Varianz immer gleich dem Mittelwert und der Dispersionsindex demnach eins. Ist die Varianz größer als der Mittelwert, so ist der Dispersionsindex größer eins. Dies ist zum Beispiel der Fall, wenn auf zwei Flächeneinheiten einmal 78 und einmal 2 Tiere vorkommen und somit eine aggregierte Verteilung vorläge. Ist die Varianz kleiner als der Mittelwert, strebt der Dispersionsindex gegen null. Dieser Fall tritt ein, wenn in allen Flächeneinheiten die nahezu gleiche Anzahl von Tieren anzutreffen wäre, also eine uniforme Verteilung vorläge.

Weil der Dispersionsindex bei zufälliger Verteilung der χ^2-Verteilung mit n – 1 Freiheitsgraden folgt, ist ein einfacher Test möglich mit folgenden Hypothesen:

H_0: I = 1; (Organismen rein zufällig verteilt; nach Poisson-Verteilung)

H_1: I > 1; (Verteilung der Organismen eher aggregiert)

H_2: I < 1; (Verteilung der Organismen eher gleich)

Zur Berechnung des χ^2 wird der Dispersionsindex mit den Freiheitsgraden multipliziert:

$$\chi^{2*} = I(n-1)$$

Bei einer idealen Poisson-Verteilung mit I = 1 und 80 Würmern wäre χ^{2*} = 79.

Wie klein bzw. wie groß muss χ^{2*} werden, damit die Abweichung in Richtung Gleichverteilung bzw. in Richtung aggregierter Verteilung signifikant ist und die H_0 abgelehnt werden muss? Dies kann man mit einseitigen kritischen Grenzen prüfen (siehe Kapitel 4). Die Werte für die untere und obere Grenze von χ^2 sind tabelliert (SACHS 2002). Einfacher ist es, sich die Werte in MS-EXCEL ausgeben zu lassen, weil es das lästige Interpolieren erspart. Für die untere Grenze ermittelt man den kritischen χ^2-Wert durch Einsetzen der Freiheitsgrade $n - 1$ und der Wahrscheinlichkeit $1 - \alpha$, für die obere Grenze durch Einsetzen der Freiheitsgrade $n - 1$ und der Wahrscheinlichkeit α. Unter H_0 gilt :

$$\chi^2_{0,95} < \chi^{2*} < \chi^2_{0,05}$$

Im vorliegendem Beispiel mit 79 Freiheitsgraden ist $\chi^2_{0,95} = 59,5$ und $\chi^2_{0,05} = 100,7$.

Liegt der beobachtete χ^{2*}-Wert innerhalb dieser Schranken, wird die Nullhypothese „Die Regenwürmer sind zufällig verteilt" oder „die gegebenen $CdSO_4$-Konzentrationen der Böden hatten keine Auswirkungen auf die Verteilung der Regenwürmer" akzeptiert.

Der Ansatz von unterschiedlichen Schadstoffbelastungen im Boden lässt eine weitere Form der statistischen Auswertung zu: Es ist anzunehmen, dass die Würmer die

Bodenbelastung zu einem gewissen Grad tolerieren, um ihr dann auszuweichen. Wird die Anzahl der Würmer gegen die Bodenkonzentration der einzelnen Kammern aufgetragen, ist folgende Verteilung denkbar (Abbildung 9-6): Von Kammer 5 auf 6 nimmt die Anzahl der Würmer stark ab. Um allerdings eine statistisch signifikante Aussage über diesen Bereich machen zu können, muss das Experiment einige Male wiederholt werden, da die offensichtlich aggregierte Verteilung eine ebenso zufällige Verteilung wie die anderen ist.

9.3.4 Fragen als Diskussionsgrundlage

- Welche prinzipiellen Vorteile im Vergleich zu konventionellen Parametern wie Mortalität, Wachstum und Reproduktionsleistung kann die Berücksichtigung von Verhaltensaspekten in ökotoxikologischen Prüfverfahren haben?
- Welche anderen abiotischen und biotischen „Umweltbedingungen" im Expositionsbehälter neben der Cd-Belastung beeinflussen möglicherweise das Verteilungsverhalten der Regenwürmer?
- Vergleichen Sie die eingesetzten Cd-Testkonzentrationen und die LOEC im Test mit den Cd-Gehalten in realen Freilandböden. Beurteilen Sie die Sensitivität des Test im Vergleich zum akuten Regenwurmtest, für den LC_{50}-Werte im Bereich von 800 bis 1200 mg Cd/kg, bezogen auf die Trockenmasse, ermittelt werden.

9.3.5 Literatur

DIN 38414 (1985): Schlamm und Sedimente. Bestimmung des Wassergehaltes und des Trockenrückstandes. – Teil 2, Deutsches Institut für Normung e.V. (Hrsg.): Deutsches Einheitsverfahren zur Wasser-, Abwasser- und Schlammuntersuchung. Loseblattsammlung. VCH, Weinheim/New York/Basel/Cambridge/Tokyo & Beuth, Berlin/Wien/Zürich.

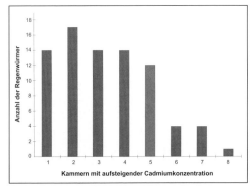

Abb. 9-6: Hypothetische Wurmverteilung auf 8 Flächen aufsteigender Cadmiumkonzentrationen.

LOZÁN, J. L. (1992): Angewandte Statistik für Naturwissenschaftler. – Parey, Berlin/ Hamburg.

PAULUS, M., ALTMEYER, M., KLEIN, R., HILDEBRANDT, A., OSTAPCZUK, P., OXYNOS, K. (1994): Biomonitoring und Umweltprobenbank. II: Aufbau flächenrepräsentativer Probennahmen von Umweltproben zur Schadstoffanalytik am Beispiel der Regenwürmer in landwirtschaftlich ge-nutzten Räumen. – UWSF – Z. Umweltchem. Ökotox. 6 (6), 375–383.

SACHS, L. (2002): Angewandte Statistik. – Anwendung statistischer Methoden. – 10. Aufl., Springer, New York / Heidelberg, 889 S.

WEBER, E. (1972): Grundriß der biologischen Statistik. – 7., überarb. Aufl., Fischer, Stuttgart, 706 S.

10 Reproduktionstest mit *Potamopyrgus antipodarum*

10.1 Charakterisierung des Testorganismus

Die Zwergdeckelschnecke *Potamopyrgus antipodarum* (Abbildung 10-1) gehört innerhalb des Stamms der Mollusca (Weichtiere) zur Klasse der Gastropoda (Schnecken). Dort wird sie der Unterklasse Prosobranchia (Vorderkiemerschnecken), Ordnung Mesogastropoda (Mittelschnecken) und der Familie Hydrobiidae (Wattschnecken) zugeordnet. Während viele Arten der Hydrobiiden in Küstengewässern leben, kommt die Zwergdeckelschnecke vor allem im Süßwasser vor, bewohnt aber auch Brackwasser bis zu einer Salinität von 10 Promille. *P. antipodarum* lebt bevorzugt auf oder im Weichsediment von stehenden und langsam fließenden Gewässern sowie im Ästuarbereich der Küsten. Sie ernährt sich dort von Detritus, Algen und Bakterienrasen, die von der Oberfläche von Sandkörnern oder Pflanzen abgeraspelt werden. Im Labor kann die Zwergdeckelschnecke ohne Probleme mit handelsübli-

Abb. 10-1: Habitus von *Potamopyrgus antipodarum* (links) und Ansammlung von Schnecken (rechts) (Fotos: Gustafson, www.esg.montana.edu/aim/mollusca/nzms/photos.html).

chem Fischfutter (z. B. TetraMin oder TetraPhyll) ernährt werden und erreicht ein Alter von etwa einem Jahr. Die Tiere erreichen eine maximale Schalenhöhe von 6 mm.

Die Zwergdeckelschnecke ist in Europa eine sogenannte Neozoe, das heißt eine in diesen Breiten ursprünglich nicht beheimatete Art. Sie wurde Ende des 19. Jahrhunderts vermutlich auf dem Schiffsweg – mit dem Ballastwasser von Handelsschiffen – von den neuseeländischen Inseln (Antipoden) nach England eingeschleppt. Daher stammt auch ihr wissenschaftlicher Artname. Zunächst wurde sie jedoch unter dem Namen *Hydrobia jenkinsi* beschrieben, später der Gattung *Potamopyrgus* und erst nach Aufklärung ihrer Herkunft der gleichen Art wie die neuseeländischen Exemplare zugeordnet.

In den letzten 100 Jahren konnte sich *P. antipodarum* sehr schnell über den europäischen Kontinent verbreiten und kommt heute in praktisch allen Regionen bis zum Ural vor. Ihre extreme Robustheit ist ein entscheidender Faktor, der die rasche Ausdehnung ihres Verbreitungsgebietes begünstigt. So kann die Zwergdeckelschnecke die Passage durch den Magen-Darm-Trakt eines Vogels überleben, der sie zufällig beim Gründeln verschluckt hat, da das Operculum (Deckel) einen sicheren Verschluss des Gehäuses gewährleistet. Außerdem schützt die äußere organische Schicht der Schale, das Periostracum, die darunter liegenden Kalkschichten vor sauren Verdauungssäften.

Für die rasche Verbreitung der Spezies wird vielfach auch die außergewöhnliche Art ihrer Fortpflanzung in Europa verantwortlich gemacht. In Neuseeland, ihrem Heimatgebiet, treten Populationen mit Männchen und Weibchen in annähernd ausgeglichenen Geschlechterverhältnissen auf. Sie pflanzen sich biparental fort und erzeugen Jungtiere. Daneben gibt es aber auch von

Weibchen dominierte, uniparentale Populationen, das heißt jedes Jungtier hat eine Mutter, aber keinen Vater. In diesen Populationen pflanzen sich die weiblichen Tiere durch Jungfernzeugung (Parthenogenese) fort. In Europa treten ausschließlich diese uniparentalen Populationen auf, so dass der Reproduktionserfolg, bezogen auf die Biomasse, maximiert und unter günstigen Umweltbedingungen ein explosionsartiges Wachstum möglich ist. Entsprechend kann ein zufällig in ein bisher unbesiedeltes Gewässer gelangtes Individuum dort innerhalb kurzer Zeit eine neue Population aufbauen.

Hinzu kommt, dass *Potamopyrgus* eine für ein Nichtwirbeltier extreme Form der Brutfürsorge aufweist. Im Gegensatz zu den meisten anderen Arten innerhalb der Unterklasse der Vorderkiemerschnecken werden keine Eier abgelegt, und die Gelege und Jungtiere werden nicht, mehr oder weniger schutzlos, Fressfeinden und ungünstigen Umweltbedingungen überlassen. Statt dessen verbleiben die sich entwickelnden Eier im mütterlichen Organismus und werden erst als relativ weit entwickelte „Miniaturausgaben" der Erwachsenen an das Außenmilieu abgegeben, wenn die Eihülle aufreißt. Diese Form der lebendgebärenden Fortpflanzung wird als Ovoviviparie bezeichnet. Die sich entwickelnden Embryonen lassen sich nach der Entfernung der Schale des erwachsenen Weibchens problemlos in einem speziellen Eileiterabschnitt, der zum Brutraum umgewandelten Kapseldrüse, erkennen und zählen (Abbildung 10-2). Jüngere Embryonen sind im posterioren Abschnitt, ältere anterior im Brutraum zu erkennen.

Dieser Fortpflanzungsmodus erlaubt eine relativ einfache, zuverlässige und schnelle Ermittlung der Fortpflanzungsleistung jedes einzelnen Weibchens sowie einer ganzen Population und ist ein aussagekräftiger Parameter für den Nachweis von Schadstoffwirkungen.

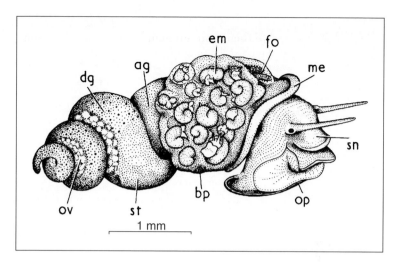

Abb. 10-2: *Potamopyrgus antipodarum.* Weibchen nach Entfernung der Schale von der rechten Körperseite (verändert nach FRETTER & GRAHAM 1994). Abkürzungen: ag, Eiweißdrüse; bp, Bruttasche; dg, Mitteldarmdrüse; em, Embryonen; fo, Vaginalkanal; me, Mantelrand; op, Operkel; ov, Ovar (Eierstock); sn, Schnauze; st, Magen.

10.2 Anwendungs-bereiche

Der Reproduktionstest mit *P. antipodarum* ist ein neu entwickelter Biotest, der sowohl für Wasser- als auch für Sedimentuntersuchungen eingesetzt werden kann. Er ist für Substanztestungen ebenso geeignet wie für Untersuchungen von realen Freilandproben wie zum Beispiel Abwasser oder Gewässersedimenten. Neben der Identifikation von allgemein reproduktionstoxischen Kontaminanten, die zumeist eine Abnahme der Embryonenproduktion hervorrufen, vermag *P. antipodarum* auch ein östrogenes Potential der untersuchten Matrix anzuzeigen, welches die Embryonenproduktion steigern kann. Aufgrund mehrerer durchgeführter Monitoring-Studien (DUFT et al. 2002, SCHULTE-OEHLMANN et al. 2000) erscheint ein routinemäßiger Einsatz als Standardtest möglich und sinnvoll. Eine entsprechende Verfahrensvorschrift ist in Vorbereitung.

10.3 Experiment: Wirkung von Nonylphenol auf die Fortpflanzungsleistung von *Potamopyrgus antipodarum*

10.3.1 Testprinzip

Das Testprinzip besteht darin, dass akute und chronische Toxizitäten des Xeno-Hormons Nonylphenol im Wasser auf die Zwergdeckelschnecke ermittelt werden. Wirkungskriterien sind die Sterblichkeit (Mortalität) sowie die Reproduktionsleistung, gemessen anhand der Anzahl der Embryonen im Brutraum. Untersucht wird die Sterblichkeit der Tiere und der Reproduktionserfolg nach 4 bzw. 8 Wochen Exposition in verschiedenen Konzentrationen der Testsubstanz.

Testsubstanz: Nonylphenol

$$HO-\underset{}{\bigcirc}-C_9H_{19}$$

Nonylphenol gehört zu den Alkylphenolen und zählt zu den Industriechemikalien, die in Wasch- und Reinigungsmitteln sowie in Farben und Lacken vorhanden sind. Es ist ein Ausgangsstoff für Nonylphenolethoxylate, die als Emulgatoren mit tensidischer Wirkung Verwendung finden.

Die Nonylphenolethoxylate sind aufgrund ihrer polaren Eigenschaften gut in Wasser löslich und werden in der Umwelt wieder zu Nonylphenolen abgebaut. Nonylphenol ist sehr persistent und toxischer als die Ausgangsubstanz selbst. Trotz hoher Lipophilität ist nur eine geringe Bioakkumulation in Fischen nachweisbar. Die akute und chronische Toxizität von Nonylphenol gegenüber Algen, Zooplankton, Invertebraten und Fischen ist sehr hoch. Es besitzt eine östrogene Aktivität, die bei Fischen und Säugern nachgewiesen wurde. In verschiedenen Flüssen wurde unterhalb von Abwassereinleitungen bei männlichen und juvenilen Fischen eine Induktion von Vitellogenin, einer Vorläufersubstanz des Dotterproteins gemessen. Da die Produktion von Vitellogenin normalerweise nur bei weiblichen Organismen induziert wird, ist hier eine eindeutige Störung der hormonellen Regulation zu erkennen. Diese Kenntnis hat dazu geführt, dass die Vitellogenin-Synthese als Biomarker zum Nachweis von Umweltchemikalien mit östrogener Wirkung herangezogen wird.

Aufgrund der nachgewiesenen Toxizität von Nonylphenol wurde in den letzten Jahren der Einsatz von Alkylphenolethoxylaten in nichtionischen Tensiden stark reduziert, um die Bildung gewässerrelevanter Abbauprodukte, u.a. Nonylphenol, zu minimieren.

10.3.2 Versuchsanleitung

Benötigte Materialien:

- 360 geschlechtsreife Schnecken,
- Futter (TetraPhyll),
- Stammlösung: 100 µg Nonylphenol/l,
- Ethanol (rein),
- Magnesiumchlorid-Lösung (2 % in demineralisiertem Wasser),
- 6 × 1 l-Erlenmeyerkolben,
- Glaspasteurpipetten,
- Aquarienschläuche,
- Belüftungshähnchen,
- Watte,
- Kleinkompressor,
- Stift zum Beschriften,
- 6 kleine Braunglasflaschen,
- Glaspipetten und Peleusball,
- Eppendorfpipette und -spitzen,
- Leitfähigkeitsmessgerät,
- Versuchsprotokoll-Vordrucke,
- Stereomikroskop mit Messokular,
- Präparierbesteck,
- kleiner Pinsel,
- Zählapparat,
- Wachsschale.

Stammkultur

Für die Experimente wird eine Laborzucht von *P. antipodarum* benötigt, die relativ einfach aufgebaut werden kann. Die Zwergdeckelschnecken können an geeigneten Stellen im Freiland, wie beispielsweise langsam fließenden kleinen Bächen oder stehenden Gewässern, gesammelt und anschließend in kleine Aquarien (10 bis 20 l Volumen) in einem klimatisierten Versuchsraum bei 15 °C gehältert werden. Anstelle von Leitungswasser sollte ein an natürliches Wasser angepasstes Medium verwendet werden, welches aus demineralisiertem Wasser besteht und mit „mineral salt" (Fa. Sera) versetzt wird, bis sich eine Leitfähigkeit von 850 bis 1000 µS/cm ergibt. Zudem wird die Carbonathärte durch Zugabe von $NaHCO_3$ und $CaCO_3$ entsprechend der natürlichen Wasserqualität angepasst. Zweimal wöchentlich ist eine

Fütterung der Tiere durchzuführen, wobei gut zerkleinertes, in Wasser angerührtes Fischfutter verwendet wird (ca. 5 g Tetra-Phyll/Aquarium).

Exposition

Für die Testsubstanz Nonylphenol wird eine Stammlösung mit einer Konzentration von 100 µg/l hergestellt. Anschließend wird eine Verdünnungsreihe hergestellt, so dass sich folgende nominale Konzentrationen ergeben:

- Kontrolle (ohne Nonylphenol-Zusatz)
- 1 µg Nonylphenol/l
- 5 µg Nonylphenol/l
- 10 µg Nonylphenol/l
- 100 µg Nonylphenol/l

Das Lösungsmittelvolumen sollte in jedem Ansatz identisch sein. Je nach der verfügbaren Kapazität können auch zusätzliche Konzentrationen innerhalb des angegebenen Intervalls berücksichtigt werden.

Zur Exposition wird in jeden Kolben 1 Liter der zu testenden Lösung gegeben. Zusätzlich wird eine Kontrolle mit Medium sowie eine Lösemittelkontrolle, das heißt Wasser mit einer den Testansätzen entsprechenden Menge des Lösemittels Ethanol, angesetzt.

Aus dem Zuchtstamm von *P. antipodarum* werden für jeden Ansatz 60 adulte, etwa gleichgroße Tiere ausgewählt und jeweils in die vorbereiteten Testgefäße gegeben. Die Testgefäße werden anschließend mit einem Wattebausch leicht abgedichtet, um ein eventuelles Abwandern der Schnecken zu verhindern. Zusätzlich werden 20 Tiere in 2 % $MgCl_2$-Lösung, das in demineralisiertem Wasser gelöst ist, für etwa zwei Stunden narkotisiert und danach stereomikroskopisch untersucht (vgl. Testauswertung), um den Ausgangszustand der Versuchstiere zu dokumentieren.

Jeder Ansatz wird mittels einer Glas-Pasteurpipette belüftet, die über einen Aquari-

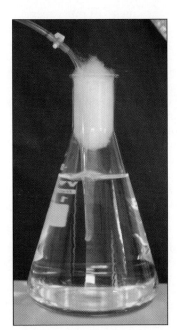

Abb. 10-3: Aufbau eines Testsystems im Erlenmeyerkolben mit Belüftung (links) und Größenvergleich von *Potamopyrgus antipodarum* in einem Gefäß mit einem Durchmesser von 5 cm (rechts) (Fotos: Ziebart, IHI Zittau).

umschlauch und Belüftungshähnchen an einen Kleinkompressor angeschlossen ist (Abbildung 10-3). Die Expositionsversuche werden im statischen System in 1 l-Erlenmeyerkolben bei 15 °C und einem Hell-Dunkel-Rhythmus von 16:8 h in einem klimatisierten Versuchsraum durchgeführt.

Testbetreuung

Mindestens zweimal wöchentlich muss das Wasser in den Aquarien zu jeweils 50 % durch frisches, jedoch mit der korrekt eingestellten Konzentration versehenes Wasser ersetzt werden. Zudem ist zweimal wöchentlich, jeweils nach dem Wasserwechsel, eine Fütterung der Tiere durchzuführen, wobei gut zerkleinertes, in Wasser angerührtes Fischfutter (TetraPhyll) verwendet wird. Es ist darauf zu achten, dass Futterreste und Ausscheidungen der Tiere beim Wasserwechsel gründlich entfernt werden, um eine Verpilzung zu vermeiden.

Testende

Die Testauswertung erfolgt nach 4 Wochen, wobei nach Möglichkeit auch nach 8 Wochen zusätzlich eine Untersuchung vorgenommen werden sollte. Dazu wird für jeden Ansatz die Zahl überlebender Tiere sowie gegebenenfalls die Zahl der geborenen Jungtiere ermittelt. Für die Bestimmung der Mortalität sind offensichtlich tote Schnecken aus den Ansätzen zu entfernen, und ihre Zahl ist zu protokollieren. Dabei werden alle Exemplare, von denen nur noch leere Schalen gefunden werden und solche, die auf Berührungsreize keine Aktivität mehr aufweisen, als tot gewertet.

Um den Reproduktionserfolg zu ermitteln, werden jeweils 20 Tiere pro Testgefäß entnommen und für die Dauer von 120 Minuten in einer 2 %-igen $MgCl_2$-Lösung, die mit demineralisiertem Wasser hergestellt wurde, relaxiert, bis sie sich auf Berührungsreize nicht mehr in die Schale zurück-

ziehen. Da die anschließende morphometrische Auswertung eine gewisse Routine voraussetzt, sollten zu Anfang nicht mehr als 10 Tiere gleichzeitig betäubt und damit abgetötet werden.

Schalen- und Mündungshöhen werden unter dem Stereomikroskop per Messokular auf 0,05 mm genau bestimmt und anschließend die Schale mit einem kleinen Schraubstock vorsichtig aufgebrochen. Die Schalenbruchstücke können dann unter dem Stereomikroskop mit einem feinen Pinsel vom Weichkörper entfernt und alle wichtigen Parameter des Geschlechtstraktes untersucht werden. Die Embryonen sind aufgrund des durchscheinenden Epithels des Brutsackes gut sichtbar und mit Hilfe des Stereomikroskops einfach zu identifizieren. Um beim Auszählen zu gewährleisten, dass kein Embryo übersehen wird, wird die Bruthöhle eröffnet und ausgeräumt.

Für jedes Weibchen wird nun die Zahl der in der Bruttasche gefundenen Embryonen bestimmt, wobei zwischen neugebildeten Embryonen ohne Schale und reiferen Embryonen, die bereits über eine Schale verfügen, unterschieden wird. Für jede der Versuchsgruppen wird der Mittelwert sowie die Standardabweichung der Embryonenzahl und die Zahl der untersuchten Weibchen festgehalten.

Der gesamte Versuchsablauf ist schematisch in der Abbildung 10-4 dargestellt.

10.3.3 Versuchsauswertung

Die gemessenen Einzelwerte der Embryonenzahl für jedes Individuum werden für die einzelnen Expositionsgruppen als Mittelwerte mit Standardabweichungen berechnet. Wenn eine NOEC bestimmt werden soll, so eignen sich der Dunnett- oder Williams-Test, wenn die Voraussetzungen wie Varianzhomogenität und Normalver-

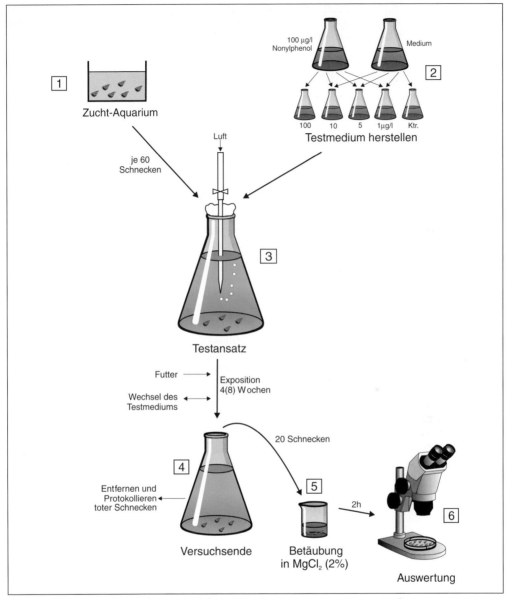

Abb. 10-4: Ablaufschema des Reproduktionstests mit *Potamopyrgus antipodarum*.
(1) Anzucht der Organismen. Vor Versuchsbeginn: Dokumentation des Ausgangszustandes an 20 Schnecken (wie bei der Auswertung),
(2) Testmedien herstellen: Je 1 Liter mit Nonylphenol,
(3) Testansatz: Nach Einsetzen der Tiere Belüftung regeln und mit Watte verschließen, Exposition über 4 bzw. 8 Wochen mit Fütterung und Wechsel des Testmediums,
(4) Versuchsende: Entfernen und Protokollieren toter Tiere,
(5) 20 Schnecken 2 Stunden lang in 2 %-igem $MgCl_2$ narkotisieren,
(6) Morphometrische Auswertung, Zählen der Embryonen.

teilung gegeben sind. Anderenfalls wird ein multipler U-Test mit Bonferroni-Holm Anpassung empfohlen. Wenn EC-Werte, wie zum Beispiel eine EC_{50}, bestimmt werden soll, ist zu prüfen, inwieweit eine sigmoidale Normalverteilung oder eine der logistischen Funktionen mit Hilfe einer geeigneten Regressionsmethode angepasst werden kann. Wenn die Mortalität ausgewertet werden soll, so ist eine Probit-, Logit- oder Weibull-Funktion anzupassen und daraus eine LC_{50} zu bestimmen.

Die Ergebnisse werden in einem Protokoll tabellarisch und graphisch dokumentiert.

10.3.4 Fragen als Diskussionsgrundlage

- Was kann es bedeuten, wenn eine invertiert U-förmige Konzentrations-Wirkungsbeziehung aus den Versuchen resultiert – welche Mechanismen können dafür verantwortlich sein?
- Sind die getesteten Konzentrationen der Umwelthormone umweltrelevant?
- Bei den Versuchen könnte/sollte eine Positivkontrolle mit angesetzt werden. Welche Substanz wäre geeignet, wozu dient eine Positivkontrolle?

- Der Test kann auch als Sedimenttest eingesetzt werden. Ermöglicht er auch ein Screening von endokrinen Substanzen?

10.3.5 Literatur

DUFT, M., TILLMANN, M., SCHULTE-OEHLMANN, U., MARKERT, B., OEHLMANN, J. (2002): Entwicklung eines Sediment-Biotests mit der Zwergdeckelschnecke *Potamopyrgus antipodarum*. – USWF-Z. Umweltchem. Ökotox. 14, 12–17.

FRETTER, V., GRAHAM, A. (1994): British prosobranch molluscs. Their functional anatomy and ecology. – Überarb. und aktual. Aufl., Ray Society, London.

SCHULTE-OEHLMANN, U., DUFT, M., TILLMANN, M., OEHLMANN, J. (2000): Biologisches Effektmonitoring an Sedimenten der Elbe mit *Potamopyrgus antipodarum* und *Hinia (Nassarius) reticulatus* (Gastropoda: Prosobranchia). – Forschungsbericht für die ARGE Elbe, Auftrags-Nr. W25/00 (verfügbar im Internet unter http://www.arge-elbe.de/wge/Download/Berichte/01BiolEffekt.pdf).

11 Life cycle-Sedimenttoxizitätstest mit *Chironomus riparius*

11.1 Charakterisierung des Testorganismus

Die Familie Chironomidae stellt in Mitteleuropa mit über 1000 Arten eine außerordentlich artenreiche Gruppe dar. *Chironomus riparius* (Abbildung 11-1) gehört systematisch zum Stamm der Gliederfüßer (Arthropoda), wird der Ordnung der Zweiflügler (Diptera) zugeordnet und ge-hört zur Familie der Zuckmücken (Chironomidae).

Die Adulttiere, auch Imagines genannt, leben höchstens einige Tage bis Wochen. Während dieser Zeit bilden vorwiegend die männlichen Tiere Schwärme, in die die Weibchen hineinfliegen. Das befruchtete Weibchen legt anschließend an Blattstängeln oder Steinen gallertige Eigelege ab. Aus den Eiern schlüpfen nach wenigen

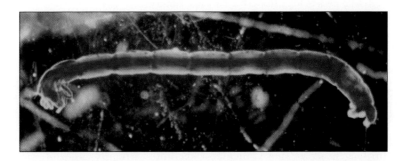

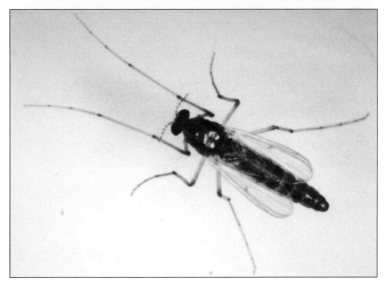

Abb. 11-1: Zuckmücke *Chironomus riparius*: Larve (oben, Foto: Guerin, www.envdiag.ceh.ac.uk), adultes Tier (unten, Foto: Tillmann, IHI Zittau).

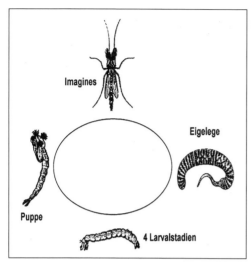

Abb. 11-2: *Chironomus riparius* (Larven). Schematische Darstellung des etwa 28 Tage umfassenden Lebenszyklus.

Tagen Larven (Abbildung 11-1), die sich über 4 Stadien zur Puppe entwickeln. Als Nahrung dienen Detritus sowie Algen. Aus diesen Puppen schlüpfen nach weiteren ein bis zwei Tagen die flugfähigen Imagines.

Im Gegensatz zu den Culicidae (Stechmücken) besitzen Chironomiden keine Organe, die ein Blutsaugen ermöglichen würden. Da die adulten Tiere keine Nahrung mehr aufnehmen können, müssen sie von den während der Larvalentwicklung angelegten Depots leben. Die Larvalentwicklung der Chironomiden im Sediment von Still- und Fließgewässern macht während ihres insgesamt etwa 28 Tage dauernden Generationszyklus (Abbildung 11-2) einen großen Teil der Gesamtentwicklung aus (15–20 Tage).

11.2 Anwendungsbereiche

Die Standardtests in der aquatischen Ökotoxikologie arbeiten vorwiegend mit pelagischen Organismen wie Daphnien, Fischen oder planktischen Algen, die einer gelösten Testsubstanz über die Wasserphase ausgesetzt werden. Hydrophobe Wirkstoffe, die stark an Schwebstoffe und Sedimentpartikel adsorbieren und sich daher vorwiegend im Sediment anreichern, stellen jedoch möglicherweise ein höheres Risiko für sedimentbewohnende Arten dar. Benthische Organismen können auch über andere Wege, vorrangig über den direkten Kontakt mit dem Intersitialwasser oder Partikeln mit adsorbierten Wirkstoffen sowie deren orale Aufnahme, exponiert sein.

Aufgrund der Larvalentwicklung sind die Chironomiden einem Sediment über eine relativ lange Zeitspanne direkt ausgesetzt und nehmen zusätzlich Sedimentpartikel auf. Sie erscheinen daher sehr geeignet, um die Qualität von Sedimenten im Labortest mit einzelnen Chemikalien sowie von realen Umweltproben zu ermitteln. Über verschiedene Endpunkte können chronische und akute Schadwirkungen unterschieden werden.

11.3 Experiment: Wirkung von Tributylzinnchlorid auf den Lebenszyklus

11.3.1 Testprinzip

Die verschiedenen, aufeinander folgenden Stadien im Lebenszyklus von C. *riparius* (siehe Abbildung 11-2) können durch die Wirkung von Schadstoffen beeinträchtigt werden. So kann der Schlupf, der Schlupfverlauf und die Reproduktionsleistung sowie der Schlupf der nachfolgenden Generation negativ beeinflusst, das Geschlechterverhältnis verändert, die Fekundität modifiziert und die Eizahl erniedrigt werden. Das Testprinzip besteht darin, die Höhe der Beeinflussung der unterschiedlichen Testparameter durch einen Schadstoff im Vergleich zu unbelasteten Kontrollorganismen quantitativ zu erfassen.

Testsubstanz: Tributylzinn (TBT)

$$C_4H_9$$
$$H_9C_4 - Sn - C_4H_9$$
$$OH$$

Tributylzinn ist eine organische Zinnverbindung und wird als Biozid bei Unterwasser-Schiffsanstrichen eingesetzt. Diese Anstriche verhindern den Bewuchs der Schiffe durch Muscheln, Seepocken und Algen. In geringen Mengen wird das TBT beständig aus den Farben gelöst, bildet einen giftigen Schutzmantel um das Schiff und gelangt so in das Umgebungswasser.

Die Wirkungsweise besteht darin, dass die Lebewesen beim Kontakt mit dem giftigen Farbanstich absterben. Neben dieser beabsichtigten Wirkung von TBT treten gleichermaßen zahlreiche ungewollte Nebeneffekte auf. TBT ist ein Zellgift, das in den Hormon-

---

haushalt von Organismen eingreift. Die Folge kann im Extremfall eine Unfruchtbarkeit als Folge der Blockierung der Östrogen- und Erhöhung der Testosteronproduktion sein. Auch beim Menschen kann eine TBT-Kontamination zu einer Abschwächung der Abwehrkräfte und Beeinträchtigung des Hormonsystems führen.

In den meisten europäischen Ländern waren TBT-Anstriche für Boote unter 25 m bereits verboten, seit Januar 2003 gibt es ein generelles Verbot solcher Farben, und ab Januar 2008 dürfen TBT-haltige Anstriche an Schiffen nicht mehr nachweisbar sein.

Aufgrund der hohen Toxizität sollte sehr vorsichtig mit TBT umgegangen werden und beim Experimentieren müssen Schutzhandschuhe getragen werden.

11.3.2 Versuchsanleitung

Benötigte Materialien:

- Chironomiden-Larven,
- TBT,
- Futter: TetraMin,
- Künstliches Sediment nach OECD (2001),
- Kulturmedium,
- Klimatisierter Raum (20 °C),
- Kompressor,
- Fein- oder Analysenwaage (Ablesegenauigkeit von 1 mg),
- Binokular,
- Exhauster zur Entnahme der Tiere,
- 600 ml-Bechergläser,
- 250 ml-Erlenmeyerkolben,
- Belüftungsschläuche,
- Belüftungshähne zur Regulation der Luftmenge,
- Pasteurpipetten,
- Gaze und Gummibänder zur Abdeckung der Testgefäße,
- Geräte oder Schnelltests zur Bestimmung von: Gesamt- und Carbonathärte, Ammoniumgehalt, Leitfähigkeit, Sauerstoffgehalt und pH-Wert,
- Abfallbehälter für TBT-belastetes Probengut.

Testorganismen

Einzelne Gelege zum Aufbau einer Tierzucht können über Forschungseinrichtungen, die mit diesem Organismus arbeiten, oder über das Umweltbundesamt erhalten werden. Der Test wird mit Larven des 1. Larvenstadiums von *C. riparius* durchgeführt.

Sediment

Für diesen Test wird künstliches Sediment in Anlehnung an die OECD-Richtlinie 218 (OECD 2001) verwendet (Tabelle 11-1).

Die angegebene Menge an Torf wird in demineralisiertem Wasser suspendiert, homogenisiert und durch die Zugabe von $CaCO_3$ auf einen pH-Wert von 5,5 ± 0,5 eingestellt. Diese Suspension wird bei 20 ± 2 °C für zwei Tage sanft gerührt, um den pH-Wert zu stabilisieren und eine Etablierung der mikrobiellen Flora zu ermöglichen. Nach dieser Zeit wird der pH-Wert erneut bestimmt und sollte bei 6,0 ± 0,5 liegen. Nun werden die übrigen Komponenten Sand und Kaolin sowie demineralisiertes Wasser zur Torf-Wasser-Suspension hinzu gegeben und alles wird zu einem homogenen Sediment vermischt. Die fertige Mischung soll feucht sein, aber nicht so nass, dass bei Druck Wasser an die Oberfläche tritt. Der pH-Wert der fertigen Mischung muss in einem Bereich zwischen 6,5 und 7,5 liegen. Vor dem definitiven Einsatz des Sediments sollte dieses für etwa sieben Tage unter fließendem Wasser und unter Testbedingungen konditioniert werden.

Kulturmedium

Im Prinzip kann für das Kulturmedium jedes natürliche und synthetische Wasser verwendet werden. Abweichend zu den in der OECD -Richtlinie (OECD 2001) angegebenen Medien „M4" oder „M7" soll hier eine weitere Möglichkeit für ein Medium vorgestellt werden, deren Herstellung weniger material- und zeitaufwändig ist. Für Zucht und Versuchsansätze wurde ein Medium entwickelt, das sich aus 50 ml $NaHCO_3$, 3 g Mineralsalz (Fa. Sera) und 6 g $CaCO_3$ pro 10 l Aqua dest. zusammensetzt.

Futter

Um eine ausreichende Vitaminversorgung zu gewährleisten, wird über das Futter das handelsübliche Präparat Fischtamin der

Komponente	Charakterisierung	% am Trockengewicht des Sediments
Torf	*Sphagnum*-Moos Torf, pH 5,5–6,0 luftgetrocknet und fein gemahlen (< 1 mm)	5
Quarzsand	Korngröße: > 50 % der Partikel sollten Größen zwischen 50 und 200 µm aufweisen	75
Kaolin	Kaolinit – Anteil > 30 %	20
Organischer Kohlenstoff	Eingestellt durch die Zugabe von Torf und Sand	2 (0,5)
Calciumcarbonat	$CaCO_3$, pulverisiert, chemisch rein	0,05–0,1
Wasser	Leitfähigkeit < 10 µS/cm	30–50

Tab. 11-1: Zusammensetzung des künstlichen Sediments (OECD 2001).

Firma Sera zugesetzt. Die Fütterung selbst erfolgt mit zerkleinertem und in Wasser suspendiertem Fischfutter (ebenfalls Fa. Sera). Jüngere Larven werden täglich oder aber dreimal pro Woche mit 0,25–0,5 mg Fischfutter pro Larve und Tag gefüttert. Ältere Larven benötigen mehr Nahrung. Hier kann die tägliche Ration pro Larve und Tag bei 0,5-1 mg Futter liegen.

Applikation der Testsubstanz

Vor dem Überschichten des Sediments mit Kulturmedium und dem Einsetzen der Tiere wird die Testsubstanz TBT appliziert, indem das artifizielle Sediment direkt gespikt wird. Es werden die folgenden Konzentrationen mit je sechs Replikaten vorbereitet:

- Kontrolle (ohne TBT-Zusatz)
- 50 µg TBT-Sn/ kg Sediment
- 125 µg TBT-Sn/ kg Sediment
- 500 µg TBT-Sn/ kg Sediment

Belastung von Sediment mit einem Schadstoff

Im Unterschied zur Applikation von Schadstoffen in ein flüssiges Medium gestaltet sich eine genaue Schadstoffzugabe in ein Festmedium schwieriger. Die Zugabe von Schadstoffen in ein Sediment nennt man Dotierung oder Spiken. Dabei wird eine definierte Menge, beispielsweise an TBT, mit einer definierten Menge an Sediment vermischt, wobei man immer eine relativ homogene Verteilung des Schadstoffes erreichen sollte.

Tributylzinn (TBT) ist zum Beispiel als Chlorid käuflich zu erwerben. Nominale Konzentrationen beziehen sich jedoch zumeist auf TBT als Zinn (TBT-Sn), daher ist es erforderlich, den Umrechnungsfaktor von TBT-Cl zu TBT-Sn zu ermitteln:

Tributylzinnchlorid ($C_{12}H_{27}ClSn$):
M = 325,49 g/mol = 100 %
Zinn (Sn): M = 118,69 g/mol = x %
x = 36,5 %
Umrechnungsfaktor von TBT-Sn zu TBT-Chlorid: 2,742

Präparation der Testgefäße

In 600 ml-Bechergläser wird Sediment bis zu einer Höhe von 1 cm gefüllt. Anschließend wird sehr langsam Testmedium in die Gefäße gefüllt, bis ein Verhältnis von Sediment zu Medium von eins zu vier erreicht ist. Da hierbei die Gefahr einer Verwirbelung der Sedimentbestandteile besteht, muss dieser Schritt sehr vorsichtig erfolgen. Die Gefäße sollten ca. 7 Tage vor dem eigentlichen Testbeginn gefüllt werden. Das überschichtete Wasser wird belüftet (ca. 1 Blase/sek.), indem eine Pasteurpipette mit Luftschlauch 1-2 cm über dem Sediment angebracht wird. Schließlich wird jedes Becherglas mit einem Stück Gaze abgedeckt (Abbildung 11-3).

Einsetzen der Testorganismen

Vier bis fünf Tage vor der eigentlichen Applikation werden frische Eigelege aus der Zucht entnommen und separat in der Klimakammer im Kulturmedium, dem so genannten Hälterungswasser gehalten. Nach etwa 2–3 Tagen beginnen die Larven zu schlüpfen. 20 Larven des ersten Stadiums werden mit einer Pasteurpipette aufgesogen und in die Bechergläser gesetzt. Während des Einsetzens und der folgenden 24 Stunden wird die Belüftung gestoppt.

Testdurchführung

Die Tests werden bei konstanten Raumtemperaturen (20 ± 2 °C) in einer Klimakammer und einer Licht-/Dunkelphase von 16:8 h durchgeführt.

Es muss täglich gefüttert werden. Dazu wird 1 mg TetraMin pro Tag und Larve verwendet, also 20 mg pro Becherglas und Tag für junge Larven. Ältere Larven können etwas mehr Futter erhalten. Das TetraMin wird mit demineralisiertem Wasser im Ultraturrax zerkleinert und anschließend in die mit Gaze überspannten Bechergläser gegeben. Die Fütterung beginnt am ersten

Abb. 11-3: *Chironomus riparius.* Versuchsansatz in einer Klimakammer bei konstanten Raumtemperaturen (links) und einzelnes Testgefäß mit Belüftung für den Sedimenttoxizitätstest (rechts, Fotos: Ziebart, IHI Zittau).

Tag nach dem Einsetzen der Larven in die Testgefäße.

In täglichen Intervallen wird der Schlupf der Tiere festgehalten. Nachdem die Imagines geschlüpft sind, wird deren Geschlecht bestimmt. Männchen sind im Gegensatz zu den Weibchen am schmaleren Körperbau sowie an den dicht gefiederten Antennen zu erkennen. Sie werden aus dem Becherglas entnommen und in Erlenmeyerkolben umgesetzt. In allen Kolben befindet sich etwas Wasser, um die Eiablage zu ermöglichen. Werden Eigelege abgegeben, so werden diese entnommen und die Eizahl pro Gelege unter einem Stereomikroskop bestimmt.

Die Sauerstoffkonzentration, die Leitfähigkeit und der pH-Wert sollen wöchentlich ermittelt und im Protokoll notiert werden.

Alle besprochenen Arbeitsschritte sind in der Abbildung 11-4 zusammenfassend dargestellt.

11.3.3 Versuchsauswertung

Folgende Testparameter werden untersucht und protokolliert (Abbildung 11-5):
- Schlupf bzw. Emergenz
- mittlere Entwicklungsrate
- Geschlechterverhältnis
- Sterilität, Fekundität
- Eizahl pro Gelege

Die Daten werden durch folgende Berechnungen statistisch ausgewertet:

1) Schlupfrate

$$ER = \frac{n_e}{n_a}$$

wobei: ER = Schlupfrate

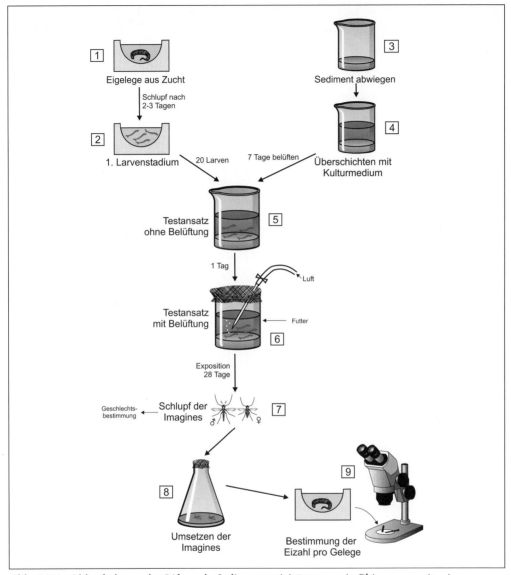

Abb. 11-4: Ablaufschema des Life cycle-Sedimenttoxizitätstests mit *Chironomus riparius*.
1) Eigelege aus der Zucht vereinzeln,
2) 20 Larven des 1. Larvenstadiums pro Replikat mittels Exhauster in die Testgefäße überführen,
3) Abwiegen von 100 g (gespiktem) Sediment,
4) Überschichten des Sedimentes mit 4-facher Menge an Testmedium, 7 Tage zur Gleichtsgewichts-einstellung belüften,
5) Testansatz 24 h ohne Belüftung ruhen lassen,
6) Exposition mit Belüftung und Fütterung über 28 Tage,
7) Nach Schlupf der Imagines: Entnahme und Geschlechtsbestimmung,
8) Umsetzen der Imagines in Erlenmeyerkolben mit etwas Wasser,
9) Abgelegte Eigelege entnehmen und Eizahl pro Gelege bestimmen.

n_a = Anzahl der eingesetzten Larven

n_e = Anzahl der geschlüpften Larven

2) Transformierte Schlupfrate

Wenn eine NOEC beispielsweise mit dem Dunnett- oder Williams-Test bestimmt werden soll, kann man die Schlupfraten einer Arcussinus-Wurzel-Transformation unterziehen, um zu erreichen, dass die Daten eine annähernde normale Verteilung und Varianzhomogenität aufweisen.

$$ER_{arc} = \arcsin(\sqrt{ER})$$

oder:

$$ER_{arc} = \arctan\left(\frac{\sqrt{ER}}{\sqrt{1-ER}}\right)$$

3) Mittlere Entwicklungsrate

Während die Schlupfrate in engem Zusammenhang mit der Überlebensrate der Chironomiden steht, ist die Entwicklungsrate ein Parameter des Entwicklungstempos. Die Dauer der Entwicklung erweist sich meist als nicht normalverteilt. Im Gegensatz dazu zeigt die Entwicklungsrate (= 1/Entwicklungsdauer) eine weit bessere Übereinstimmung mit der Normalverteilung. Die mittlere Entwicklungsrate bezieht sich auf den gesamten Testverlauf, und ihr Mittelwert berechnet sich folgendermaßen:

$$\bar{x} = \sum_{i=1}^{m} \frac{f_i * x_i}{n_e}$$

f = Anzahl der geschlüpften Mücken im Inspektionsintervall

i = Index des Inspektionsintervalls

l_i = Länge des Inspektionsintervalls (gewöhnlich ein Tag)

m = maximale Anzahl der Inspektionsintervalle (28 Tage)

n_e = Anzahl der geschlüpften Larven

x_i = Entwicklungsrate im Intervall i (siehe unten)

Entwicklungsrate im Intervall i

$$X_i = \frac{1}{\left[day_i - \dfrac{l_i}{2}\right]}$$

4) Hemmwerte

Alle berechneten Werte beziehen sich auf die jeweilige Kontrolle. Um verschiedene Ansätze mit unterschiedlichen Kontrollen direkt vergleichbar machen zu können, wird folgende Formel angewendet, die eine Berechnung der Hemmwerte gegenüber der Kontrolle in Prozent ermöglicht:

$$-(Wert_{ermittelt} / Wert_{Kontrolle} \times 100 - 100)$$

5) Mortalität (M)

Der Hemmwert der Schlupfrate, also der Anteil der Tiere, der nicht schlüpft, entspricht der Mortalität.

$$M = \frac{1}{ER}$$

Gültigkeit des Tests

Der Test ist gültig, wenn:

- die Mortalität in den Kontrollen 30 % am Ende des Tests nicht überschreitet,
- erste Imagines von *C. riparius* zwischen dem 12. und dem 23. Tag nach dem Einsetzen in die Testgefäße schlüpfen,
- der Sauerstoffgehalt mindestens 60 % des Sättigungswertes der gegebenen Temperatur beträgt,
- der pH-Wert in allen Testgefäßen zwischen 6 und 9 liegt und
- die Wassertemperatur zwischen den Testgefäßen um nicht mehr als ± 1 °C differiert.

Datum:

Uhrzeit:

Art der Probenahme:

Probenkennzeichnung:

Probenkonservierung:

Testsubstanz:

Testkonzentrationen (bezogen auf das Freiwasser):

Zur Untersuchung weitergegeben an:

am:

Vorbereitung der Testgefäße:

Datum..........................Volumen (Wasser).........................Sedimenthöhe.......

Belüftung: ja / nein   Anzahl an Replikaten

Testorganismus in Kultur seit: ....Anzahl der eingesetzten Larven:......................

Larven eingesetzt am:...........................Futter: Menge pro Tag und Replikat:...............

Testsediment der Kontrollen:

Durcheinander im Regal stehend: ja / nein

Kennzeichnung:

Abb. 11-5: Musterprotokoll für eine Versuchsreihe mit einem belasteten Sediment im Sedimenttoxizitätstest mit *Chironomus riparius*.

11.3.4 Fragen als Diskussionsgrundlage

- Was bedeuten positive, was negative Hemmwerte der berechneten Entwicklungsrate für den Schlupfverlauf von *Chironomus riparius*?
- Welche Vor- bzw. Nachteile hat eine Fütterung für den Ausgang von Tests mit Freilandsedimenten (Nährstoffe, C-Quelle,....)?
- Welche Vor- bzw. Nachteile hat der Einsatz eines standardisierten Kunstsediments als Kontrolle, vor allem im Hinblick auf die Testung von Umweltproben?

11.3.5 Literatur

OECD (2001): Sediment – Water Chironomid Toxicity Test Using Spiked Sediment. – Draft Guideline for testing of chemicals No. 218.

12 Häutungstest mit *Calliphora erythrocephala* auf Steroidhormone

12.1 Charakterisierung der Testorganismen

Calliphora erythrocephala gehört, wie auch *Chironomus riparius* (vgl. Kapitel 11) innerhalb des Stamms der Arthropoden (Gliederfüßer) zur Ordnung Diptera (Zweiflügler), die mit über 12000 Arten eine der großen Insektenordnungen mit den beiden Unterordnungen der Brachycera (Fliegen) und Nematocera (Mücken) bildet. Die Imago von *C. erythrocephala* (Abbildung 12-1) zeigt mit der Umbildung der Hinterflügel zu Halteren (Schwingkölbchen), die der Lagekontrolle beim Flug dienen, ein typisches Dipterenmerkmal.

Calliphora-Arten sind weltweit verbreitet und, ähnlich wie viele andere Fliegen, potentielle Krankheitsüberträger. Die auch unter der Bezeichnung Schmeißfliegen oder blaue Fleischfliegen bekannten Organismen kommen häufig in Gebäuden vor, wenn attraktive Nahrungssubstrate wie Fleisch- oder Fischabfälle sie anlocken. Sie übertragen anhaftende Mikroorganismen auf derartige Lebensmittel. Diese zersetzen die Eiweiße, Kohlenhydrate und Fette und machen die Produkte dadurch ungenießbar.

Schmeißfliegen sind obligatorische Fleischbrüter. Die Weibchen setzen ihre Eigelege mit ca. 100 bis 150 Eiern auf diesem Substrat ab. Nach wenigen Stunden schlüpfen die Maden. Die Larven entwickeln sich in etwa 7 Tagen, verlassen das Substrat und verpuppen sich im Erdboden. Die Puppenruhe dauert etwa eine Woche. Danach schlüpfen die adulten Fliegen. Kurz darauf erfolgt die Begattung der Weibchen, die nach einer Reife von ca. 1 bis 2 Tagen wiederum ihre ersten Eier ablegen.

Der beschriebene Entwicklungszyklus macht deutlich, dass die Imago durch eine Metamorphose aus der Larve hervorgeht. In der Metamorphose werden spezielle larvale Organe durch andere ersetzt, die im

Abb. 12-1: Imago von *Calliphora erythrocephala* (Foto: http://entomology.unl.edu/images/blowflies/).

voll entwickelten Insekt benötigt werden. Bei Insekten verlaufen einzelne Metamorphoseschritte parallel zu einer zumeist festgelegten Anzahl von Häutungen. Dabei werden, je nachdem wie stark sich Larve und Imago unterscheiden, die drei Entwicklungstypen ametabol, hemimetabol und holometabol unterschieden.

C. erythrocephala durchläuft eine holometabole Entwicklung, das heißt die Larven (Maden) besitzen keinerlei Ähnlichkeit mit

der adulten Lebensform einer Fliege. Die als Metamorphose bezeichnete Umkonstruktion erfolgt in der Puppe, dem kaum beweglichen und nicht zur Nahrungsaufnahme befähigten Ruhestadium. Während der Embryonalentwicklung differenzieren sich zunächst nur die Anlagen des larvalen Körpers. Die Larve besitzt aber schon imaginale Organanlagen in Form von Imaginalscheiben, die erst im Rahmen der inneren Metamorphose differenziert werden. Die larvalen Organe zerfallen schließlich,

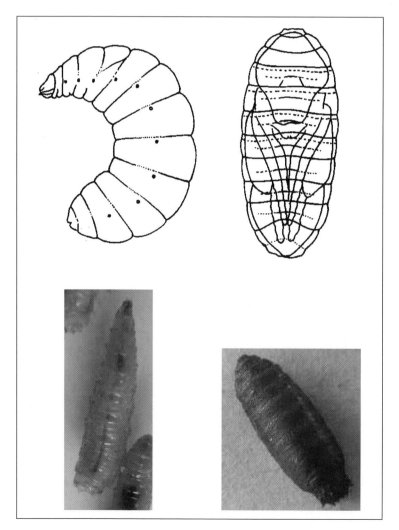

Abb. 12-2: Larven- und Puppentyp von *Calliphora erythrocephala*. Die Schmeißfliege besitzt eine apode Larve (links oben und unten) und eine Tönnchenpuppe (Pupa exarata, rechts oben und unten) (Zeichnungen verändert nach FIORONI 1992, Fotos: Pol, wwwusers.imaginet.fr).

während die Adultform aus den Imaginalscheiben auswächst. In Abhängigkeit von der Anzahl der larvalen Extremitäten lassen sich bei Insekten bestimmte Larven- und Puppentypen unterscheiden. *C. erythrocephala* besitzt eine extremitätenlose Larve und eine Tönnchenpuppe (Pupa exarata) (Abbildung 12-2).

Die Metamorphose der Fliegen wird durch als Hormone bezeichnete chemische Botenstoffe gesteuert. Bei den Insekten sind die an den Häutungen und der Metamorphose beteiligten wichtigsten Hormone das Ecdyson, ein Steroid, und das Juvenilhormon (JH), ein Isoprenderivat. Das JH wird von einem speziellen Bereich des hochkomplexen Nervensystems der Insekten, den Corpora allata und das Ecdyson von einer untergeordneten Drüse, der Prothorakal-

drüse, produziert. Wie vom Hormonsystem der Wirbeltiere bekannt, existiert auch bei der hormonellen Steuerung der Insekten eine Hierarchie der „Regelkreise" (Abb. 12-3). Die Art der Häutung wird durch die Konzentration des Juvenilhormons bestimmt. Ecdyson löst bei einer hohen Konzentration des Juvenilhormons eine larvale Häutung, bei niedriger Konzentration jedoch eine imaginale Häutung aus (Abbildung 12-4).

Ecdysteroide stellen sehr früh in der Evolution der Botenstoffe aufgetretene Signalmoleküle dar, die sich in zahlreichen Stämmen der Evertebraten nachweisen lassen. Ein Vergleich der Strukturformeln (Abbildung 12-5) und des Biosynthesewegs der Steroidhormone verdeutlicht, dass zwischen Ecdyson und den primären Geschlechts-

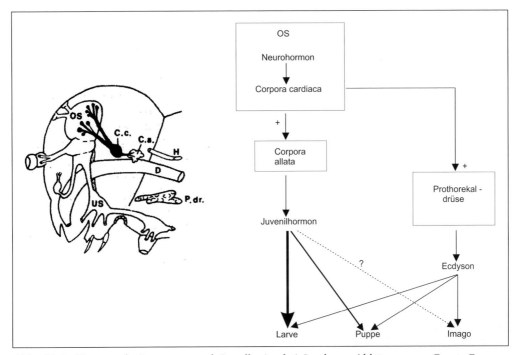

Abb. 12-3: Hormonale Steuerung und Regelkreise bei Insekten. Abkürzungen: C. a., Corpora allata; C. c., Corpora cardiaca; D, Darm (Pharynx); H, Herz; OS, Oberschlundganglion; P. dr., Prothorakaldrüsen; US, Unterschlundganglion (verändert nach KUHLMANN & STRAUB 1986).

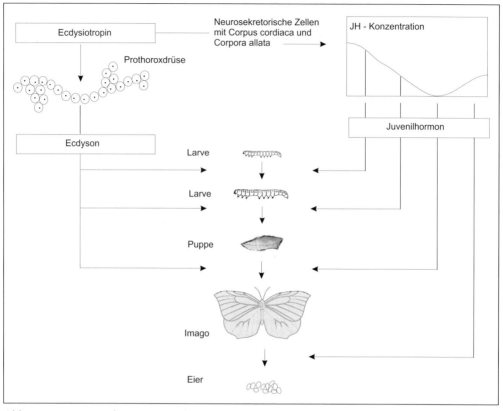

Abb. 12-4: Hormonale Steuerung der Insektenentwicklung am Beispiel eines Schmetterlings (aus WEHNER & GEHRING 1995).

hormonen der Wirbeltiere, Testosteron bzw. Östradiol, eine enge strukturelle Verwandtschaft besteht. Daher wird vermutet, dass Geschlechtshormone ebenfalls in der Lage sind, an den Ecdyson-Rezeptor zu binden und eine entsprechende Beeinträchtigung des Häutungsprozesses bis hin zur vollständigen Unterdrückung auszulösen.

12.2 Anwendungsbereiche

Seit einiger Zeit ist eine spezielle Gruppe reproduktionstoxischer Substanzen in den Mittelpunkt des wissenschaftlichen und öffentlichen Interesses getreten, die durch eine den Geschlechtshormonen ähnliche Wirkung gekennzeichnet ist. Zu diesen auch als endokrine Disruptoren oder Modulatoren bezeichneten Substanzen gehören natürliche Östrogene und Androgene (z. B. 17β-Östradiol, Testosteron), synthetische Östrogene und Androgene (z. B. 17β-Ethinylöstradiol, Methyltestosteron), Phyto- und Mykoöstrogene bzw. –androgene (z. B. Abbauprodukte von Phytosterolen) und Umweltchemikalien (z. B. PCB, Dioxine). Diese Substanzen wirken direkt oder indirekt auf das Hormonsystem von Mensch und Tier, wobei verschiedene pathologische Effekte mit den hormonell wirksamen Chemikalien in Beziehung

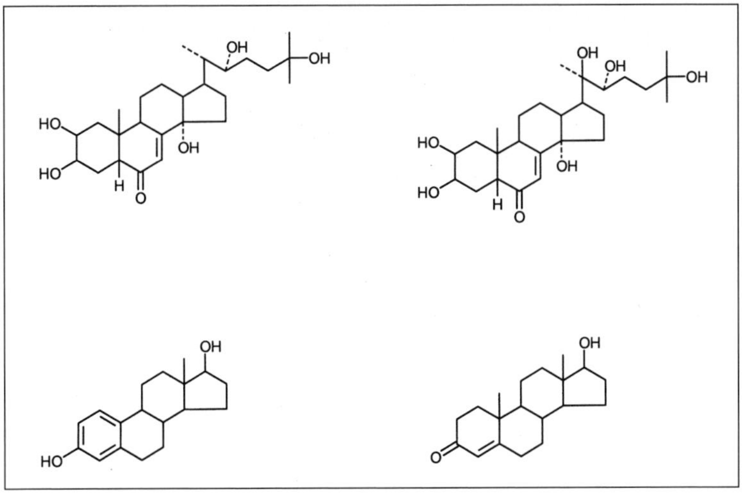

Abb. 12-5: Strukturformeln der Ecdysteroide α-Ecdyson (links oben) und β-Ecdyson (rechts oben) sowie der Steroide 17β-Östradiol (links unten) und Testosteron (rechts unten).

gebracht werden. Beispiele hierfür sind die Abnahme der Spermiendichte und des Ejakulatvolumens bei männlichen Individuen, Missbildungen der Geschlechtsorgane, Vermännlichungserscheinungen bei weiblichen Individuen und die Zunahme hormonabhängiger Krebserkrankungen (siehe Kapitel 3.3).

Da es sich um ein relativ neues Arbeitsgebiet in der Ökotoxikologie handelt, stehen derzeit kaum standardisierte Biotests zur Erfassung, Identifizierung und Quantifizierung von Substanzen mit endokriner Wirksamkeit zur Verfügung. Das im Folgenden geschilderte Experiment zeigt jedoch, wie unter Nutzung geeigneter Insektenarten die Wirkung solcher Verdachtssubstanzen nachgewiesen werden kann.

12.3 Experiment: Wirkung von Methyltestosteron und Ethinylöstradiol auf die Verpuppung von *Calliphora erythrocephala*

12.3.1 Testprinzip

Das Testprinzip besteht darin, Substanzen mit potentiellen endokrinen Wirkungen auf die hormonell gesteuerten Entwicklungsprozesse in der Metamorphose von *C. erythrocephala* zu untersuchen. Aufgrund ihrer strukturellen Ähnlichkeit mit dem Insekten-Steroid Ecdyson werden vor allem Substanzen mit androgenem und östrogenem Potential berücksichtigt. Es wird die Hypothese aufgestellt, dass Methyltestosteron und Ethinylöstradiol an den Ecdyson-Rezeptor binden und so Entwicklungsanomalien bei Insekten hervorrufen können.

133

Als Wirkungskriterium wird der Verpuppungserfolg herangezogen.

Testsubstanzen: Methyltestosteron und Ethinylöstradiol

Methyltestosteron (MT) und Ethinylöstradiol (EE2) sind hoch wirksame Derivate der natürlichen Sexualhormone Testosteron (T) und Östradiol (E2), die primär in der Pharmakologie verwendet werden. MT wird zur Therapie von Entwicklungsanomalien männlicher Neugeborener (z. B. Hodenhochstand) und aufgrund der starken anabolen Wirkung bei Krebspatienten eingesetzt, die häufig unter einem Auszehrungssyndrom leiden. EE2 ist die wirksame östrogene Komponente in der überwiegenden Zahl der heute verkauften oralen Kontrazeptiva („Anti-Babypille"). Die anabole Wirkung beider Substanzen, die beim EE2 jedoch deutlich schwächer ausgeprägt ist, birgt ein Missbrauchspotential in der Tiermast sowie im Leistungs- und Kraftsport. Nach Schätzungen verwenden etwa ein Drittel der männlichen US-Amerikaner im Alter über 45 Jahren regelmäßig MT oder andere anabol wirksame Androgene zur subjektiven Steigerung der Leistungsfähigkeit und des Wohlbefindens. Aufgrund der Exkretion von konjugierten EE2-Verbindungen durch Frauen, die orale Kontrazeptiva einnehmen, wird vor allem in Deutschland mit einem jährlichen Eintrag von etwa 50 kg dieses hoch wirksamen Östrogens in die Oberflächengewässer gerechnet. Bei Fischen führt EE2 bereits im Ultraspurenbereich von 0,1 ng/l zu negativen Auswirkungen auf die Fortpflanzung.

Durch die Alkylierung an der C_{17}-Position des Sterangerüstes der natürlichen Substanzen werden die beiden Wirkstoffe gewonnen, die von den körpereigenen Phase-I-Enzymen in der Leber des Menschen nicht mehr abgebaut werden können und daher auch nach einer oralen Aufnahme wirksam bleiben.

Synthetische Steroide stehen im begründeten Verdacht einer kanzerogenen Wirkung beim Menschen, so dass im Praktikum besondere Vorsicht beim Umgang mit den beiden Testsubstanzen geboten ist.

12.3.2 Versuchsanleitung

Benötigte Materialien:

- 500 Larven der Schmeißfliege,
- Fischfutter,
- Obst,
- Stammlösungen: 80, 40 und 20 µg Methyltestosteron bzw. Ethinylöstradiol/ml,
- Ethanol,
- demineralisiertes Wasser,
- Wärmeplatte,
- 32 Petrischalen,
- Stift zum Beschriften,
- Eppendorfpipette,
- Fließpapier,
- Abfallbehälter.

Testorganismen

Für die Versuche mit der Schmeißfliege werden Larven vor der Imaginalhäutung eingesetzt. Die Untersuchungsobjekte sind im Zoohandel als Anglerbedarf ganzjährig zu niedrigen Kosten verfügbar. Eine eigene Zucht ist auch möglich, jedoch mit großem Aufwand und erheblichen Geruchsbelästigungen verbunden.

Futter

Je nach Expositionspfad erfolgt bei Belastung über die Haut keine und bei Belastung über die Nahrung eine einmalige Fütterung mit einem Nahrungsbrei aus Fischfutter und Obst.

Testansätze und -durchführung

Es werden ethanolische Stammlösungen von Methyltestosteron und Ethinylöstradiol in den Konzentrationen 80 µg/ml, 40 µg/ml und 20 µg/ml hergestellt. Die Stammlösungen werden im Kühlschrank aufbewahrt.

Je 1 ml der Methyltestosteron- und Ethinylöstradiollösung wird mit 1 ml demineralisiertem Wasser verdünnt, so dass für beide Geschlechtshormone folgende Konzentrationen getestet werden:
• Kontrolle (ohne Hormon-Zusatz)
• 10 µg/ml
• 20 µg/ml
• 40 µg/ml

Für die Kontrolle wird 1 ml Ethanol mit 1 ml demineralisiertem Wasser verdünnt.

Die Versuchsreihen werden mit je zwei oder drei Parallelansätzen in zwei Varianten durchgeführt. In der ersten Variante werden Petrischalen aus Plastik mit Fließ-papierstreifen, die zuvor mit der alkoholischen Hormonlösung getränkt wurden, versehen. Die Exposition erfolgt hier über das Integument („Haut"). In jede Petrischale werden 30 Individuen eingesetzt (Abbildung 12-6). Die Schalen sind auf Deckel und Boden mit folgenden Angaben zu beschriften: Hormon, eingesetzte Konzentration und Datum.

In der zweiten Variante werden Petrischalen mit einem Nahrungsbrei, bestehend aus Fischfutter und Obst, der zuvor mit den alkoholischen Hormonlösungen versetzt wurde, ausgestrichen. Die Exposition erfolgt hier primär über die Nahrung. Je 1 ml der oben genannten Stammlösungen von Methyltestosteron- und Ethinylöstradiol werden mit 1 g püriertem Futter vermischt und auf den Boden der Schalen ausgebracht.

Getestet werden für beide Geschlechtshormone die gleichen Konzentrationen wie zuvor, also 40 µg/ml, 20 µg/ml, 10 µg/ml und Kontrolle. Bei stehender Nässe sollte

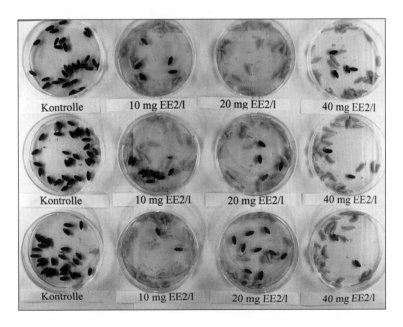

Abb. 12-6: Versuchs-aufbau des Häutungs-tests mit *Calliphora erythrocephala* in Petrischalen. Dargestellt ist der Verpuppungserfolg unter dem Einfluss von Ethinylöstradiol in den angegebenen Konzentrationen. Die Larven sind hell, die Puppen dunkel gefärbt (Foto: Schulte-Oehlmann, Universität Frankfurt am Main).

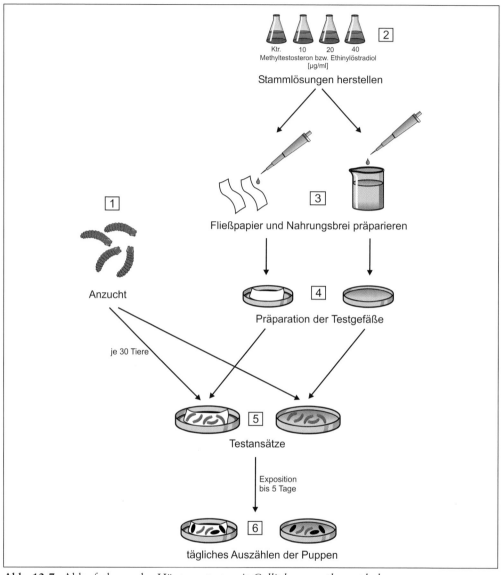

Abb. 12-7: Ablaufschema des Häutungstests mit *Calliphora erythrocephala*.
(1) Anzucht oder Kauf der Larven,
(2) Verdünnungsansätze für beide Testsubstanzen herstellen: Die ethanolische Lösung wird im Verhältnis 1:1 mit demineralisiertem Wasser bzw. Futter verdünnt,
(3) Fließpapier und Nahrungsbrei präparieren: Papier mit den Testsubstanzen tränken, Nahrungsbrei mit den Testsubstanzen versetzen,
(4) Präparation der Testgefäße mit Filterpapier oder Nahrungsbrei. Filterpapier in Petrischale einlegen, Nahrungsbrei in Petrischale ausstreichen. Für jede Verdünnungsstufe der Testsubstanzen und Kontrolle 2 Replikate,
(5) Testansatz: 30 Larven je Petrischale einsetzen,
(6) Auszählen der Puppen an den folgenden 5 Tagen.

der Alkohol auf einer Wärmeplatte bei ca. 25 °C abdampfen, bevor die Tiere eingesetzt werden. Auch hier werden in jede Petrischale 30 Individuen gegeben und die Schalen auf Deckel und Boden beschriftet.

Der Versuch verläuft über einen Zeitraum von 5 Tagen bis zur vollständigen Verpuppung aller Larven in der Lösemittelkontrolle, alternativ bis zum Schlupfbeginn der Imagines in der Kontrolle. Das Ablaufschema des Häutungstests mit *C. erythrocephala* ist in Abbildung 12-7 dargestellt.

12.3.3 Versuchsauswertung

Als ökotoxikologisch relevantes Wirkungskriterium wird der prozentuale Anteil an Verpuppungen in den beiden Versuchsansätzen zum Zeitpunkt der jeweiligen Inspektionen erfasst. Die Anzahl der Verpuppungen muss mindestens einmal täglich überprüft werden; wünschenswert wäre es, wenn die Intervalle in einem Abstand von 8 bis 12 Stunden, also drei- bis zweimal täglich, liegen würden. Es wird die Gesamtheit an Larven und Puppen gezählt. Zusätzlich ist die Zahl abgestorbener Larven in den Testansätzen zu protokollieren.

Da in diesem Falle zu wenig Konzentrationen für eine Konzentrations-Wirkungsfunktionsanpassung gegeben sind und es sich um ein quantales Merkmal handelt, kann ein multipler χ^2-Vierfeldertest mit Bonferroni-Holm Korrektur durchgeführt werden (siehe Kapitel 4), um eine Wirkungsschwelle zu ermitteln. In die Vierfeldertafel werden dabei die Zahl der verpuppten und nicht verpuppten Larven in Kontrolle und Behandlung aufgetragen und zwar jeweils für jede Behandlung.

Außerdem können folgende Auswertungen vorgenommen werden, die sich weitgehend am Sediment-Toxizitätstest mit *Chironomus riparius* (vgl. Kapitel 11) orientieren:

1) Verpuppungsrate (alternativ bei verlängerter Testdauer: Schlupfrate der Imagines):

$$VR = \frac{n_v}{n_a}$$

wobei: VR = Verpuppungsrate

n_a = Anzahl der eingesetzten Larven

n_v = Anzahl der verpuppten Larven

2) Transformierte Verpuppungsrate:

Wenn eine NOEC beispielsweise mit dem Dunnett- oder Williams-Test bestimmt werden soll, kann man die Verpuppungsraten einer Arcussinus-Wurzel-Transformation unterziehen, um zu erreichen, dass die Daten eine annähernde normale Verteilung und Varianzhomogenität aufweisen.

$$VR_{arc} = \arcsin(\sqrt{VR})$$

oder:

$$VR_{arc} = \arctan\left(\frac{\sqrt{VR}}{\sqrt{1\text{-}VR}}\right)$$

3) Mittlere Entwicklungsrate

Im Gegensatz zur Verpuppungsrate bezieht die Entwicklungsrate den Zeitraum bis zur Verpuppung mit ein. Sie repräsentiert somit den Anteil der Larvenentwicklungen, der täglich stattgefunden hat. Die mittlere Entwicklungsrate bezieht sich auf den gesamten Testverlauf.

$$\bar{x} = \sum_{i=1}^{m} \frac{f_i * x_i}{n_v}$$

wobei:

f = Anzahl der verpuppten Fliegen im Inspektionsintervall

i = Index des Inspektionsintervalls

l_i = Länge des Inspektionsintervalls (gewöhnlich ein Tag) m = maximale Anzahl der Inspektionsintervalle

n_v = Anzahl der verpuppten Larven

x_i = Entwicklungsrate im Intervall i (siehe unten)

Entwicklungsrate im Intervall i

$$x_i = \frac{1}{\left[day_i - \frac{I_i}{2} \right]}$$

12.3.4 Fragen als Diskussionsgrundlage

• Welchen Vorteil haben Stammzuchten gegenüber Tieren, die aus dem Zoohandel erworben werden, vor allem hinsichtlich Alter, Art oder Behandlung der Tiere bis zum Testbeginn?

• Zeigen die zwei verschiedenen Expositionspfade unterschiedliche Wirkungen auf die Verpuppung? Wenn ja, welche Erklärungen gibt es dafür?

• Welche anderen Substanzgruppen neben den hier berücksichtigten synthetischen Steroiden wären sinnvoll im *Calliphora*-Häutungstest einzusetzen?

• Warum ist es sinnvoll, Substanzen parallel über beide Testdesigns (Exposition über Fließpapier und Nahrung) zu prüfen?

12.3.5 Literatur

FIORONI, P. (1992): Allgemeine und vergleichende Embryologie der Tiere. – 2. Aufl., Springer-Verlag, Berlin/Heidelberg/New York, 429 S.

KUHLMANN, D., STRAUB, H. (1986): Einführung in die Endokrinologie. Die chemische Signalsprache des Körpers. – Wissenschaftliche Buchgesellschaft, Darmstadt, 256 S.

WEHNER, R., GEHRING, W. (1995): Zoologie. – 23. Aufl., Thieme Verlag, Stuttgart/New York, 861 S.

13 Hemmung der Zellvermehrung von *Chlorella vulgaris*

13.1 Charakterisierung des Testorganismus

Chlorella vulgaris gehört zum Stamm der Chlorophyta (Grünalgen), dort zur Klasse der Chlorophyceae (Grünalgen im engeren Sinne) und wird hier der Ordnung Chloro-coccales (Kugelige Algen ohne Geißeln) zugeordnet. Die Chlorococcales sind da-durch charakterisiert, dass sie unbegeißelt sind und eine sehr dünne Membran als Zellwand besitzen (Abbildung 13-1). In diesem Zustand fehlen auch pulsierende Vacuole und Stigmen. *C. vulgaris* hat einen Durchmesser von etwa 5 bis 10 µm. Der Chloroplast weist eine glockenförmige Gestalt auf und besitzt eine mit höheren Pflanzen vergleichbare Zusammensetzung der photosynthetisch aktiven Farbpig-mente.

Die Zellwand von Algen besteht meist aus einem Cellulosegerüst, in das vielfach andere Moleküle eingelagert sind. Eine Vielzahl von Polysacchariden enthalten zum Teil negativ geladene, funktionelle Gruppen wie zum Beispiel Carboxyl- und Sulfatgruppen. Das Potential zur Adsorp-tion von Schwermetallen an der Zellwand von Algen ist dadurch sehr hoch. Bei vielen Arten ist die Zellwand mehrschichtig. So besteht zum Beispiel eine Polymerenwand bei *Chlorella* aus ungesättigten Kohlenwas-serstoffketten, die sich aus der Fettsäurebi-osynthese herleiten lassen. Oft sind den Wänden strukturbildende Substanzen auf-gelagert.

C. vulgaris bildet innerhalb der Mutterzelle Tochterzellen, die der Mutterzelle gleichen, aber kleiner sind. Diese werden dann als geißellose Aplanosporen frei (Abbildung

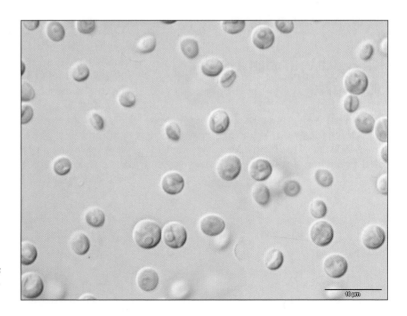

Abb. 13-1: Habitus von *Chlorella vulgaris* (Foto: Friedl, Universität Göttingen).

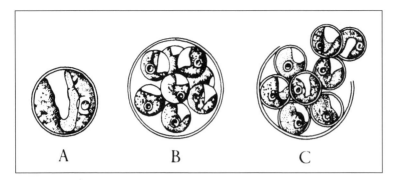

Abb. 13-2: *Chlorella vulgaris.* A vegetative Zelle, B und C Teilung in 8 Aplanosporen (500 ×, nach GRINTZESCO aus DENFFER et al. 1978).

13-2). Aufgrund dieser Vermehrung weisen die Algen ein exponentielles Wachstum auf, das bei Limitation eines Parameters in eine stationäre Phase übergeht.

Grünalgen sind weit verbreitet. Die Chlorococcales leben vorwiegend im Plankton des Süßwassers, aber auch in feuchtem Boden. Zu erwähnen sind die Symbiosen zwischen Algen und Invertebraten. So finden sich in den Gastrodermiszellen von *Paramaecium bursaria* Hunderte von Zellen von *C. vulgaris*, die etwas 30 bis 40 % ihrer gesamten Photosyntheseprodukte wahrscheinlich in Form von Glucose und Maltose an das Tier abgeben.

13.2 Anwendungsbereiche

Der Einsatz von Algen als Testorganismen zum Nachweis von Schadstoffwirkungen hat eine lange Tradition. Algen werden in allen Bereichen des Umweltschutzes eingesetzt. Zur Einzelsubstanzprüfung und Prü-

fung von Abwässern sind entsprechende standardisierte Richtlinien entwickelt worden (siehe Tabellen 2-1, 2-2, 2-3). Algen reagieren vor allem auf Schwermetalle sehr empfindlich, wogegen bei organischen Schadstoffen, vor allem einigen Pestiziden, im Vergleich zu höheren Pflanzen häufig eine geringe Empfindlichkeit nachweisbar ist (z.B. FLETCHER 1990, GROSSMANN et al. 1992, FAIRCHILD et al. 1997).

Neben dem statischen Test wurden in den letzten Jahren zahlreiche automatische Apparaturen für den Algentest entwickelt, mit denen eine Messung kontinuierlich bzw. im Chargenbetrieb erfolgen kann. Diese Automaten werden vor allem bei der Gewässerüberwachung eingesetzt. Als Wirkungskriterium wird beispielsweise die Photosyntheseaktivität anhand der Fluoreszenz gemessen. Das Fluoreszenzsignal verändert sich dabei in Abhängigkeit von der verwertbaren Lichtenergie im photosynthetischen Prozess. Schadstoffe führen im Allgemeinen zu einer erhöhten Fluoreszenz, was auf eine Schädigung des Photosyntheseapparates hinweist.

13.3 Experiment: Wirkung von Kupfer auf das Zellwachstum von *Chlorella vulgaris*

13.3.1 Testprinzip

Mit diesem Test soll die Wirkung einer Substanz auf das Wachstum einer einzelligen Grünalgenart bestimmt werden. *C. vulgaris* wird während ihres exponentiellen Wachstums mit Schadstoffen belastet. Diese Schadstoffe können physiologische Wirkungen hervorrufen, die zu Wachstumshemmungen führen. Die Hemmung des Wachstums wird im Vergleich zu einem unbelasteten Kontrollansatz bestimmt.

Testsubstanz: Kupfer (z. B. $CuCl_2 \times 2H_2O$)

Kupfer ist ein Schwermetall und zählt zu den essentiellen Spurenelementen, das heißt, dieses Metall ist für Organismen in geringen Mengen lebensnotwendig. Kupfer ist Bestandteil zahlreicher Enzyme und des roten Blutfarbstoffs. Der tägliche Bedarf wird bei Tieren und Menschen normalerweise über die Nahrung und bei Pflanzen durch eine Aufnahme über Wurzeln und andere Organe abgedeckt.
Kupfer wird als Metall, in Legierungen, in Farben, als Pflanzenschutzmittel und als Zusatz zur Schweinemast eingesetzt. Es ist der heute am meisten verwendete Werkstoff für Trinkwasserleitungen in Wohnhäusern. Beim Menschen kann es durch eine chronisch erhöhte Kupferaufnahme, beispielsweise über das Trinkwasser, zu schweren gesundheitlichen Schäden kommen, die mit dem Tod enden können.
Kupfer wirkt besonders auf Algen toxisch, wogegen zahlreiche terrestrische Pflanzen eine gewisse Kupfertoleranz aufweisen. Diese Pflanzen zeigen trotz erhöhter Konzentrationen im Boden keine interne Zunahme der Kupferkonzentration und weisen auch keine sichtbaren Schädigungen auf. Es gibt allerdings auch terrestrische Pflanzen, die sehr empfindlich gegenüber Kupfer reagieren (Raps) bzw. Kupfer in hohen Konzentrationen akkumulieren (Weidelgras).

13.3.2 Versuchsanleitung

Benötigte Materialien:

- *Chlorella vulgaris*,
- Kulturmedium nach PIRSON & RUPPEL (1962),
- Kupfer-Stammlösung,
- Agar,
- Autoklav,
- Sterilbank,
- Reagenzgläser mit Verschluss,
- Impföse,
- (Neubauer)-Zählkammer,
- Mikroskop,
- Erlenmeyerkolben,
- Stopfen,
- Schüttler,
- Glaspipetten und Peleusball,
- Klimakammer oder Lichtregal,
- Abfallgefäß für Kupfer.

Testorganismen

Es wird mit *C. vulgaris* gearbeitet, die zum Beispiel aus der Sammlung von Algenkulturen (SAG Göttingen, Deutschland) bezogen werden kann.

Stammkultur

Stammkulturen sind Algenkulturen, die regelmäßig in frisches Medium eingebracht und als Ausgangsmaterial für die Versuche verwendet werden. Sie werden steril auf Schrägagar-Röhrchen mit einer Nährlösung nach Pirson & Ruppel (Tabelle 13-1) kultiviert. Diese Arbeiten erfordern eine Grundausstattung, die in Abbildung 13-3 dargestellt ist. Die Reagenzgläser werden mit der Agar-Nährlösung nach dem Autoklavieren in einem Winkel von ca. 45°

Abb. 13-3: Grundausstattung zum sterilen Arbeiten mit Algenkulturen: Laminarbox, Algen-Stammkultur auf Schrägagar, Impföse (Foto: Ziebart, IHI-Zittau).

abgekühlt. Auf dem entstehenden Schrägagar lassen sich relativ einfach Algenzellen mit der Impföse in Zickzacklinie vom Boden des Reagenzglases in Richtung Öffnung ausstreichen. Mindestens alle zwei Monate müssen die Algen in ein frisches Medium übertragen werden. Die Stammkultur kann in einem Lichtregal aufbewahrt werden.

Vorkultur

Die flüssige Vorkultur in steriler Form soll Algen in entsprechender Menge hervorbringen, die als Inokulum für die Testkultur verwendet werden. Die Vorkultur wird unter den Testbedingungen herangezogen und im Allgemeinen bei exponentiellem Wachstum nach etwa drei Tagen verwendet. Unter einem Mikroskop wird vorab kontrolliert, ob die Algenkulturen deformierte oder anomale Zellen enthalten. In diesem Fall sind die Kulturen zu verwerfen.

Testkultur

Aus der Vorkultur wird die Testkultur in flüssigem Medium (Tabelle 13-1) hergestellt. Die Stammlösungen werden durch Autoklavieren sterilisiert und bei 4 °C im

Nährstoff	Konzentration in Stammlösung	Endgültige Konzentration in Testlösung
Stammlösung 1: Makronährstoffe		
NH_4Cl	1,5 g/l	15 mg/l
$MgCl_2 \times 6\ H_2O$	1,2 g/l	12 mg/l
$CaCl_2 \times 2\ H_2O$	1,8 g/l	18 mg/l
$MgSO_4 \times 7\ H_2O$	1,5 g/l	15 mg/l
KH_2PO_4	0,16 g/l	1,6 mg/l

Tab. 13-1: Zusammensetzung der Nährlösung (nach Pirson & Ruppel 1962).

Tab. 13-1: Fortsetzung

Nährstoff	Konzentration in Stammlösung	Endgültige Konzentration in Testlösung
Stammlösung 2: Fe-EDTA		
$FeCl_3 \times 6\ H_2O$	80 mg/l	0,08 mg/l
$Na_2EDTA \times 2\ H_2O$	100 mg/l	0,1 mg/l
Stammlösung 3: Spurenelemente		
H_3BO_3	185 mg/l	0,185 mg/l
$MnCl_2 \times 4\ H_2O$	415 mg/l	0,415 mg/l
$ZnCl_2$	3 mg/l	3×10^{-3} mg/l
$CoCl_2 \times 6\ H_2O$	1,5 mg/l	$1,5 \times 10^{-3}$ mg/l
$CuCl_2 \times 2\ H_2O$	0,01 mg/l	1×10^{-5} mg/l
$Na_2MoO_4 \times 2\ H_2O$	7 mg/l	7×10^{-3} mg/l
Stammlösung 4: $NaHCO_3$		
$NaHCO_3$	50 g/l	50 mg/l

Dunkeln aufbewahrt. Sie werden verdünnt, um die endgültigen Konzentrationen in den Nährlösungen zu erhalten. Der pH-Wert der Nährlösung liegt bei 8,0.

Die anfängliche Zelldichte von *C. vulgaris* sollte bei etwa 10^4 Zellen/ml liegen. Für die Bestimmung der Zelldichte wird die Zellzahl pro Milliliter ermittelt. Dies kann entweder manuell mit einer Zählkammer oder, falls vorhanden, mittels elektronischer Bildverarbeitung geschehen.

Manuelle Ermittlung der Zellzahl

Die Algenzellzahl wird in Bezug auf ein Volumen (pro ml) manuell ermittelt, wofür ein spezieller Objektträger, zum Beispiel eine Zählkammer nach Neubauer (Abbildung 13-4), verwendet wird. Sie besteht aus einem Objektträger mit eingeätztem Zählnetz und einem speziellen Deckglas mit definiertem Abstand zum Objektträger (Abbildung 13-5). Das Neubauer-Zählnetz setzt sich aus neun großen Quadraten mit 1 mm Seitenlänge zusammen. Von diesen enthält das zentrale Quadrat 25 mittelgroße Quadrate mit 0,2 mm Seitenlänge, die wiederum in 16 kleine Quadrate von 0,05 × 0,05 mm aufgeteilt sind. Beiderseits des Zählnetzes befindet sich ein Steg. Liegt ein Deckglas auf dem angehauchten Steg so auf, dass so genannte Newtonringe erschei-

nen, besteht zwischen Zählnetz und Deckglas ein Abstand von 0,1 mm Kammertiefe. Das Volumen beträgt somit über dem großen Quadrat $0,1\ mm^3 = 0,1\ \mu l$, über dem mittleren 0,004 µl und über dem kleinen Quadrat 0,00025 µl. Nach dem Befüllen der Kammer kann unter einem Mikroskop ausgezählt werden. Beim Auszählen muss man darauf achten, dass Zellen auf den Linien nicht doppelt gezählt werden. Dies wird vermieden, indem nur die Zellen auf den oberen und linken Linien berücksichtigt werden. Die ermittelte durchschnittliche Zellzahl der mittleren Quadrate wird mit 10^4 und dem Verdünnungsfaktor der Zellsuspension multipliziert, um die Zellzahl pro µl zu erhalten.

Als Testgefäße können Erlenmeyerkolben oder Kulturröhrchen verwendet werden. Für den Algentest werden fünf Konzentrationen von Kupfer als Kupferchlorid ($CuCl_2 \times 2H_2O$) hergestellt. Der Konzentrationsbereich wird so gewählt, dass die niedrigste Konzentration keine feststellbare Wirkung auf das Algenwachstum hat, wogegen die höchste Konzentration zu einem vollständigen Wachstumsstillstand führt.

Es werden folgende Konzentrationen an Kupfer getestet:
• Kontrolle (ohne Cu-Zusatz)

- 0,005 mg Cu/l (≙ 0,013 mg Kupfer-
  chlorid/l)
- 0,05 mg Cu/l (≙ 0,13 mg Kupfer-
  chlorid/l)
- 0,5 mg Cu/l (≙ 1,3 mg Kupfer-
  chlorid/l)
- 5 mg Cu/l (≙ 13 mg Kupfer-
  chlorid/l)
- 50 mg Cu/l (≙ 130 mg Kupfer-
  chlorid/l)

Für die Kontrolle und für jede Konzentration werden mindestens drei Replikate angesetzt.

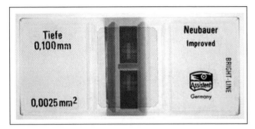

Abb. 13-4: Neubauer-Kammer zum Zählen von Algen.

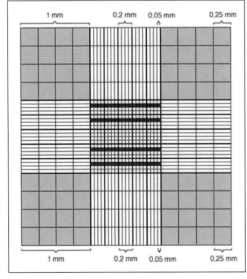

Abb. 13-5: Neubauer-Zählnetz.

Testdurchführung

Als Inkubator dient ein Klimaschrank oder eine Kammer, in der die Temperatur zwischen 21 und 25 ± 2 °C gehalten und eine ständige gleichförmige Beleuchtung mit Leuchtstoffröhren gesichert werden kann. Es wird eine Beleuchtungsstärke zwischen 6000 bis 10 000 lx empfohlen. Sie kann beispielsweise durch Verwendung von vier bis sieben Fluoreszenzlampen (30 W) des Typs Universalweiß (Farbtemperatur etwa 4300 K) erreicht werden, die ca. 0,35 m von der Algenkultur entfernt sind.

Es wird empfohlen, die Kolben während der Exposition auf einem Schüttler bei geringer Umdrehung zu bewegen, um den Gasaustausch zu verbessern. Der gesamte Versuchsablauf ist in Abbildung 13-6 zusammenfassend dargestellt.

13.3.3 Versuchsauswertung

Neben der Angabe der Zellzahl in jedem Replikat soll die Wachstumsrate ermittelt und Wachstumskurven dargestellt werden. Hierfür wird die Zelldichte in jedem Kolben mindestens 24, 48 und 72 Stunden nach Prüfbeginn bestimmt. Messungen der Zelldichte werden in Form eines direkten Zählverfahrens für lebende Zellen unter einem Mikroskop mit Zählkammer durchgeführt (siehe oben).

Die gemessene Zelldichte in allen Versuchsvarianten wird in einem Protokoll aufgeschrieben. Zur Erstellung der Wachstumskurven wird der Mittelwert der Zelldichte für die Replikate jeder Kupferkonzentration und für die Kontrolle gegen die Zeit aufgetragen. In neueren Richtlinien wird zwar meist nur noch die Zellzahl bestimmt bzw. die Wachstumsrate ermittelt und vergleichend angegeben, aus Übungsgründen sollten jedoch im Praktikum zur Bestimmung des Konzentrations-Wirkungs-Ver-

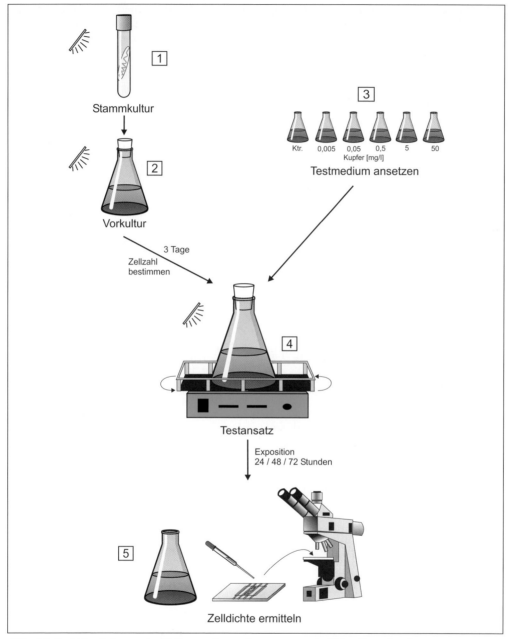

Abb. 13-6: Ablaufschema des Zellvermehrungshemmtests mit *Chlorella vulgaris*.
(1) Stammkultur auf Schrägagar,
(2) Vorkultur in Nährlösung. Mittels Zählkammer vor dem Testansatz die Zelldichte bestimmen,
(3) Testmedium ansetzen: Kupfer in Nährlösung nach PIRSON & RUPPEL, 3 Replikate pro Variante,
(4) Testansatz: Überimpfen aus der Vorkultur, Ausgangszellzahl 10^4 Zellen/ml,
(5) Ermitteln der Zelldichte mittels Zählkammer nach 24, 48 und 72 Stunden.

hältnisses die beiden folgenden Verfahren verwendet werden.

Vergleich der Flächen unter den Wachstumskurven

Zur Erstellung der Wachstumskurven wird die Zellzahl N (y-Achse) gegen die Zeit t (x-Achse) aufgetragen. Die Fläche zwischen den Wachstumskurven und der Parallelen zur x-Achse durch $N = N_0$ (Anzahl der Zellen zu Versuchsbeginn) kann nach folgender Formel berechnet werden:

$$A = \frac{N_1 - N_0}{2} \cdot t_1 + \frac{N_1 + N_2 - 2N_0}{2} \cdot (t_2 - t_1) +$$
$$\dots + \frac{N_{n-1} + N_n - 2N_0}{2} \cdot (t_n - t_{n-1})$$

wobei

A = Fläche,

N_0 = Anzahl der Zellen/ml zum Zeitpunkt t_0,

N_1 = gemessene Anzahl der Zellen/ml zum Zeitpunkt t_1,

N_n = gemessene Anzahl der Zellen/ml zum Zeitpunkt t_n,

t_1 = Zeitpunkt der ersten Messung,

t_n = Zeitpunkt der n-ten Messung,

n = Anzahl der durchgeführten Messungen.

Die prozentuale Hemmung des Zellwachstums für jede Konzentration von Kupfer wird nach folgender Formel berechnet:

$$I_A = \frac{A_c - A_k}{A_c}$$

wobei

I_A = Hemmung des Zellwachstums [%]

A_c = Fläche zwischen der Wachstumskurve der Kontrolle und der horizontalen Linie durch $N = N_0$.

A_k = Fläche zwischen der Wachstumskurve bei der Konzentration K und der horizontalen Linie durch $N = N_0$.

Die I_A-Werte werden auf semilogarithmischem Papier oder semilogarithmischem Wahrscheinlichkeitspapier gegen die entsprechenden Konzentrationen aufgetragen (siehe Kapitel 4).

Die EC_{50} wird aus der Regressionsgeraden durch Ablesen der Konzentration, die einer 50 %-igen Hemmung entspricht (I_A = 50 %), ermittelt. Es ist wichtig, dass die EC_{50} zusammen mit dem entsprechenden Expositionszeitraum angegeben wird, zum Beispiel EC_{50} (0–72 h).

Vergleich zwischen den Wachstumsraten

Die durchschnittliche spezifische Wachstumsrate (μ) für Kulturen mit exponentiellem Wachstum kann ermittelt werden als

$$\mu = \frac{\ln N_n - \ln N_0}{t_n - t_0}$$

wobei

μ = durchschnittliche spezifische Wachstumsrate

N_n = gemessene Anzahl der Zellen/ml zum Zeitpunkt t_n,

N_0 = Anzahl der Zellen/ml zum Zeitpunkt t_0 (Prüfbeginn),

t_n = Zeitpunkt der n-ten Messung,

t_0 = Zellzahl zu Prüfbeginn

n = Anzahl der durchgeführten Messungen.

Die durchschnittliche spezifische Wachstumsrate kann alternativ aus der Neigung der Regressionsgeraden in einer ln N-Zeit-Darstellung abgeleitet werden. Die prozentuale Hemmung der spezifischen Wachstumsrate bei den einzelnen Konzentrationen der Prüfsubstanz ($I_{\mu t}$) wird nach folgender Formel berechnet:

$$I_{\mu} = \frac{\mu_c - \mu_k}{\mu_c} \times 100$$

wobei

$I_{\mu t}$ = Hemmung der spezifischen Wachstumsrate [%]

μ_c = mittlere spezifische Wachstumsrate der Kontrolle

μ_k = mittlere spezifische Wachstumsrate bei der Prüfkonzentration K

Die prozentuale Verminderung der durchschnittlichen spezifischen Wachstumsrate bei den einzelnen Konzentrationen gegenüber dem Kontrollwert wird gegen den Logarithmus der Konzentration aufgetragen. Die EC_{50} lässt sich entweder durch mathematische Anpassung einer Konzentrations-Wirkungsfunktion für metrische Daten oder – wenn keine geeignete Software zu Hand ist – direkt aus dem Graphen ablesen. Auch hier sind die Messzeitpunkte (0 – 72 h) anzugeben. Wenn genügend Replikate vorhanden sind, kann man auch eine NOEC mit Hilfe des Dunnett- oder Williams-Test bestimmen.

Gültigkeit des Tests

Die Zelldichte in den Kontrollkulturen sollte innerhalb von drei Tagen um einen Faktor von mindestens 16 zugenommen haben. Der pH-Wert wird zu Beginn der Prüfung und nach 72 Stunden gemessen. Er sollte in den Kontrollen während der Prüfung um nicht mehr als 1,5 Einheiten schwanken.

13.3.4 Fragen als Diskussionsgrundlage

- Warum sind Algen im Biotest nicht in jedem Fall als Vertreter aller Pflanzen einsetzbar?
- Warum können kleinere Veränderungen in der Wachstumsrate zu großen Veränderungen in der Biomasse führen?
- Sind die errechneten EC_{50} für die Fläche unter der Wachstumskurve und die EC_{50} für die Wachstumskurve numerisch miteinander vergleichbar?

13.3.5 Literatur

DENFFER, D. VON, EHRENDORDER, F., MÄGDEFRAU, K., ZIEGLER, H. (1978): Lehrbuch der Botanik. – Fischer, Jena, S. 567.

FAIRCHILD, J. F., RUESSLER, D. S., HAVERLAND, P.S., CARLSON, A. R. (1997): Comparative sensitivity of *Selenastrum capricornutum* and *Lemna minor* to sixteen herbicides. – Arch. Environ. Contam. Toxicol. 32, 353–357.

FLETCHER, J. S. (1990): Use of algae versus vascular plants to test for chemical toxicity. - In: WANG, W., GORSUCH, J. W., LOWER, W. R. (eds.): Plants for toxicity assessment. ASTM STP 1091, American Society for Testing and Materials, Philadelphia, PA, 33–39.

GROSSMANN, K., BERGHAUS, R., RETZLAFF, G. (1992): Heterotrophic plant cell suspension cultures for monitoring biological activity in agrochemicals research. Comparison with screens using algae, germination seeds and whole plants. – Pesticide Science 35, 283–289.

PIRSON, A., RUPPEL, H. G. (1962): Über die Induktion einer Teilungshemmung in synchronen Kulturen von *Chlorella*. – Arch. Microbiol. 42: 299–309.

14 Wachstumshemmtest mit *Lemna minor*

14.1 Charakterisierung des Testorganismus

Lemna minor (Kleine Wasserlinse) gehört zur Klasse der Monocotyledoneae (Einkeimblättrige), dort zur Ordnung der Arales (Aronstabartige) und wird weiter in die Familie der Lemnaceae (Wasserlinsengewächse) eingeordnet. Man unterscheidet die vier Gattungen *Spirodela*, *Lemna*, *Wolffia* und *Wolffiella*, wobei *Spirodela*-Arten am höchsten und *Wolffiella*-Arten am niedrigsten phylogenetisch entwickelt sind (Abbildung 14-1). *Spirodela polyrrhiza* ist die größte Art und besitzt viele Wurzeln, wogegen *Lemna minor* und *L. gibba* jeweils nur eine Wurzel aufweisen. *Wolffia arrhiza* ist als kleinste Art wurzellos. Auf morphologische Unterschiede zwischen den beiden *Lemna*-Arten wird in der Tabelle 14-2 hingewiesen.

L. minor zählt zu den kleinsten Blütenpflanzen der Erde, die als Kosmopolit mit Ausnahme von extrem trockenen oder kalten Gebieten in vielen Teilen der Erde zu finden ist. Ihr Ursprungsgebiet sind die Tropen und Subtropen. *L. minor* kommt vorrangig in den kälteren, weniger ozeanischen Gebieten von Nordamerika sowie in Europa, Afrika und Westasien, vereinzelt auch in Neuseeland und Australien vor. Sie besiedelt Tümpel, Teiche und Uferzonen stehender Gewässer (Abbildung 14-2). Man findet sie aber auch an geschützten Stellen fließender Gewässer oder im Extremfall an Wasserfällen.

L. minor ist eine auf der Wasseroberfläche frei schwimmende Wasserpflanze, die mit einem luftumhüllenden Gewebe durchsetzt ist. Der Vegetationskörper ist stark reduziert (Abbildung 14-3). Eine eindeutige Abgrenzung zwischen Blatt, Stamm und

Abb. 14-1: *Spirodela polyrrhiza* (links oben), *Wolffia arrhiza* (rechts oben), *Lemna minor* (links unten) und *L. gibba* (rechts unten) (Fotos: Ziebart, IHI Zittau).

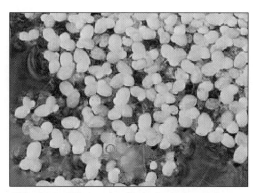

Abb. 14-2: Wasseroberfläche bedeckt mit *Lemna minor* (Foto: Schiller, Universität Hohenheim).

Wurzel ist nicht erkennbar. Trotz der auffallenden strukturellen Besonderheiten weist *L. minor* alle typischen physiologischen und mit wenigen Ausnahmen auch morphologischen Merkmale einer höheren Blütenpflanze auf.

Der blattähnliche Vegetationskörper der Wasserlinsen wird Frond genannt. Er ist ein Gewebekomplex mit sehr geringer Differenzierung. Die Blätter von *L. minor* sind

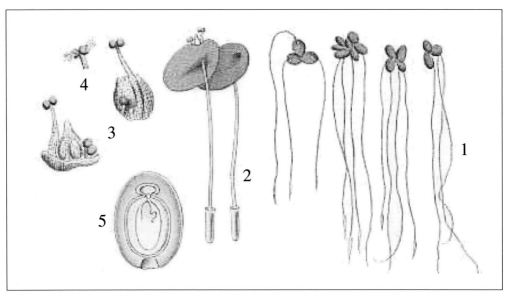

Abb. 14-3: Zeichnung von *Lemna minor*. rechts: Pflanze (1), Blüte (2), Fortpflanzungsorgane (3,4), Frucht (5) (verändert nach LINDMANN 1917–1926).

gleichgestaltet, rund bis verkehrteiförmig und beiderseits flach. Die Oberseite ist etwas gekielt und weist meist drei Blattadern auf. Die Fronds sind auf der Oberseite mit Spaltöffnungen versehen, die allerdings unbeweglich sind. Der Durchmesser der Fronds beträgt gewöhnlich 2 bis 3 mm. Die Blattfarbe ändert sich in Abhängigkeit vom Entwicklungsstadium. Die Fronds sind bei optimalen Wachstumsbedingungen beiderseits grün, unter Mangelbedingungen, gewöhnlich zum Ende der Vegetationszeit, weisen sie eine gelblich-grüne Färbung auf. Eine rötliche Färbung, hervorgerufen durch Anthozyanbildung, die für einige Wasserlinsen-Arten charakteristisch ist, tritt bei *L. minor* nicht auf.

Wasserlinsen können sich sowohl geschlechtlich als auch ungeschlechtlich vermehren. In ihren Ursprungsgebieten der Tropen und Subtropen ist eine Vermehrung fast ausschließlich über Blüten- und Samenbildung anzutreffen. Dagegen vermehren sich die Wasserlinsen unter mittel-

europäischen Bedingungen hauptsächlich vegetativ und weniger über Samenbildung. Die vegetative Vermehrung erfolgt bei *L. minor* durch zwei seitliche Vertiefungen, den sogenannten Taschen mit Meristemen, aus denen sich simultan zwei Tochterpflanzen entwickeln. Davon wächst jedoch zunächst entweder die rechte oder die linke Tochterpflanze rascher. Erst nach Erreichen einer bestimmten Größe setzt auch bei der zweiten Pflanze Flächenwachstum ein. Die Tochterfronds selbst enthalten zwei meristematische Taschen, in denen sich neue Frondprimordien entwickeln. Im Mutterfrond liegt daher ein ineinandergeschachteltes System von Pflanzen verschiedener Generationen vor. Ein Mutterfrond von *L. minor* kann beispielsweise bis zu 21 Fronds unterschiedlichen Alters bilden. Allerdings verändert sich mit dem Alter der Mutterpflanze auch die Größe der heranwachsenden Tochterpflanze, das heißt, die Tochterpflanzen der nachfolgenden Generation werden zunächst kleiner, um dann nach Erreichen einer minimalen Größe wieder anzuwachsen. Weitere morphologische und physiologische Besonderheiten der Wasserlinsen können bei LANDOLT & KANDELER (1987) nachgelesen werden.

Das Wachstum von *L. minor* ist unter optimalen Bedingungen exponentiell, das heißt bei einer Ausgangszahl von zwei Mutterfronds entstehen 4, dann 8, 16, 32 usw. Fronds. Damit verfügt *L. minor*, ähnlich wie niedere Pflanzen, über ein enormes Wachstumspotential. Aufgrund ihrer emersen Lebensweise bedecken die Organismen eine große Wasseroberfläche und kommen mit Schadstoffen an der Grenzfläche zwischen Wasseroberfläche und Luft in Kontakt. Die hohe Vermehrungsrate, die genetische Einheitlichkeit, eine uneingeschränkte Verfügbarkeit unter Laborbedingungen sowie die relativ leichte Handhabbarkeit machen *L. minor* zu einem bevorzugten Testorganismus für Schadstoffe.

14.2 Anwendungs- bereiche

Wasserlinsen sind die am häufigsten verwendeten höheren Pflanzen in der aquatischen Ökotoxikologie. Ihre Nutzung für verschiedene Toxizitätstests beruht neben der Zugehörigkeit zu den höheren Pflanzen vor allem auf ihren günstigen physiologischen Wachstumsmerkmalen. Sie weisen gegenüber den Algen einige Vorteile auf (Tabelle 14-1) und können daher bisherige Defizite in der Ökotoxikologie sinnvoll beseitigen (SALLENAVE & FOMIN 1997).

Unter den Wasserlinsen ist *L. minor* diejenige Art, die bislang am meisten in Testverfahren zur Prüfung der Toxizität von Einzelstoffen oder Umweltproben eingesetzt wird. Das Spektrum getesteter Substanzen reicht von Schwermetallen über Pestizide bis hin zu polyzyklischen Kohlenwasserstoffen (z. B. WANG 1990, LEWIS 1995). Große Möglichkeiten für den Einsatz von Wasserlinsen finden sich zum Beispiel bei der Prüfung von Klärschlämmen, Industrieemissionen, kommunalem Abwasser, Deponiesickerwasser und extrem sauren Bergbaurestseen (z. B. MOSER 1999).

Gegenwärtig wird eine OECD- und ISO/DIN-Richtlinie für einen Wasserlinsentest zur Bestimmung toxischer Wirkungen von Wasserinhaltsstoffen und Abwasser erstellt (siehe Tabellen 2-1, 2-2).

Tab. 14-1: Vergleich von Grünalge und Wasserlinse im ökotoxikologischen Testverfahren.

Grünalge	Wasserlinse
Auf den Organismus bezogen	
• Niedere Pflanze	• Höhere Pflanze
• Einzeller	• Mehrzeller
Auf das Testverfahren bezogen	
• pH-empfindlich	• pH-tolerant
• wenige Wirkungskriterien	• viele Wirkungskriterien
• Messung der Wirkungskriterien in getrübten oder gefärbten Proben erschwert	• Messung der Wirkungskriterien in getrübten oder gefärbten Proben möglich
• bedingte Erfassung von Langzeitwirkungen	• Erfassung von Langzeitwirkungen

14.3 Experiment: Wirkung von 3,5-Dichlorphenol auf das Wachstum und die Frondgröße von *Lemna minor*

14.3.1 Testprinzip

Das Testprinzip besteht darin, die Beeinflussung des Wachstums von *L. minor* durch Schadstoffe quantitativ und qualitativ zu erfassen. Die in den häufigsten Fällen auftretenden Hemmungen zeigen sich in einer erniedrigten Wachstumsleistung, verringerten Frisch- und Trockengewichten, einer verkleinerten Frondgröße und verminderten Pigmentgehalten. Als Maß für die Wirkung von Einzelstoffen oder Inhaltsstoffen in Wasserproben dient die prozentuale Hemmung der Wachstumsparameter im Vergleich zu einer unbelasteten Kontrolle.

Testsubstanz: 3,5-Dichlorphenol (3,5-DCP, $C_6H_4Cl_2O$)

3,5-DCP gehört zur Gruppe der Chlorphenole, die 19 Verbindungen umfasst. Die größte kommerzielle Bedeutung hat das Pentachlorphenol (PCP), wogegen 3,5-DCP nur eine untergeordnete Rolle spielt. Der Haupteintrag von Chlorphenolen erfolgt durch eine direkte Anwendung, beispielsweise durch das Ausbringen von Phenoxyherbiziden sowie durch Abfälle. Chlorphenole finden hauptsächlich als Herbizide, Bakterizide, Fungizide, Insektizide und als Zwischenprodukte in der chemischen Industrie sowie als Holz- und Lederschutzmittel Anwendung.

Vor allem aquatische Organismen zeigen eine hohe Empfindlichkeit gegenüber Chlorphenolen. Die Toxizität erhöht sich mit zunehmendem Chlorierungsgrad, das heißt, Monochlorphenol zeigt geringere, Tetra- und Pentachlorphenole sehr hohe Toxizitäten bei Fischen, Algen und Daphnien. 3,5-DCP wird häufig in biologischen Testverfahren als Referenzsubstanz verwendet. Damit wird geprüft, ob sich die Empfindlichkeit der geprüften Art unter den Testbedingungen nicht wesentlich geändert hat. Zahlreiche Ringversuche belegen, dass mit 3,5-DCP relativ konstante und wiederholbare Ergebnisse bei verschiedenen Testorganismen erhalten werden. Die bisherige Datenlage über die Wirkung von 3,5-DCP auf den Menschen ist noch unzureichend. Es kann eine Aufnahme der Substanz in den Körper durch Inhalation und über die Haut erfolgen. Daher ist beim Umgang große Vorsicht geboten.

14.3.2 Versuchsanleitung

Benötigte Materialien:

- *Lemna minor*,
- Nährmedium,
- 3,5-DCP,
- Methanol,
- Erlenmeyerkolben,
- Wattestopfen,
- 5 l-Aquarien,
- 30 × 200 ml-Bechergläser,
- Gaze,
- Lichtregal,
- CCD-Kamera,
- PC mit Bildauswertung,
- Handzählgerät,
- Sieb zum Entnehmen der Fronds,
- Fließpapier,
- Trockenschrank,
- Analysenwaage,
- Wägeschälchen,
- Photometer und Küvetten,
- Wasserbad mit Einsatz für Reagenzgläser,
- Parafilm,
- 5 ml-Pipetten und Peleusball,
- Reagenzgläser,

- Glasstäbe,
- Pinzetten,
- Spatel,
- Stift zum Beschriften,
- Abfallgefäße für Methanol und 3,5-DCP.

Testorganismen

Als Testorganismus dient *L. minor*. Die Pflanzen können aus entsprechenden Kultursammlungen bezogen werden. Sind Pflanzen aus dem Freiland entnommen worden, muss zunächst eine eindeutige taxonomische Bestimmung erfolgen. Neben *L. minor* wird häufig *L. gibba* als Testorganismus verwendet. Um Verwechslungen auszuschließen, sind in der Tabelle 14-2 markante Unterschiede aufgeführt.

Stammkultur

Die Stammkultur dient dazu, die Pflanzen über einen längeren Zeitraum im Labor steril zu kultivieren und zu jeder Zeit ausreichend Material für die Testkultur zur Verfügung zu haben. Für die Stammkultur wird ein nährstoffreiches, glukosehaltiges Nährmedium verwendet (Tabelle 14-3), das vorzugsweise mit Agar verfestigt ist.

Dazu wird 1 Liter Nährmedium mit 10 g Glukose und 9 g Agar-Agar versetzt, in Erlenmeyerkolben eingefüllt und mit Wattestopfen versehen für 20 min bei 121 °C autoklaviert. Die Organismen weisen in der Stammkultur aufgrund der Glukosezugabe eine mixotrophe Ernährungsweise auf, so dass die Wachstumsleistung nicht durch unzureichende Lichtgaben limitiert ist. Außerdem erlaubt das zuckerhaltige Medium eine ständige Sterilitätskontrolle der Kulturen auf Infektionen durch Bakterien oder Pilze.

Vorkultur

Eine Vorkultur dient zur Adaptation der Pflanzen an die Testbedingungen und zur Anzucht der Pflanzen für den Testansatz. Die Vorkultur wird im Gegensatz zur Stammkultur in nicht steriler Form angesetzt, das heißt, das Nährmedium muss vor Einsetzen der Pflanzen nicht autoklaviert werden. Es wird das in Tabelle 14-3 angegebene, aber glukose- und agarfreie Nährmedium verwendet. Der pH-Wert des Nährmediums liegt bei 5,5.

Es werden jeweils 20 Fronds vorzugsweise in kleine Aquarien überführt, die aufgrund

Tab. 14-2: Unterschiede zwischen *Lemna minor* und *Lemna gibba* (siehe Abbildung 14-1).

Eigenschaften	L. minor	L. gibba
Gewölbte Frondunterseite	–	+++
Längen–Breiten Verhältnis > 1,6	+++	+
Fronds dicker als 3,5 mm	++	+++
Frondunterseite rötlich gefärbt	–	++
Rote Stellen an Spitze der Frondoberseite	–	++
4 bis 5 Nerven vorhanden	++	++++
Lufthöhlen > 0,3 mm Durchmesser	–	+++
Mehr als ein Samen pro Frucht	–	+++

– nicht vorhanden, + schwach ausgeprägt, ++ ausgeprägt, +++ gut ausgeprägt, ++++ stark ausgeprägt

Tabelle 14-3: Zusammensetzung des Nährmediums für die Stammkultur, Vorkultur und Testkultur.

Nährstoffe	Nährmedium (mg/l)	Nährmedium (mmol/l)
KNO_3	350,00	3,46
$Ca(NO_3) \times 4\ H_2O$	295,00	1,25
KH_2PO_4	90,00	0,66
K_2HPO_4	12,60	0,072
$MgSO_4 \times 7\ H_2O$	100,00	0,41
H_3BO_3	0,12	0,00194
$ZnSO_4 \times 7\ H_2O$	0,18	0,00063
$MnCl_2 \times 4\ H_2O$	0,18	0,00091
$Na_2MoO_4 \times 2\ H_2O$	0,044	0,00018
$FeCl_3 \times 6\ H_2O$	0,76	0,00281
EDTA-Triplex	1,5	0,00403

ihrer großen Oberfläche ausreichend Platz für die Bildung neuer Fronds als Ausgangsmaterial für die Testkultur gewährleisten. Die Aquarien sollten mit Gaze abgedeckt sein, damit der Befall mit Insekten verhindert wird.

Die Vorkultur steht mindestens 7 Tage in einem Lichtregal (siehe unten) und kann bei Bedarf bis zu 14 Tage geführt werden. Die Erfahrungen zeigen, dass während dieser Zeit keine bakteriellen oder pilzliche Infektionen auftreten.

Testkultur und Exposition

Der Versuchsansatz mit der Testkultur wird mit Fronds aus der Vorkultur durchgeführt (Abbildung 14-4). Es werden nur vitale, grüne Pflanzen für den Ansatz ausgewählt. Das Nährmedium entspricht in seiner Zusammensetzung dem der Vorkultur. In 200 ml-Bechergläser werden jeweils 100 ml Nährlösung gefüllt. Dieser Ansatz wird mit demineralisiertem Wasser auf ein Volumen von 150 ml aufgefüllt, wobei jeweils die zu testende Schadstoffkonzentration zugeführt wird.

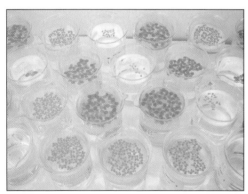

Abb. 14-4: Versuchsansatz mit Wasserlinsen in einem Lichtregal (Pickl, ÖkoTox GmbH Stuttgart).

Es werden folgende Konzentrationen an 3,5-DCP getestet:
- Kontrolle (ohne 3,5-DCP-Zusatz)
- 0,1 mg 3,5-DCP/l
- 0,5 mg 3,5-DCP/l
- 1,0 mg 3,5-DCP/l
- 3,0 mg 3,5-DCP/l
- 5,0 mg 3,5-DCP/l

Von jeder Versuchsvariante werden 5 Bechergläser als Replikate hergestellt. Der Gesamtumfang beträgt 30 Bechergläser. In jedes Becherglas werden aus der Vorkultur jeweils 5 Kolonien à 2 Fronds überführt, so dass die Ausgangszahl mindestens 10 Fronds ist. Die Frondzahl und die Frondfläche (siehe unten) sind zu Beginn des Versuches für jedes Becherglas zu notieren. Die Bechergläser werden für 7 Tage in ein Lichtregal gestellt.

Expositionseinrichtung

Für die Exposition der Testkultur ist ein einfaches Lichtregal geeignet. Dieses kann in einem Labor aufgestellt werden, das möglichst geringe Temperaturschwankungen aufweisen soll. Die Temperatur im Lichtregal sollte in einem Bereich zwischen 23 und 27 °C liegen. Als Lichtquelle eignen sich neutralweiße Kaltlicht-Neonröhren, die einen Spektralbereich von 400 bis 700 nm abdecken. Es ist darauf zu achten, dass alle Testgefäße in etwa in den gleichen Lichtgenuss kommen. Die Beleuchtungsstärke muss zwischen 3500 und 4500 lx liegen. Eine Randomisierung, das heisst eine zufällige Verteilung der Testgefäße und der Wechsel der Standorte im Lichtregal jeweils zu den Messzeiten kompensiert kleinere Abweichungen in den Expositionsbedingungen.

14.3.3 Versuchsauswertung

Bonitur

Die Pflanzen jeder Versuchsvariante werden zunächst visuell bewertet, indem der

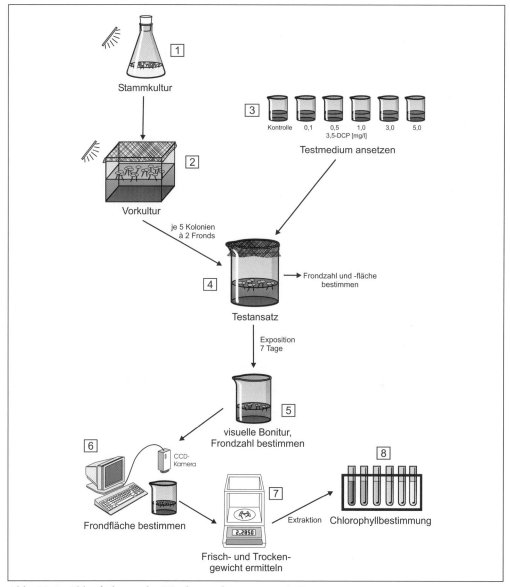

Abb. 14-5: Ablaufschema des Wachstumshemmtests mit *Lemna minor*.
(1) Stammkultur auf Agar,
(2) Vorkultur: Je 20 Fronds auf Nährlösung, 7-14 Tage,
(3) Testmedium ansetzen: 150 ml Nährlösung mit 3,5-DCP, 5 Replikate pro Variante,
(4) Testansatz: Je 5 Kolonien à 2 Fronds aus der Vorkultur werden in die Bechergläser überführt, Frondzahl und -fläche zu Versuchsbeginn bestimmt und die Ansätze 7 Tage exponiert,
(5) Visuelle Bonitur, Bestimmung der Frondzahl,
(6) Bestimmung der Frondfläche,
(7) Ermitteln von Frisch- und Trockengewicht,
(8) Chlorophyllbestimmung.

Zustand der Testpflanzen am Ende des Versuches beschrieben wird. Es sollen alle sichtbaren Veränderungen in der Entwicklung der Pflanzen jeder Belastungsvariante vergleichend erfasst werden. Als Boniturmerkmale dienen: Größe, Farbe und Form der Kolonien bzw. der Fronds, Verkrümmungen, Wurzelabwurf, Änderung der Wurzellänge und Wurzelfarbe, Verlust der Schwimmfähigkeit und Auflösung der Kolonien in einzelne Fronds.

Was ist eine Bonitur?

Mit einer Bonitur wird eine visuelle Einschätzung des Zustandes eines Objektes anhand von bestimmten Merkmalen vorgenommen. Man orientiert sich dabei im Allgemeinen an einer Ausgangsgröße (= Istwert) und bewertet das Merkmal entweder beschreibend oder vergleichend, zum Beispiel in Form einer prozentualen Skala. Da mit einer Bonitur keine quantitativen Messergebnisse erzielt werden und zudem der subjektive Fehler relativ hoch ist, sollte diese Methode in den meisten Fällen nur als Anhaltspunkt für weiterführende Untersuchungen dienen und diesen vorangestellt werden. Eine Bonitur wird in der landwirtschaftlichen Praxis, zum Beispiel bei der Erstellung der Entwicklungszyklen von Kulturpflanzen oder für die Höhe des Befalls mit Schadorganismen an Nutzpflanzen angewandt. Auch in der Ökotoxikologie bedient man sich der Bonitur, um eine toxische Wirkung visuell abzuschätzen oder zu beschreiben. So wird zum Beispiel die Ozonwirkung beim Tabakblatt durch eine Abschätzung des prozentualen Anteils der chlorotischen Fläche mittels einer Schätztafel ermittelt. Bei Wasserlinsen dient die Bonitur dazu, Schädigungen an der Population beschreibend zu erfassen.

Frondzahl

Zur Bestimmung des Wachstums wird in allen Varianten die Anzahl der Fronds bestimmt. Um die Streuung dieser Messung zu erfassen, sollen die Fronds jedes Becherglases mehrmals, optimalerweise von verschiedenen Personen, ausgezählt und hieraus der Mittelwert gebildet werden. Als ein Frond wird dabei die sichtbar unter einem Mutterfrond hervorgeschobene Blattfläche gewertet, die ohne Mikroskop mit dem Auge erkennbar ist.

Die Frondzahl wird zu Beginn des Versuches (0. Tag) und dann am 2., 4. und 7. Tag ermittelt. Zum Zählen eignen sich Handzählgeräte. Um das Zählen einer Kultur mit vielen Fronds zu erleichtern, empfiehlt es sich, das Becherglas auf einen skalierten Untergrund zu stellen, um so nacheinander die Fronds auf einzelnen Bereichen zu erfassen.

Bestimmung der Frondfläche

Als wesentlich objektiveres Kriterium als die Frondzahl hat sich die Bestimmung der gesamten Frondfläche erwiesen. Schadstoffwirkungen müssen beispielsweise keinen Einfluss auf die Anzahl neu gebildeter Tochterfronds haben, gleichzeitig wohl aber die Größe der einzelnen Fronds verändern. Um diese sehr genaue, bei manueller Ausführung aber zeitintensive Auswertung zu erleichtern, wird die Frondfläche digital mit Hilfe einer Videokamera aufgenommen. Die Zeitpunkte der Aufnahme sollten parallel zur Ermittlung der Frondzahl liegen. Die Bildanalyse erfolgt mit einem Computerprogramm. Das Ergebnis kann entweder als Gesamtfrondfläche oder als Bedeckungsgrad einer definierten Fläche angegeben werden.

Digitale Bildaufnahme und Bildanalyse

Digitale Bildaufnahme und Bildanalyse werden zunehmend auch im Bereich der Auswertung biologischer Testverfahren eingesetzt. Das bildverarbeitende System besteht aus einer CCD-Kamera mit geeignetem Objektiv als Bildaufnahmeeinheit und einer angekoppelten Mess- bzw. Bilddatenauswertung, die auf einem Rechnersystem unter Verwendung einer Bildverarbeitungssoftware vorgenommen wird. Nach der Aufnahme wird das Bild durch Bildverarbeitungsroutinen, die entweder selbst entwickelt oder käuflich erworben werden können, automatisch ausgewertet. Das Bild kann beispielsweise auf Zellzahl, Zellfläche, Zellvolumen oder Zellmorphologie untersucht werden.

Trocken- und Frischgewicht

Die Ermittlung des Frisch- oder Trockengewichtes erfolgt am Ende des Versuches. Diese werden als Bezugsgrößen zum Beispiel für den Chlorophyllgehalt (siehe unten) herangezogen. Hierfür werden jeweils zwei Bechergläser jeder Versuchsvariante ausgewählt. Alle Fronds eines Becherglases werden mit einem Sieb entnommen, abgetropft und vorsichtig auf Fließpapier gelegt. Man bedeckt anschließend die Pflanzen mit Fließpapier und entfernt mittels kurzzeitigen Andrückens per Handfläche weitestgehend das anhaftende Wasser. Anschließend wiegt man die Pflanzen und notiert das Frischgewicht. Die Verfahrensweise deutet bereits an, dass die Bestimmung des Frischgewichtes bei Wasserpflanzen keine zuverlässige Größe darstellt und der Fehler relativ hoch ist. Wesentlich geeigneter ist die Bestimmung des Trockengewichtes. Hierfür trocknet man die Fronds der Frischgewichtsbestimmung bei 105 °C im Trockenschrank bis zur Gewichtskonstanz. Es kann Alufolie verwendet werden, deren Tara vorher ermittelt wird. Nach dem Trocknen wird vom Gesamtgewicht das Eigengewicht der Folie abgezogen und das Trockengewicht der Pflanzen notiert.

Chlorophyllgehalt

Für die Chlorophyllanalyse werden pro Versuchsvariante jeweils 5 Replikate angesetzt. Die Extraktion des Chlorophylls erfolgt mit Methanol. Dazu werden in Reagenzgläsern ca. 200 mg Frischsubstanz mit 5 ml Methanol versetzt und bei 60 °C für 15 Minuten im Wasserbad erhitzt. Die genaue Einwaage der Frischsubstanz (FS) wird im Protokoll notiert. Nach dem Abkühlen wird die Absorption der Pigmente bei $\lambda = 665$ nm und $\lambda = 650$ nm gemessen. Gegebenenfalls muss eine Verdünnung hergestellt werden.

Der Gesamtchlorophyllgehalt berechnet sich bei 5 ml Methanol nach folgender Formel:

$$Chl_{ges} = MeOH \times [(A_{665} \times 4) + (A_{650} \times 23,5)] / FS$$

wobei:

Chl_{ges} = Gesamtchlorophyllgehalt [µg / g FS]

MeOH = Methanol [hier: 5 ml]

$A_{665/650}$ = Absorption bei $\lambda = 665/650$ nm

FS = Einwaage der Frischsubstanz [g]

Ergebnisdarstellung

Die Darstellung der Ergebnisse zur Bonitur der Versuchsvarianten kann in Form einer Tabelle erfolgen. Die einzelnen Abstufungen des auftretenden Schadbildes sollten durch beschreibende (z. B. dunkelgrün, mittelgrün, hellgrün) oder vergleichende Darstellungen (+++ = viel, + = wenig, - = keine Grünfärbung) charakterisiert werden.

Das visuelle Schadbild der Fronds erlaubt nur einen qualitativen Eindruck vom Ausmaß des Schädigungspotentials der getesteten Umweltchemikalie. Mit den ermittelten Testparametern Frondzahl, Frondfläche und Chlorophyllgehalt dagegen werden quantitative Daten erhalten, mit denen statistische Berechnungen möglich sind.

Eine quantitative Angabe des Wachstums unter Verwendung der Frondzahl ist durch die Wachstumsrate möglich, die wie folgt berechnet wird:

$$K = \frac{\log_{10}(F_d) - \log_{10}(F_0) \times 1000}{d}$$

wobei: K = Wachstumsrate

F_d = Frondzahl am Ende des Versuches

F_0 = Frondzahl zu Beginn des Versuches

d = Anzahl der Versuchstage

Anhand der Hemmwerte von Frondzahl oder Frondfläche sowie Chlorophyllgehalt einerseits und der Wachstumsrate andererseits, die allesamt metrische Daten darstellen, werden Konzentrations-Wirkungsbeziehungen grafisch dargestellt oder mathematisch angepasst (siehe Kapitel 4). Dies erlaubt eine mathematische oder graphische Bestimmung von Effektkonzentrationen (z.B. EC_{50}, EC_{10}). Alternativ ist es möglich, eine NOEC über den Dunnett- oder Williams-Test zu ermitteln, wenn hierfür die Voraussetzungen wie Normalverteilung und Varianzhomogenität erfüllt sind. Anderenfalls ist ein multipler U-Test mit Bonferroni-Holm Korrektur sinnvoll.

Anhand der gemessenen Toxizitätsparameter wird die Wirkung von 3,5-DCP auf das Wachstum von *L. minor* zusammenfassend beschrieben.

Gültigkeit des Tests

Für den Wachstumshemmtest mit *L. minor* richtet sich die Gültigkeit des Tests nach der Wachstumsleistung der unbelasteten Kontrolle. Das heißt, dass sich am Ende des Versuches nach 7 Tagen die Anzahl der Fronds pro Becherglas mindestens verachtfacht haben muss. Das entspricht einer Verdopplungszeit von ca. 2,5 Tagen und einer Wachstumsrate $K = 118$.

14.3.4 Fragen als Diskussionsgrundlage

- Stimmen die Aussagen der Boniturdaten mit den ermittelten Messwerten überein? Interpretieren Sie das Ergebnis des Versuches! Bewerten Sie kritisch die einzelnen Messverfahren bei Wasserlinsen!
- Wann ist es sinnvoll die Frondfläche anstelle der Frondzahl als Wirkungskriterium heranzuziehen?
- Für welche Toxizitätsprüfungen sind Wasserlinsen geeignete Testorganismen?

14.3.5 Literatur

LANDOLT, E., KANDELER, R. (1987): The family of Lemnaceae – a monographic study. Biosystematic investigations in the family of duckweeds (Lemnaceae). – Vol. 4, Veröffentlichungen des Geobotanischen Institutes der Eidg. Tech. Hochschule, Stiftung Rübel, Zürich, 638 S.

LEWIS, M. A. (1995): Use of freshwater plants for phytotoxicity testing: A review. – Environ. Pollut. 87, 319–336.

LINDMANN, C. A. M. (1917–1926): Bilder ur Nordens Flora. 3 ed. – Electronic ed. By Project Runeberg, 1994.

MOSER, H. (1999): Ökotoxikologische Untersuchungen von Tagebaurestseen in der Niederlausitz – Biologische Testverfahren zum Nachweis physiologischer Wirkungen. – Utz, München, 148 S.

SALLENAVE, R. M., FOMIN, A. (1997): Some advantages of the duckweed test to assess the toxicity of environmental samples. – Acta Hydrochim. Hydrobiol. 25 (3), 135–140.

WANG, W. (1990): Literature review on duckweed toxicity testing. – Environ. Res. 52, 7–22.

15 Toxizitätstest mit *Myriophyllum aquaticum*

15.1 Charakterisierung des Testorganismus

Myriophyllum aquaticum (Vell.) Verdcourt (Brasilianisches Tausendblatt) gehört zu der Abteilung Spermatophyta und der Familie Haloragaceae (Seebeerengewächse). Bei *Myriophyllum* handelt es sich um eine Gattung, die mit ungefähr 40 Arten weltweit verbreitet ist. *M. aquaticum* ist in weiten Teilen Südamerikas heimisch, inzwischen aber auch in Zentralamerika, Nordamerika und in einigen Teilen Europas, Afrikas, Asiens und Australiens eingebürgert. In manchen Ländern werden die Seitentriebe vom Menschen als Gemüse verzehrt, und auch Vieh und Wasservögel nutzen diese Pflanze als Nahrungsquelle. *Myriophyllum* wird häufig zur Reinigung von Gewässern verwendet, da sie ein hohes Potential zur Elimination von Stoffen aufweist. Außerdem bewirkt es eine mechanische Klärung der Gewässer, da es Strömungen reduziert und auf diese Art und Weise zum Sedimentfang beiträgt. Darüber hinaus wird durch die Pflanzen die Sauerstoffproduktion der Gewässer erhöht.

M. aquaticum ist eine im Sediment wurzelnde Wasserpflanze, die entweder emers, das heißt oberhalb der Wasseroberfläche, oder submers, also völlig untergetaucht lebt. In emerser Lebensweise entwickelt sie dickfleischige Stängel, die über einen Meter lang werden können (Abbildung 15-1). Die Blätter (Luftblätter) sind hell blaugrün, grob, kurz und samtartig glänzend. In den Achseln der Luftblätter bilden sich kurzgestielte Blüten. Die weiblichen Blüten befinden sich dicht über dem Wasserspiegel und haben kaum Kronblätter, während die männlichen Blüten sich oberhalb des Wasserspiegels entwickeln und vier weiße oder rosa Kronblätter haben. *Myriophyllum* streckt zur Blütezeit ihre Triebe über die Wasseroberfläche und wird so durch den Wind bestäubt.

Abb. 15-1: *Myriophyllum aquaticum* in emerser (links, Foto: Greczichen, IHI Zittau) und in submerser Lebensweise (rechts, Foto: Ziebart, IHI Zittau).

Bei submerser Lebensweise entwickeln die Pflanzen ein von der emersen Lebensweise völlig unterschiedliches Erscheinungsbild (Abbildung 15-1). Die Pflanzen sind hellgrün und bilden Girlanden. Sie sind wenig turgeszent und haben 3 bis 5 cm lange Blätter, die in 4 bis 6-zähligen Quirlen auftreten. Die Blätter sind federförmig in sehr schlanke und spitze Segmente zerteilt, von denen sich 4 bis 8 auf jeder Seite des Hauptnervs befinden. Morphologisch unterscheiden sich die Wasserblätter stark von den Luftblättern. Die Wasserblätter haben keine Kutikula, keine Spaltöffnungen, und die Zellen ihrer Epidermisschichten enthalten Chlorophyll. Außerdem ist das Palisaden- und Schwammparenchym zurückgebildet. In den Blattspreiten befindet sich ein ausgeprägtes Durchlüftungssystem. Dadurch zeigen die submersen Wassersprosse einen charakteristischen Aufbau. Die Kutikula ist in Form eines zarten Häutchens äußerst schwach ausgebildet. Die Leitgewebe sind zumeist zu einem zentralen Strang vereinigt, um den sich das Durchlüftungssystem anordnet (Abbildung 15-2).

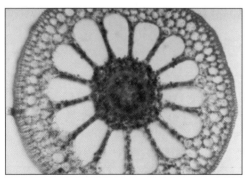

Abb. 15-2: Sprossquerschnitt von *Myriophyllum aquaticum* (Foto: Pfeiffer, Universität Hohenheim).

15.2 Anwendungsbereiche

Höhere Wasserpflanzen werden erst seit kurzer Zeit als Biotestorganismen für verschiedene Fragestellungen der aquatischen Toxikologie eingesetzt. Es gibt nach wie vor Defizite bei der Wasserprüfung, die weder durch Algen als niedere Pflanzen noch durch Wasserlinsen mit ihrer nicht wurzelnden Lebensweise abgedeckt werden können. So ist es folgerichtig, dass *Myriophyllum* als wurzelnde dikotyle Wasserpflanze für die Prüfung von Pestiziden im Rahmen von Zulassungsverfahren sowie für ökotoxikologische Untersuchungen von belasteten Sedimenten sinnvoll zum Einsatz kommen kann. Der Eintrag von Pestiziden über „runoff" ist ein Problem auf landwirtschaftlichen Flächen, da angrenzende Oberflächengewässer kontaminiert werden. Pestizide können im Sediment akkumuliert werden und eine potentielle Gefahr für wurzelnde Organismen darstellen. Seit einiger Zeit wird deshalb ein zusätzlicher Biotest mit einer wurzelnden Makrophyte gefordert.

Im Vergleich zu anderen wurzelnden Wasserpflanzen weist *Myriophyllum* unter Laborbedingungen eine relativ einheitliche Blattentwicklung sowie eine gute Bewurzelung auf. Die Pflanzen lassen sich zudem über Sprossfragmente leicht vermehren und garantieren durch diese ungeschlechtliche Vermehrung genetisch relativ einheitliches Versuchsmaterial. Es sind standardisierte Testverfahren für *M. sibiricum* (ROSHON et al. 1999) und *M. aquaticum* (TURGUT & FOMIN 2001) entwickelt worden.

15.3 Experiment: Wirkung von 2,4-Dichlorphenoxyessigsäure auf Sprosslängenzuwachs und Pigmentgehalt von *Myriophyllum aquaticum*

15.3.1 Testprinzip

Das Testprinzip besteht in der Erfassung der Toxizität von Schadstoffen auf *M. aquaticum* anhand morphologischer und physiologischer Wirkungskriterien wie visuelle Bonitur, Sprosslängenzuwachs, Chlorophyllgehalt und Carotinoidgehalt. Es wird mit verschiedenen Konzentrationen von 2,4-D eine Konzentrations-Wirkungsbeziehung aufgenommen. Anhand der Daten sollen die EC_{50}-Werte aller Wirkungskriterien grafisch und rechnerisch ermittelt werden.

Testsubstanz: 2,4-Dichlorphenoxyessigsäure (2,4-D, $C_8H_6Cl_2O_3$)

2,4-D ist ein Derivat der Phenoxyessigsäuren, die als Herbizide bei der Bekämpfung dikotyler Unkräuter eingesetzt werden. Die Weltproduktion von 2,4-D lag Anfang der neunziger Jahre bei 50000 t/Jahr. Die Anwendung als Herbizid erfolgt in Esterform und liegt zwischen 0,3 bis 4,5 kg/ha. Phenoxyessigsäuren wirken auf Pflanzen selektiv, da sie die Struktur des Wachstumshormons Auxin (Indolyl-3-essigsäure) imitieren. 2,4-D verursacht ein verstärktes, undifferenziertes Wachstum der Pflanzen („Wuchsstoff"). Eine Gefährdung durch 2,4-D ist insbesondere dann gegeben, wenn die Chemikalie ihren Anwendungsbereich ver-

---

lässt, Gewässer belastet und toxische Wirkungen bei Nichtzielorganismen, wie zum Beispiel Wasserpflanzen, hervorruft. Die Toxizität von 2,4-D auf Tiere ist relativ gering. Die Chemikalie ist biologisch abbaubar.

14.3.2 Versuchsanleitung

Benötigte Materialien:

- *Myriophyllum aquaticum*,
- Stammlösungen von 2,4-D,
- Hoagland Nährlösung,
- Ethanol (96 %),
- demineralisiertes Wasser,
- Turface (ersatzweise Sand),
- Autoklav,
- 500 ml-Erlenmeyerkolben,
- Cellulose-Stopfen,
- Eppendorf-Pipetten,
- Sterilbank,
- Waage,
- 30 Kulturröhrchen (25 x 200 mm) mit O-Tops,
- Schere,
- Pinzetten,
- Deckel für Reagenzgläser,
- Lineal,
- Alufolie,
- Lichtbank,
- Photometer,
- Abfallgefäße für Ethanol und 2,4-D.

Alle benötigten Materialien für die Kultur müssen vor dem Versuch autoklaviert werden.

Stammkultur

Pflanzen von *M. aquaticum* können als Aquariumpflanzen käuflich erworben werden. Optimalerweise empfiehlt es sich, von diesen Pflanzen eine sterile Stammkultur herzustellen. Die Pflanzen wachsen auf Hoagland Nährlösung (Tabelle 15-1) mit Agar unter emersen Bedingungen. Dazu werden 1-2 cm lange Pflanzenstücke mit je mindestens 2 Quirlen in Agar (Nährlösung mit 15 g Agar und 10 g Glukose pro Liter) eingepflanzt und vor der Weiterverwendung mindestens 4 Wochen kultiviert. Eine sterile Stammkultur hat den Vorteil, dass man ganzjährig auf ausreichend Versuchsmaterial zurückgreifen kann.

Ist eine sterile Stammkultur nicht möglich, kann auch mit einer insterilen Kultur gearbeitet werden, wobei aber prinzipiell eine mögliche Wirkung von Schadstoffen aufgrund anderer anhaftender Organismen kritisch diskutiert werden muss.

Überführung von Freilandpflanzen in eine sterile Laborkultur

Die Mehrzahl höherer Wasserpflanzen kann derzeit nicht, wie zum Beispiel Wasserlinsen, direkt von bestehenden Kultursammlungen bezogen werden. Man muss daher die Pflanzen im Freiland sammeln oder käuflich erwerben und versuchen, eine sterile Dauerkultur herzustellen. Diese soll frei von Bakterien, Algen oder Pilzen sein, die die Vermehrung oder die Nährstoffaufnahme der Organismen negativ beeinflussen können. Für die Sterilisationsprozedur werden gesund aussehende Pflanzen verwendet und im Labor in einem mit Nährstoffen angereicherten Medium unter zunächst insterilen Bedingungen vermehrt. In dieser Zeit tritt ein mehr oder weniger starkes Begleitwachstum von Algen und Mikroorganismen auf. Die anschließende Sterilisation erfolgt mit Lösungen von NaOCl oder CaOCl (10–14 %-iges aktives Chlor) in einer Konzentrationsreihe von 0,5 bis 10 % (v/v). Die Pflanzen werden vorzugsweise in einer Reinluftkammer der Anreicherungskultur entnommen und mehrmals mit sterilem, demineralisiertem Wasser abgespült, um anhaftende Organismen zu entfernen. Anschließend werden sie in die unterschiedlich konzentrierten Sterilisationslösungen eingebracht und darin geschwenkt. Die sterilisierten Pflanzen müssen gründlich gewaschen werden, um anhaftende Sterilisationslösung zu entfernen. Anschließend werden die Pflanzen in einer Nährlösung mit Zucker, Kasein und Hefeextrakt unter den gleichen Bedingungen wie vor der Sterilisation weiterkultiviert. Ein kleiner Prozentsatz an Pflanzen überlebt die Sterilisationsprozedur, ist keimfrei und lässt sich ohne Probleme vermehren.

Vorkultur

Die Vorkultur, die der Adaptation an die Testbedingungen sowie der Vermehrung der Pflanzen dient, wird submers unter sterilen Bedingungen herangezogen. Die Pflanzen werden der Stammkultur entnommen, die Triebe in 1–2 cm lange Stücke geschnitten und in 500 ml-Erlenmeyerkolben mit 400 ml Hoagland Nährlösung und 30 g Saccharose pro Liter überführt (Tabelle 15-1). Die Pflanzen verbleiben ca. 3 Wochen in der Vorkultur.

Testkultur und Exposition

Für den Versuch werden zunächst Kulturröhrchen (200 × 25 mm) mit 5 g Turface, das als synthetisches Sediment dient, befüllt und autoklaviert. Ebenfalls autoklaviert werden ca. zwei Liter Hoagland Nährlösung.

Es werden Stammlösungen von 2,4-D hergestellt, aus denen man unter der Sterilbank jeweils so viel Schadstofflösung zum

Tab. 15-1: Zusammensetzung der Hoagland Nährlösung (SELIM et al. 1989)

Hoagland's (mmol/l)	
N	15
P	2
K	20
Mg	0,2
Ca	5
Na	0,001
S	2,034
Cl	0,82
Mo	0,0005
Cu	0,0003213
Fe	0,200743
B	0,04206
Mn	0,0184
Zn	0,00077

Sediment hinzufügt, dass man nach dem anschließenden Auffüllen mit 50 ml Nährlösung folgende Schadstoffkonzentrationen erhält:

- Kontrolle (ohne 2,4-D-Zusatz)
- 19 µg 2,4-D /l
- 56 µg 2,4-D /l
- 167 µg 2,4-D /l
- 500 µg 2,4-D /l
- 1500 µg 2,4-D /l

Alle Varianten werden in 5 Replikaten angesetzt. Für die genaue Berechnung eines EC_{50} (s. u.) ist es sinnvoll, eine größere Anzahl an Konzentrationen mit weniger Replikaten einzusetzen. Allerdings ist in diesem Fall mit einem größeren Standardfehler innerhalb der Replikate zu rechnen.

Abb. 15-3: Segmente von *Myriophyllum aquaticum* und Wachstum der emersen Pflanzen in Turface als synthetischem Sediment (Foto: Turgut, Universität Hohenheim).

Zur Gleichgewichtseinstellung bleiben die Ansätze mindestens eine Stunde ruhig stehen. Danach werden von den Trieben der Vorkultur 3 cm lange Stücke geschnitten, in das Turface in die Kulturröhrchen eingepflanzt (Abbildung 15-3) und diese mit O-Tops (ersatzweise Watte) verschlossen.

Die Kulturröhrchen werden in eine Lichtbank gestellt und bei Temperaturen von etwa 25 °C tagsüber und etwa 20 °C nachts 14 Tage exponiert. Es wird ein Hell-Dunkel-Rhythmus von 16:8 Stunden eingestellt, wobei am Tag die Lichtstärke 10 000 bis 14 000 lx beträgt.

15.3.3 Versuchsauswertung

Visuelle Bonitur

Bei der Bonitur werden die Farbe der Pflanzen und die Länge der Blätter eingeschätzt. Zudem wird festgehalten, wie verdickt die Stängel aussehen, und die Form der Triebspitze wird beurteilt.

Bestimmung des Längenzuwachses

Der Längenzuwachs der Haupttriebes wird mit einem Lineal gemessen.

Bestimmung des Chlorophyll a-, Chlorophyll b- und Carotinoidgehalts

Von der Triebspitze werden ca. 50 mg Pflanzenmaterial entnommen und in 10 ml Ethanol (96 %-ig) gelegt. Danach werden die Proben im Kühlschrank für 24 Stunden extrahiert. Das genaue Frischgewicht wird im Protokoll notiert.

Die Absorption A_l des Extraktes wird bei den Wellenlängen $\lambda = 665$ nm für Chlorophyll a, $\lambda = 649$ nm für Chlorophyll b und $\lambda = 470$ nm für Carotinoide am Photometer bestimmt. Aus den gemessenen Werten wird der Gehalt an Chlorophyll a, Chloro-

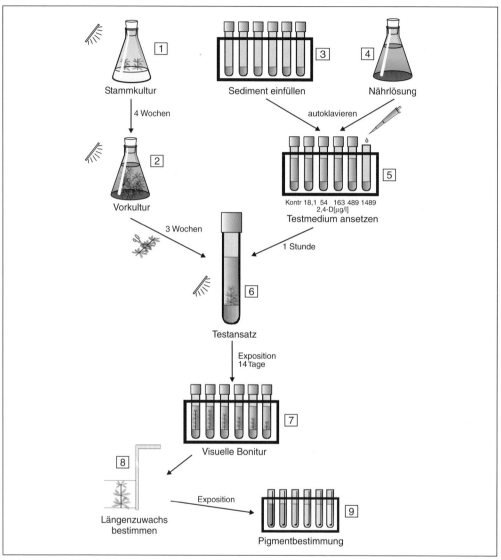

Abb. 15-4: Ablaufschema des Toxizitätstests mit *Myriophyllum aquaticum*.
(1) Stammkultur auf Agar (emers),
(2) Vorkultur in Nährlösung (submers),
(3) Sediment einfüllen: Je 5 g Turface pro Kulturröhrchen, zusammen mit
(4) Hoagland-Nährlösung (ca. 2 Liter) autoklavieren,
(5) Testmedium ansetzen: 2,4-D-Stammlösung in entsprechender Konzentration zum Sediment geben, mit je 50 ml Nährlösung überschichten. 5 Replikate pro Variante,
(6) Testansatz: 3 cm lange Triebe der Vorkultur in die Kulturröhrchen pflanzen und 14 Tage exponieren,
(7) visuelle Bonitur,
(8) Längenzuwachs bestimmen,
(9) Pigmentbestimmung.

phyll b und Carotinoiden in [µg/ml Pflanzenextrakt] nach folgender Gleichung errechnet:

$$Chl_a = 13,95 \times A_{665} - 6,88 \times A_{649}$$

$$Chl_b = 24,96 \times A_{649} - 7,32 \times A_{665}$$

$$Carotinoide = (1000 \times A_{470} - 2,05 \times Chl_a - 114,8 \times Chl_b)/245$$

wobei: Chl_a = Gehalt an Chlorophyll a [µg/ml Pflanzenextrakt]

Chl_b = Gehalt an Chlorophyll b [µg/ml Pflanzenextrakt]

Car = Gehalt an Carotinoiden [µg/ml Pflanzenextrakt]

A_λ = Absorption bei der Wellenlänge λ

Erstellen einer Konzentrations-Wirkungs-Kurve

Für die gemessenen Wirkungskriterien Längenzuwachs und Pigmentgehalte werden jeweils Konzentrations-Wirkungskurven erstellt. Hierbei rechnet man die erhaltenen relativen Daten prozentual im Vergleich zur Kontrolle um und trägt diese gegen die Konzentrationen auf.

Grafische Bestimmung des EC$_{50}$

Die Bestimmung des EC_{50} erfolgt durch die Erstellung einer Konzentrations-Wirkungs-Kurve auf Wahrscheinlichkeitspapier mit logarithmischer Abszisse. Es sollten nur die Konzentrationen berücksichtigt werden, die eine Hemmung zwischen 10 und 90 % hervorrufen. Anschließend wird eine Gerade durch die Punkte gelegt und beim Schnittpunkt der Geraden mit der Parallelen zur x-Achse der EC_{50} abgelesen.

Rechnerische Bestimmung des EC$_{50}$

Der EC_{50}-Wert kann rechnerisch unter Verwendung des logistischen Modells mit 4-Parametern nach STREIBIG et al. (1988) nach folgender Formel mit Hilfe der nichtlinearen Regression errechnet werden, wenn eine geeignete Software vorhanden ist:

$$y = C + \frac{D-C}{1 + e^{(b(\ln(x) - \ln(EC_{50})))}}$$

wobei: y = Wirkung
x = Konzentration
D = obere Grenze der Wirkung
C = untere Grenze der Wirkung
b = Steigung
EC_{50} = Konzentration, die 50 % Wirkung verursacht.

Bei nur 4 bis 6 Konzentrationen ist möglicherweise eine einfacheres Dosis/Wirkungsmodell mit zwei Parametern und mit Hilfe der linearen Regression anpassbar.

Die grafisch und rechnerisch ermittelten EC_{50} aller Wirkungskriterien werden miteinander verglichen.

15.3.4 Fragen als Diskussionsgrundlage

- Stimmen Bonitur- und Messdaten überein? Welche Wirkungskriterien waren am empfindlichsten?
- Warum ist bei der Prüfung von Wuchsstoffherbiziden häufig eine fördernde Wirkung auf das Pflanzenwachstum zu beobachten?
- Warum ist eine wirkungsbezogene Untersuchung von Pflanzenschutzmitteln auf Algen und Wasserlinsen als Vertreter der Pflanzen unzureichend?
- Wie kann man die Gefährdung der Umwelt durch Pflanzenschutzmittel einschätzen?

15.3.5 Literatur

ROSHON, R. D., McCANN, J. H., THOMPSON, D. G., STEPHENSON, G. R. (1999): Effects of seven forestry management herbicides on *Myriophyllum sibiricum*, as compared with other nontarget organisms. – Can. J. For. Res. 29, 1158–1169.

SELIM, S. A., O'NEAL, S. W., ROSS, M. A., LEMBI, C. A. (1989): Bioassay of photosynthetic inhibitors in water and aqueos soil extracts with Eurasian watermilfoil (*Myriophyllum spicatum*). – Weed Sci. 37, 810–814.

STREIBIG, J. C., TUDEMO, M., JENSEN, J. E. (1993): Dose response curves and statistical models. – In: STREIBIG, J. C., KUDSK, P. (eds.): Herbicide bioassay. CRC Press, Boca Raton, 29–55.

TURGUT, C., FOMIN, A. (2001): Establishment of standardized growth conditions of *Myriophyllum aquaticum* (Vell.) Verdcourt for testing sediment toxicity. – J. Appl. Bot. 75, 80–84.

16 Keimungs- und Wurzellängentest mit *Lepidium sativum*

16.1 Charakterisierung des Testorganismus

Gartenkresse (*Lepidium sativum* (L.), Abbildung 16-1) gehört zur Familie der Brassicaceae (Kreuzblütengewächse), die etwa 150 Arten krautiger Pflanzen umfasst. *L. sativum* kommt ursprünglich aus Vorderasien. Die Römer brachten die Gartenkresse nach Mitteleuropa, wo sie eine weite Verbreitung und Nutzung, vor allem zur Zubereitung von Salat, gefunden hat. Die Pflanzen, von denen man meistens nur die jungen Sprosse mit den Keimblättern nutzt, enthalten viel Vitamin C, außerdem die Vitamine B1 und K sowie Schwefel und Eisen.

L. sativum ist ein einjähriger, schnellwüchsiger Lichtkeimer. Die Keimwurzel wächst streng positiv geotrop, also zur Erde hin, und bildet erst nach etwa einer Woche Nebenwurzeln. Gartenkresse kann an einem hellen Ort normalerweise das ganze Jahr über auf kleinen Petrischalen oder anderen Behältnissen ausgesät und zur Keimung gebracht werden. Es empfiehlt sich, hierfür einen saugfähigen Untergrund zu verwenden, auf dem Kressesamen ausgestreut und feuchtgehalten werden. Die im Samen gespeicherten Nährstoffe genügen dem heranwachsenden Keimling für die erste Woche zu einer normalen Entwicklung. Die Kulturlösung kann, muss aber nicht unbedingt zusätzliche Nährsalze enthalten. Toxische Stoffe im Kulturwasser hemmen das Wurzelwachstum. Die aufgeführten Eigenschaften von *L. sativum* macht man sich für ihre Verwendung als Testorganismus zu Nutze.

16.2 Anwendungsbereiche

Der Biotest mit *L. sativum*, der von LÜSSEM & RAHMANN (1980) erstmals beschrieben wurde, wird gegenwärtig in den verschiedensten Variationen zur Beurteilung von Bodenqualitäten sowie zum

Abb. 16-1: *Lepidium sativum.* Blühende Pflanzen (links, Foto: Pickl, ÖkoTox GmbH Stuttgart) und Samen (rechts, Foto: Seeds Biology Program, Ohio State University, http://ohioline.osu.edu).

Nachweis von Boden- und Wasserbelastungen eingesetzt. Die Versuchsanordnungen umfassen dabei Topfversuche in Erde, Hydrokulturansätze mit schwimmenden Samenträgern und Petrischalen mit getränktem Filterpapier.

16.3 Experiment: Wirkung von Cadmium auf Keimrate und Wurzellänge von *Lepidium sativum*

16.3.1 Testprinzip

Beim Kresse-Test wird der Einfluss von Schadstoffen auf die Stoffwechselvorgänge der Keimung und der Jungpflanzenentwicklung, im Besonderen der Keimlingswurzel bestimmt. Die hohe Sensitivität der Pflanzen während dieses frühen Entwicklungsstadiums ist für eine Schadstoffindikation sehr gut geeignet. Die Keimrate sowie die Länge der sich innerhalb der ersten fünf Tage entwickelnden Keimwurzel sind ein Maß für die Höhe der Schadstoffbelastung.

Vorkommen und Wirkung der Testsubstanz Cadmium können in Kapitel 6 nachgelesen werden.

16.3.2 Versuchsanleitung

Benötigte Materialien:

- Kressesamen,
- Nährlösung nach Knop,
- Cadmium-Stammlösung,
- 6 × 20 ml-Bechergläser zur Herstellung der Verdünnungsansätze,
- Glaspipetten und Peleusball,
- Eppendorfpipette und -spitzen,
- 18 × 400 ml-Bechergläser oder Aquarien,
- Netz-Einsätze,
- Versuchsprotokoll-Vordrucke,
- Stift zum Beschriften,
- evtl. PC mit Bildverarbeitungsprogramm,
- Lineal,
- Abfallgefäß für Cadmium.

Samenmaterial

Im Kresse-Test können Samen verschiedener Sorten verwendet werden, die über den Fachhandel erhältlich sind. Gute Erfahrungen wurden mit Samen der Sorte „Sprint" gemacht. Wählt man andere Sorten, so müssen Untersuchungen zu ihrer Eignung vorangestellt werden, um insbesondere nach längerer Lagerung zu prüfen, ob die Samen die geforderte Keimfähigkeit aufweisen. Darüber hinaus muss die gewählte Sorte bei Belastung mit Referenzsubstanzen über eine gute Empfindlichkeit und eine geringe Streuung der Wirkungskriterien verfügen. Zur Überprüfung der Keimfähigkeit und der Keimlingsentwicklung ist es ratsam, vor Versuchsbeginn eine Keimprobe mit 100 Samen in drei Wiederholungen durchzuführen. Zur Anwendung im Experiment sollten nur Samen solcher Sorten kommen, die über eine Keimfähigkeit von mindestens 90 % verfügen. Als Versuchsmaterial sind Samen zu selektieren, die keinerlei äußerliche Beschädigungen, eine abweichende Farbe oder Befall mit Pilzen aufweisen. Selektierte Samen sollten nach Möglichkeit für spätere Versuche gelagert werden.

Exposition

Die Exposition der Samen erfolgt in Bechergläsern oder kleinen Aquarien mit einem Volumen von 400 ml. In jedes dieser Gefäße werden ein Glaseinsatz zum Auflegen des Netzes und ein Edelstahlnetz mit einer Maschenweite von 1 mm eingepasst (Abbildung 16-2). Um ein ausreichendes Wurzelwachstum der Pflanzen nach der Keimung zu gewährleisten, wird eine Nährlösung nach KNOP (Tabelle 16-1) in einer 50 %-igen Verdünnung sowohl in den Kontroll- als auch in den Belastungsansätzen verwendet.

Getestet werden folgende Cadmiumkonzentrationen als Cadmiumsulfat ($3CdSO_4 \times 8H_2O$ /l):

Tab. 16-1: Zusammensetzung der Nährlösung nach KNOP (zitiert in SCHROPP 1951).

	Zusammensetzung pro Liter	Makronährstoffe	Konzentration (mM)
$Ca(NO_3)_2$	1,0 g	N	14,65
KNO_3	0,25 g	P	1,83
KH_2PO_4	0,25 g	K	5,90
KCl	0,12 g	S	1,01
$MgSO_4 \times 7\,H_2O$	0,25 g	Mg	1,01
$FeCl_3$ (5 %)	1 Tropfen	Ca	6,09

- Kontrolle (ohne Cd-Zusatz)
- 0,1 mg Cd/l ($\hat{=}$ 0,68 mg Cadmiumsulfat/l)
- 0,5 mg Cd/l ($\hat{=}$ 3,4 mg Cadmiumsulfat/l)
- 1 mg Cd/l ($\hat{=}$ 6,8 mg Cadmiumsulfat/l)
- 3 mg Cd/l ($\hat{=}$ 21 mg Cadmiumsulfat/l)
- 5 mg Cd/l ($\hat{=}$ 34 mg Cadmiumsulfat/l)

In jedes Gefäß werden 200 ml Testmedium gegeben, so dass sich zwischen den Netzmaschen ein geschlossener Wasserfilm bildet, der die Samen zwar umfasst, aber nicht völlig überdeckt. So steht den Samen genügend Feuchtigkeit zur Keimung zur Verfügung. Gleichzeitig ist eine ausreichende Sauerstoffversorgung gewährleistet. Anschließend werden pro Gefäß 50 Samen vereinzelt auf das Netz gelegt. Jeder Ansatz wird in drei Wiederholungen hergestellt. Die Gefäße werden in ein Lichtregal gestellt (Abbildung 16-2).

Die Exposition erfolgt bei einer Temperatur von 22–24 °C und einer Dauerbeleuchtung von 2000 lx. Nach vier Tagen werden die Netze aus den Gefäßen genommen und die Wurzeln gründlich abgespült, um mögliche anhaftende Niederschläge der Probe zu entfernen. Anschließend werden die Keimlinge vorsichtig aus dem Netz präpariert (Abbildung 16-3). Der gesamte Versuchsablauf ist schematisch in Abbildung 16-4 dargestellt.

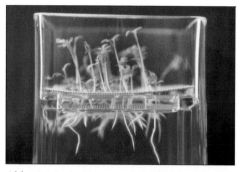

Abb. 16-2: Samen von *Lepidium sativum* keimen auf einem Edelstahlnetz in einem Aquarium (links). Versuchsansatz im Lichtregal (rechts) (Fotos: Pickl, ÖkoTox GmbH Stuttgart).

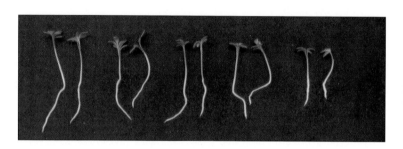

Abb. 16-3: Keimlinge von *Lepidium sativum* nach Belastung der Samen mit Cadmium in steigender Konzentration (von links nach rechts) (Foto: Pickl, ÖkoTox GmbH Stuttgart).

Alternativer Versuchsansatz in Petrischalen

Filterpapier wird in Petrischalen ausgelegt und mit Testmedium getränkt. Dazu sind etwa 4 ml nötig. Dieser Wert muss vorher überprüft werden und für alle Ansätze einheitlich sein. Auf das angefeuchtete Filterpapier werden je Petrischale 10 Kressesamen gleichmäßig verteilt. Für jede Konzentrationsstufe oder Probelösung werden drei Wiederholungen angesetzt. Die Petrischalen werden mit dem Deckel verschlossen, zum Verdunstungsschutz in Plastiktüten gepackt und bei 20 °C für 5 Tage inkubiert. Nach dieser Zeit wird die Zahl der gekeimten Samen pro Petrischale und Wurzel- und Hypokotyllänge jedes Keimlings mit einem Lineal auf 1 mm genau bestimmt. Zusätzlich kann das Gesamtgewicht der Keimlinge je Petrischale als Wirkungskriterium herangezogen werden.

16.3.3 Versuchsauswertung

Nach Entfernung der Keimblätter werden die Pflanzen in Wurzel und Hypokotyl getrennt, mit einem Lineal vermessen und die Keimrate bestimmt. Alternativ können die Ansätze auch mit einer Videokamera aufgenommen und die Wurzel- und Hypokotyllänge mit Hilfe eines Bildverarbeitungsprogramms ermittelt werden. Die Keimhemmung wird für jede Konzentrationsstufe prozentual zur Kontrolle angegeben.

Die Hemmung des Wurzelwachstums wird folgendermaßen ermittelt: Zunächst wird aus den Medianen pro Replikat der Mittelwert und die Standardabweichung berechnet und hieraus der Variationskoeffizient bestimmt. Es soll überprüft werden, ob die Mediane in den Wiederholungen auffällig voneinander abweichen, um die Gültigkeit

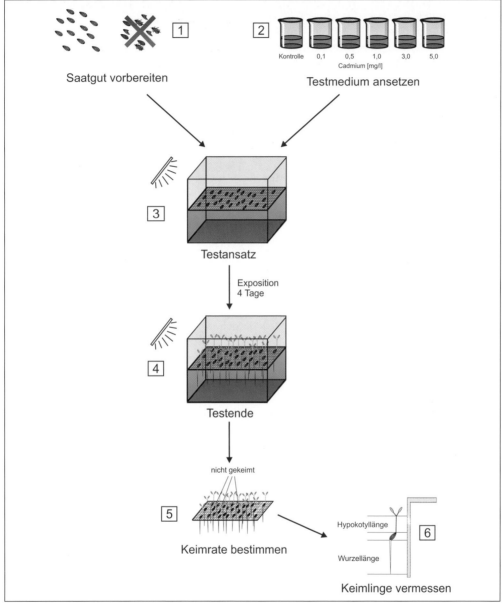

Abb. 16-4: Ablaufschema des Keimungs- und Wurzellängentests mit *Lepidium sativum*.
(1) Vorbereiten des Saatgutes: Aussortieren beschädigter, verpilzter oder verfärbter Samen,
(2) Testmedium ansetzen: Nährlösung nach Knop mit entsprechendem Cadmiumzusatz,
(3) Testansatz: 200 ml Testmedium pro Gefäß, 50 Samen pro Ansatz, je 3 Replikate. Anschließend Exposition über 4 Tage,
(4) Testende: Netze mit Keimlingen werden entnommen,
(5) Bestimmen der Keimrate,
(6) Vermessen der Keimlinge getrennt nach Wurzel- und Hypokotyllänge.

des Tests zu bestimmen (SACHS 2002). Die prozentuale Hemmung (H) des Wurzelwachstums errechnet sich aus der prozentualen Verringerung der im Testansatz erreichten medianen Wurzellänge (L_V) in Relation zur medianen Wurzellänge im Kontrollansatz (L_0):

$$\%H = \frac{L_0 - L_V}{L_V} \times 100$$

Die Hemmung des Hypokotylwachstums wird analog zu der des Wurzelwachstums bestimmt.

Gültigkeit des Tests

Der Test ist gültig, wenn die Keimrate in der Kontrolle mindestens 90 % beträgt. Der Variationskoeffizient (siehe Kapitel 4) der Wurzellängen je Konzentrationsstufe sollte nicht über 30 % liegen. Analog wird mit der Hypokotyllänge verfahren.

16.3.4 Fragen als Diskussionsgrundlage

- Vergleichen Sie die Wirkung des Schadstoffs auf die verschiedenen Wirkungskriterien! Welches Wirkungskriterium ist am empfindlichsten?
- Warum hat der Kressetest nur bedingt eine Aussage für Wasserpflanzen?

16.3.5 Literatur

LÜSSEM, H., RAHMAN, A. (1980): Wurzellängentest mit Gartenkresse. – Vom Wasser 54, 29–35.

SACHS, L. (2002): Angewandte Statistik. – Anwendung statistischer Methoden. – 10. Aufl., Springer-Verlag, New York / Heidelberg; 889 S.

SCHROPP, W. (1951): Der Vegetationsversuch. 1. Die Methodik der Wasserkultur bei Pflanzen. – Methodenbuch Band VII, Neumann Verlag, Radebeul/Berlin, 313 S.

17 Kleinkerntest mit *Tradescantia* spec. (Trad-MCN-Test)

17.1 Charakterisierung des Testorganismus

Tradescantia gehört zur Familie der einkeimblättrigen Commelinaceae. Bekannt ist sie unter den Namen Dreimasterblume, Taublume oder Spinnwurz. *Tradescantia* ist eine Staudenpflanze mit einer Wuchshöhe von 50 bis 90 cm. Im 17. Jahrhundert wurden winterharte Arten von John Tradescant aus dem Ursprungsgebiet Nordamerikas nach Europa gebracht. Heute zählt *Tradescantia* in Europa zu den Zierpflanzen und ist in Gärten und Parkanlagen zu finden.

Der lila-farbig blühende *Tradescantia* spec. Klon 4430 (Abbildung 17-1) ist ein steriler heterozygoter Hybrid aus der Kreuzung von *T. hirsutiflora* (blau-farbig blühend) und *T. subacaulis* (pink-farbig blühend). Die Pflanzen sind infertil, und ihre Vermehrung erfolgt vegetativ durch Stecklingsteilung, wodurch genetisch einheitliches Untersuchungsmaterial gewährleistet wird. Zur Verjüngung der Kultur werden Pflanzen aus den Pflanztöpfen herausgenommen, die Stecklinge je nach Bedarf in zwei bis vier Teile geteilt und in frische Erde eingepflanzt.

Die Blüten sind dreizählig und lassen deutlich Kelch und Krone erkennen. Sie stehen in Wickeln, wobei 16 bis 20 Knospen wie eine große Einzelknospe (Blütenstand) erscheinen (Abbildung 17-1).

Tradescantia zählt mit ihren sechs großen Chromosomenpaaren zu den Pionierpflanzen zytogenetischer Experimente. Deshalb sind die einzelnen Stadien der Meiose (Reifeteilung) ausgiebig untersucht. Die Meiose in Keimzellen erfolgt in zwei Teilungsschritten (Abbildung 17-2). Jede einzelne Knospe innerhalb eines Blütenstandes

Abb. 17-1: Habitus von *Tradescantia* spec. Klon 4430 (Foto: Pickl, ÖkoTox GmbH Stuttgart).

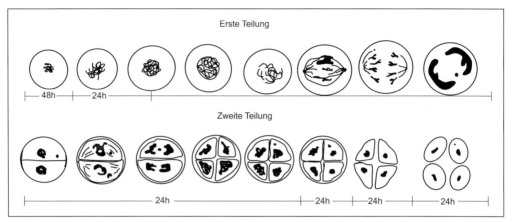

Erste Teilung

48h 24h

Zweite Teilung

24h 24h 24h 24h

Abb. 17-2: Meiotische Teilung von Keimzellen in *Tradescantia* spec. In der frühen Prophase der meiotischen Teilung reagiert das Erbgut empfindlich auf Schadstoffe.

weist ein bestimmtes Stadium der Pollenmeiose auf. Der Reifezustand der Pollenmutterzellen nimmt darin von unten nach oben zu. Für *Tradescantia* wird die Gesamtdauer der Meiose bei Pollenmutterzellen mit etwa fünf Tagen angegeben. Für Untersuchungen zur Beeinflussung des Erbgutes durch Schadstoffe ist die Kenntnis über den zeitlichen Ablauf der Reifeteilung wichtig, da nur durch eine richtige Exposition Effekte erkennbar werden. Ein großer Vorteil von *Tradescantia* besteht darin, dass in jedem Blütenstand nur jeweils eine Knospe ein synchrones Tetradenstadium aufweist, in dem die Folgen von Veränderungen des genetischen Materials zum Beispiel in Form von Kleinkernen sichtbar werden. Dadurch ist es möglich, die Pflanzen in einem Verfahren zur Erfassung genotoxischer Wirkungen von Schadstoffen einzusetzen.

17.2 Anwendungsbereiche

Der Kleinkerntest mit *Tradescantia* wird für vielfältige Fragestellungen bei Untersuchungen von Industrieabwässern und Sickerwässern aus Mülldeponien sowie zur Überwachung von Innenraumbelastungen und Luftverunreinigungen in der Umgebung von Müllverbrennungsanlagen eingesetzt (z. B. HELMA et al. 1994, FOMIN & HAFNER 1998, PICKL 1999). Hervorzuheben ist außerdem das umfangreiche Datenmaterial zur Einzelsubstanzprüfung. Bislang wurden mehr als 140 gesundheitsrelevante Stoffe auf ein genotoxisches Potential getestet (z. B. MA et al. 1984).

17.3 Experiment: Wirkung von Arsen auf die Bildung von Kleinkernen in Pollenmutterzellen von *Tradescantia* spec.

17.3.1 Testprinzip

Das Prinzip des Trad-MCN-Tests beruht auf der Erfassung von Mutationen in Keimzellen, die sich in der Bildung von Kleinkernen äußern. In der frühen Prophase der Meiose reagieren die Pollenmutterzellen von *Tradescantia* spec. sehr empfindlich auf Schadstoffe. Die Folge sind Chromosomenbrüche (Klastogenese) oder Aneuploidien, das heißt falsche Chromosomen-Aufteilungen, die sich in den Zellen späterer Entwicklungsstadien als Kleinkerne mani-

festieren (Abbildung 17-3). Diese werden im frühen Tetradenstadium der zweiten Reifeteilung mikroskopisch ausgewertet. Die Zellen haben in diesem Stadium einen Durchmesser von 18 bis 22 µm, die außerhalb des Zellkerns im Cytoplasma liegenden Kleinkerne einen Durchmesser von durchschnittlich 0,5 bis 3,0 µm. Die Häufigkeit von Kleinkernen, dargestellt als Kleinkernrate, gilt als Maß für das genotoxische Potential eines Stoffes oder eines Stoffgemisches.

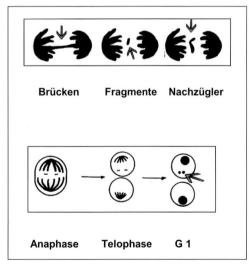

Brücken   Fragmente   Nachzügler

Anaphase   Telophase   G 1

Abb. 17-3: Bildung von Kleinkernen (Pfeile) in Zellen während der Teilung durch Aneuploidien und Klastogenese.

Testsubstanz: Arsen (III)-oxid (A$_2$O$_3$, Arsenik)

Elementares Arsen ist ungiftig, oxidiert aber sehr leicht zu Arsenik. Arsenik wurde früher vor allem in verschiedenen Bereichen der Medizin (Zahnheilkunde, Homöopathie, Tropenmedizin) sowie der Landwirtschaft (Pestizidherstellung) verwendet. Seit 1949 ist in Deutschland der Einsatz arsenhaltiger Pestizide verboten. Heute finden arsenhaltige Verbindungen in der Industrie Anwendung (Halbleiterherstellung, Elektronikindustrie).
Arsenik ist eine hoch toxische Substanz, deren dreiwertige Salze durch eine höhere Toxizität gekennzeichnet sind als fünfwertige Verbindungen. Bei chronischer Arsenikvergiftung lassen sich Reizungen der Schleimhäute von Augen, Nase und Rachen beobachten, so dass die Nahrungsaufnahme erschwert ist und eine deutliche Heiserkeit hinzukommt. Bei akuter Intoxikation löst Arsenik Übelkeit, Erbrechen und Durchfall aus und endet häufig mit dem Tod durch Herzlähmung.
Primär wirken Arsenverbindungen als Gifte für Enzyme, die reich an Sulfhydryl(SH)-Gruppen sind. Arsenverbindungen sind kanzerogene Stoffe. Realgar (As$_4$S$_4$) war die erste chemische Verbindung, für die eine krebserzeugende Wirkung nachgewiesen wurde. Paracelsus konnte zeigen, dass Realgar für den Lungenkrebs der Bergleute mitverantwortlich war. Auch bei Winzern, die arsenhaltige Pestizide in ihren Weinbergen verwendeten, traten häufig Hautkrebserkrankungen auf, auch „Kaiserstuhlkrank-

heit" genannt. Es ist also Vorsicht beim Umgang mit Arsen geboten!

17.3.2 Versuchsanleitung

Benötigte Materialien:

- 60 *Tradescantia*-Schnittlinge,
- Arsen-Stammlösung,
- Hoagland-Nährlösung,
- Eisessig-Ethanol-Gemisch,
- Ethanol (70 %-ig),
- Karminessigsäure,
- 6 x 20 ml-Bechergläser für Arsenik,
- Glaspipetten und Peleusball,
- Eppendorfpipette und -spitzen,
- 4 x 400 ml-Bechergläser,
- Alufolie,
- Versuchsprotokoll-Vordrucke,
- Stift zum Beschriften,
- Rasierklinge,
- Lichtbank,
- Lichtmikroskop (400-fache Vergrößerung),
- Objektträger und Deckgläschen,
- Präparierbesteck,
- Schnappdeckelgläschen,
- Zählapparat,
- Abfallgefäß für Arsenik.

Pflanzenanzucht

Der für das beschriebene Experiment benötigte *Tradescantia*-Klon 4430 kann entweder als Ganzpflanze oder in Form von Schnittlingen über die ÖkoTox GmbH (www.oekotox.com) erworben werden.

Eine Anzucht der Pflanzen erfolgt vorzugsweise in einem Gewächshaus. Als Pflanzsubstrat wird eine Einheitserde verwendet, der in Abständen von 14 Tagen ein Dünger (z. B. Kamasol rot 5+8+10, 1 ml/l) zugeführt wird. Ein Einsatz von Pflanzenschutzmitteln sollte möglichst vermieden werden. Stattdessen ist vorbeugenden Maßnahmen der Vorzug zu geben. Verfaulte und vertrocknete Blätter müssen regelmäßig entfernt, Stielstümpfe abgeschnittener Blüten-

stände möglichst kurz gehalten werden. Ist ein Insektizideinsatz unumgänglich, muss unbedingt geprüft werden, ob die Mutationsrate der gespritzten Pflanzen über der spontanen Mutationsrate ungespritzter Kontrollpflanzen liegt. In diesem Fall dürfen die Pflanzen nicht zu Versuchszwecken freigegeben werden.

Vorbereitung der Testpflanzen

Am Vortag des Versuches werden junge, noch nicht aufgeblühte Blütenstände als ca. 20 cm lange Schnittlinge im Gewächshaus geerntet, ins Labor transportiert und bis zur Exposition in Bechergläsern in eine Lichtbank (Tag-/Nachtrhythmus 16:8 Stunden) gestellt.

Exposition

Es werden 250 ml Nährlösung in 400 ml-Bechergläser gefüllt. In Tabelle 17-1 ist die Zusammensetzung der Hoagland Nährlösung (HOAGLAND & ARNON 1938) angegeben, die mit demineralisiertem Wasser auf 1:3 verdünnt wird. Dafür werden 10 ml jeder Stammlösung auf 1 l demineralisiertes Wasser gegeben.

Die Bechergläser werden mit Alufolie abgedeckt, in die kleine Löcher gestanzt werden. Pro Versuchsvariante werden 15 Schnittlinge auf eine einheitliche Länge von 15 cm abgeschnitten. Es sollte eine scharfe Rasierklinge verwendet werden, da das Schneiden mit einer Schere häufig zu Verletzungen der Sprossachse bzw. zu Problemen bei der Wasserleitung der Schnittlinge führt. Die Schnittlinge werden so in das Becherglas gesteckt, dass sie weit genug in die Lösung ragen ohne jedoch das Glas zu berühren.

Arsen wird als Arsen III-oxid in nachfolgenden drei Konzentrationen pro 250 ml Nährlösung getestet. Für eine vollständige Löslichkeit wird die Zugabe von DMSO empfohlen. Die Menge an zugegebener

Arsenlösung sollte durch die Herstellung einer geeigneten Stammlösung so gering wie möglich gehalten werden.

- Kontrolle (ohne As-Zusatz)
- 18,7 mg As/250 ml ($\triangleq$ 49,4 mg Arsen-III-oxid/250 ml)
- 56,2 mg As/250 ml ($\triangleq$ 148 mg Arsen-III-oxid/250 ml)
- 93,5 mg As/250 ml ($\triangleq$ 247 mg Arsen-III-oxid/250 ml)

Ein Becherglas entspricht einer Versuchsvariante und muss hinreichend beschriftet werden. Die Schnittlinge in den Bechergläsern werden für sechs Stunden in einer Lichtbank exponiert. Nach dieser Zeit werden die Enden der Schnittlinge mit Wasser abgewaschen und die Probenlösung durch Hoagland-Nährmedium ersetzt. Die Schnittlinge werden für weitere 24 Stunden in die Lichtbank gestellt. Die gesamt Standzeit setzt sich aus der Schadstoffbelastung (6 Stunden) und einer Erholungszeit (24 Stunden) zusammen und sollte auch bei veränderter Expositionszeit in der Summe immer 30 Stunden betragen.

Knospenernte

Die folgenden Arbeitsschritte zur Ernte der Knospen, der Präparation und der Zählung

Tab. 17-1: Einwaagen für Hoagland-Nährmedium (g/l) für *Tradescantia* spec. Klon 4430 (HOAGLAND & ARNON 1938).

Stammlösung in 100-facher Konzentration	für 100 ml	für 1000 ml
Stamm 1: $NH_4H_2PO_4$	1,151	
Stamm 2: KNO_3	6,066	
Stamm 3: $Ca(NO_3)_2 \times 4\ H_2O$	9,443	
Stamm 4: $MgSO_4 \times 4\ H_2O$	4,926	
Stamm 5: H_3BO_3		0,286
$MnCl_2 \times 4\ H_2O$		0,181
$ZnSO_4 \times 7\ H_2O$		0,022
$CuSO_4 \times 5\ H_2O$		0,008
$Na_2MoO_4 \times 2\ H_2O$		0,002

von Kleinkernen orientieren sich an dem standardisierten Testprotokoll von MA et al. (1994).

Nach der Gesamtzeit von 30 Stunden werden die Blütenstände jedes einzelnen Schnittlings mit einer Schere kurz unterhalb des Endes abgeschnitten und die Blätter gekürzt. Sie werden zur Fixierung in ein 35 ml-Schnappdeckelgläschen gelegt, das mit einem Eisessig-Ethanol-Gemisch (1:3) gefüllt ist. Die Knospen werden darin 24 Stunden aufbewahrt und anschließend zur Konservierung in 70 %-igen Ethanol überführt. Die Schnappdeckelgläschen mit dem Probenmaterial werden anschließend im Kühlschrank aufbewahrt, so dass eine Verklumpung der Chromosomen vermieden werden kann. Die Knospen können nun innerhalb mehrerer Wochen zu jedem beliebigen Zeitpunkt ausgewertet werden. Zur Kennzeichnung werden entweder die tatsächlichen Versuchsvarianten auf ein Stück Papier mit Bleistift aufgeschrieben und im Schnappdeckelgläschen aufbewahrt bzw. direkt auf die Gläschen geschrieben, oder man codiert die einzelnen Versuchsvarianten, um einen eventuellen subjektiven Fehler beim Zählen der Kleinkerne auszuschließen.

Präparation der Knospe und Auszählen der Kleinkerne

Zum Auszählen werden konservierte Knospen aus dem Schnappdeckelglas entnommen und präpariert. In jedem Blütenstand befindet sich nur eine der Einzelknospen im frühen Tetradenstadium. Die Knospen werden der Größe nach auf einem Objektträger sortiert (Abbildung 17-4). Im Allgemeinen findet sich das Tetradenstadium in der sechst- oder siebtjüngsten Knospe wieder. Mit dem Präparierbesteck werden die sechs Antheren vorsichtig herauspräpariert und mit einer lanzettförmigen Nadel gequetscht. Zum Anfärben der Chromosomen wird ein Tropfen Karminessigsäure (1 g Karmin/10 ml 45 %-ige Essigsäure) gegeben. Nach

177

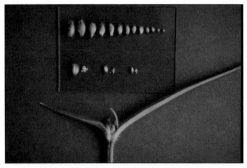 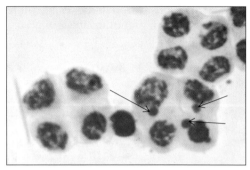

Abb. 17-4: Links: Sortierung der Knospen von *Tradescantia* spec. nach ihrer Größe auf einem Objektträger. Rechts: Tetraden und Kleinkerne (siehe Pfeile →) in einer Tetrade (400-fache Vergrößerung, Fotos: Pickl, ÖkoTox GmbH Stuttgart).

dem Entfernen der Staubbeutel kann das Präparat mit einem Deckglas abgedeckt und bei 400-facher Vergrößerung unter dem Mikroskop ausgezählt werden.

Der gesamte Versuchsablauf ist in Abbildung 17-5 schematisch dargestellt.

17.3.3 Versuchsauswertung

Es werden pro Versuchsvariante fünf Knospen ausgezählt. Da zumeist nicht jeder Blütenstand auswertbare Tetradenstadien aufweist, muss damit gerechnet werden, dass von den 15 exponierten Schnittlingen im Durchschnitt 7 bis 10 präpariert werden müssen.

Als Ergebnis wird die Kleinkernrate pro 100 Tetraden angegeben. Unter dem Mikroskop werden dafür etwa 300 Tetraden angeschaut und die Anzahl auftretender Kleinkerne in einem Protokoll notiert (Abbildung 17-6).

Die Kleinkernrate wird als Anzahl der Kleinkerne in 100 Tetraden angegeben:

$$\text{Kleinkernrate} = \frac{\text{Anzahl der Kleinkerne}}{100 \text{ Tetraden}}$$

Auch wenn in diesem Versuch keine echte Replizierung erfolgt, kann übungshalber eine NOEC für die Kleinkernrate mit Hilfe des Dunnett- oder Williams-Test erfolgen. Sind die Voraussetzungen wie Normalverteilung und Varianzhomogenität nicht gegeben, so verwendet man den multiplen U-Test nach Bonferroni-Holm (siehe Kapitel 4).

17.3.4 Fragen als Diskussionsgrundlage

- Welche Arten von Mutationen werden durch den Kleinkerntest erfasst?
- Warum ist ein Vergleich der Ergebnisse mit tierischen Testsystemen nur bedingt möglich?
- Worin liegen die Vorteile der Verwendung pflanzlicher Organismen zum Nachweis genotoxischer Schadstoffwirkungen?

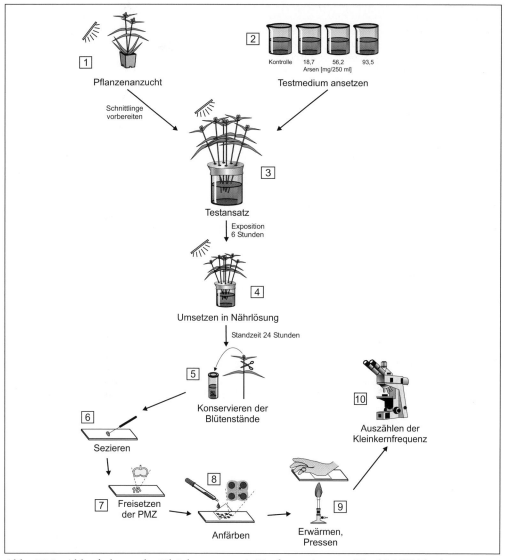

Abb. 17-5: Ablaufschema des Kleinkerntests mit *Tradescantia* spec. (Trad-MCN-Test).
(1) Pflanzenanzucht, 20 cm lange Schnittlinge mit Blütenständen,
(2) Testmedium ansetzen: Ein Becherglas pro Versuchsvariante,
(3) Testansatz über 6 Stunden,
(4) Abspülen der Stiele mit demineralisiertem Wasser, anschließend Schnittlinge in Nährlösung stellen und weitere 24 Stunden stehen lassen,
(5) Sammlung und Konservierung der Blütenstände,
(6) Auswahl und Sezieren der Knospe,
(7) Freisetzung der Pollenmutterzellen aus den Antheren, Entfernen von Debris,
(8) Anfärben mit Karminessigsäure, Deckglas auflegen,
(9) eventuell erwärmen auf 80 °C, anschließend pressen,
(10) Auszählen der Kleinkerne und Bestimmung der Kleinkernrate.

Variante	Tetraden ohne Kleinkern	Tetraden mit einem Kleinkern	Tetraden mit zwei Kleinkernen	Tetraden mit drei Kleinkernen	Summe an Tetraden	Summe an Kleinkernen	%
Kontrolle 1 usw.	309	2	1	0	312	4	1,3
Belastung 1 usw.	293	7	3	1	304	16	5,3

Abb. 17-6: Musterprotokoll zur Berechnung der Kleinkernrate.

17.3.5 Literatur

FOMIN, A., HAFNER, C. (1998): Evaluation of genotoxicity of emissions from municial waste incinerator with *Tradescantia*-micronucleus bioassay (Trad-MCN). – Mut. Res. 414, 139–148.

HELMA, C., KNASMÜLLER, S., SCHULTE-HERMANN, R. (1994): Die Belastung von Wässern mit genotoxischen Substanzen. Methoden zur Prüfung der Genotoxizität. – UWSF-Z. Umwelchem. Ökotox. 6(5), 277–288.

HOAGLAND, D. R., ARNON, D. I. (1938): The water-culture method for growing plants without soil. – Univ. Cal. Agric. Exp. Stn., Berkeley, CA. Circular 347, 1–39.

MA, T. H., CABRERA, G. L., CHEN, R., GILL, B. S., SANDHU, S. S., VANDENBERG, A.L., SALAMONE, M.F. (1994): *Tradescantia* micronucleus bioassay. – Mut. Res. 310, 221–230.

MA, T. H., HARRIS, M. M., ANDERSON, V. A., AHMED, I., MOHAMMAD, K., BARE, J. L., LIN, G. (1984): *Tradescantia*-micronucleus (Trad-MCN) tests on 140 health-related agents. – Mut. Res. 138, 157–167.

PICKL, C. (1999): Ökotoxikologische Untersuchungen von Tagebaurestseen in der Niederlausitz – Biologische Testverfahren zum Nachweis genotoxischer Wirkungen. – Utz-Verlag, München, 121 S.

18 Staubhaartest mit *Tradescantia* spec. (Trad-SHM-Test)

18.1 Charakterisierung des Testorganismus

Systematische Zuordnung und Herkunft von *Tradescantia* spec. sind in Kapitel 17 beschrieben. In der Abbildung 18-1 ist eine Blüte von *Tradescantia* spec. Klon 4430 zu sehen. Täglich blüht nur eine Knospe des Wickels, und zwar die jeweils älteste an der Spitze des Blütenstandes. Der weiteste Öffnungszustand fällt in die Vormittagsstunden. An den Staubgefäßen setzen jeweils ca. 50 feine Härchen an. Jedes Haar besteht aus einzelnen, kettenartig aneinandergereihten Zellen. Die dominante Blütenfarbe ist blau. Mutationen im Bereich der Allele, die die Codierung der Blütenfarbe enthalten, führen häufig zur Expression der rezessiven Blütenfarbe Pink. Derartige Mutatio-

nen sind in Staubhaarzellen unter dem Binokular gut erkennbar (Abbildung 18-2).

18.2 Anwendungsbereiche

Die Pinkmutationen in den Staubhaaren von *Tradescantia* wurden in den 60er Jahren nach einem Bestrahlungsexperiment entdeckt. UNDERBRINK et al. (1973) entwickelten daraus den so genannten Tradescantia-Staubhaartest (stamen-hair-bioassay, SHM), der in der Folgezeit in standardisierter Form vor allem für Untersuchungen luftgetragener sowie wässeriger Schadstoffe empfohlen wird (GICHNER et al. 1982, MA et al. 1994, FOMIN et al. 1999).

Abb. 18-1: Blüte von *Tradescantia* spec. Klon 4430 (Foto: Ziebart, IHI Zittau).

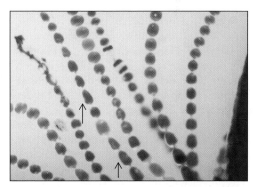

Abb. 18-2: Pinkmutationen in Staubhaarzellen (Pfeile) von *Tradescantia* spec. Klon 4430 (Foto: Meisenhelder, Universität Hohenheim).

18.3 Experiment: Wirkung von Maleinsäurehydrazid auf die Anzahl an Pinkmutationen in Staubhaarzellen von *Tradescantia* spec.

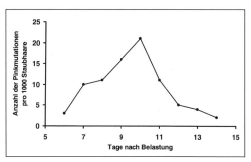

Abb. 18-3: Mutationsereignisse nach Behandlung von *Tradescantia* spec. Klon 4430 mit 1 mmol/l Maleinsäurehydrazid.

18.3.1 Testprinzip

Der *Tradescantia*-Staubhaartest beruht auf einer Expression des rezessiven Allels für die Blütenfarbe. Beim SHM-Test handelt es sich im Gegensatz zum MCN-Test (Kapitel 17) um einen somatischen Mutationstest. Durch mutagene Stoffe werden in den heterozygoten Staubhaarzellen während der mitotischen Teilung Punktmutationen hervorgerufen. Die Folge ist die Unterdrückung der dominanten Farbe Blau und die Ausprägung der rezessiven Farbe Pink (Pinkmutation), die in einzelnen Zellen der Staubhaare sichtbar wird (Abbildung 18-2).

Jede Blüte verfügt über sechs Stamina, die je 40 bis 75 Haare besitzen. Jedes Haar ist aus durchschnittlich 24 Zellen zusammengesetzt. Die Zellen eines jeden Seitenhärchens entstammen einer einzelnen Epidermiszelle des Filaments. Alle Zellen eines jeden Härchens entstehen mitotisch aus diesen hauptsächlich apikalen oder subapikalen Filamentepidermiszellen. Vollzieht sich die Mutation in sehr früher Seitenhärchenentwicklung, entsteht durch die darauffolgenden Mitosen ein ganzer Strang pinkfarbener Zellen. Die Pinkmutationen treten unter den gegebenen Versuchsbedingungen in Abhängigkeit von der Prüfsubstanz nach einer initialen lag-Phase im Allgemeinen innerhalb von 14 Tagen auf. Ein Peak in der Mutationsfrequenz wird am neunten oder zehnten Tag erreicht (Abbil-

dung 18-3). Prinzipiell gilt, dass die Testsubstanz umso wahrscheinlicher ein genotoxisches Potential aufweist, je höher die Anzahl an Pinkmutationen ist.

Testsubstanz: Maleinsäurehydrazid (MH, $C_4H_4N_2O_2$)

MH ist ein Wachstumsregulator bei Pflanzen und wird als Blattherbizid eingesetzt. Er ist ein Vertreter der Pyridazin-Herbizide (1,2-Dihydropyridazin-3,6-dion). Die Aufnahme erfolgt über die Blätter und Wurzeln mit einer Verlagerung in Xylem und Phloem. MH hemmt die Zellteilung in meristematischen Geweben, beeinflusst aber nicht die Zellgröße. MH wird als Herbizid eingesetzt, um den Bewuchs auf extensiv genutzten Standorten einzudämmen sowie das Wachstum von störenden Gräsern auf Rasenflächen und entlang an Straßenrändern zu unterdrücken. MH hemmt die Keimung von Tomaten, Zwiebeln und Karotten während ihrer Lagerung. Es induziert die Dormanz von Zitrusfrüchten. In Deutschland besteht ein teilweises Anwendungsverbot für MH sowie seinen Salzen.
Es wurden Rückstände in Nahrungsmitteln gefunden, die bei erhöhter Aufnahme eine

Gefährdung für den Menschen bedeuten (Einordnung in WHO Tabelle 5, EPA III). Toxische Wirkungen bei Tieren und Pflanzen sind allerdings bislang nur bei sehr hohen Konzentrationen nachgewiesen worden. MH induziert eine erhöhte Kleinkernrate und wird häufig als Positivkontrolle eingesetzt.

18.3.2 Versuchsanleitung

Benötigte Materialien:

- 60 _Tradescantia_-Schnittlinge,
- Hoagland-Nährlösung,
- 1 M Maleinsäurehydrazid,
- Glycerin,
- 4 × 400 ml-Bechergläser,
- 2 × 10 ml-Pipetten,
- Peleusball,
- Eppendorfpipette und -spitzen (20 µl),
- Alufolie,
- Versuchsprotokoll-Vordrucke,
- Stift zum Beschriften,
- Binokular (50-fache Vergrößerung),
- Objektträger und Deckgläschen,
- Präparierbesteck,
- Zählapparat,
- Kühlschrank,
- Abfallgefäß für MH.

Pflanzenanzucht

Die Anzucht der Pflanzen erfolgt analog dem Kleinkerntest (siehe Kapitel 17).

Auswahl und Vorbereitung der Testpflanzen

Es werden 60 Schnittlinge verwendet, die am Versuchstag auf 20 cm Länge vorsichtig mit einer scharfen Rasierklinge abgeschnitten werden. Bei der Auswahl der Schnittlinge ist zu beachten, dass möglichst junge Blütenstände mit ungefähr neun sichtbaren Einzelknospen gewählt werden. Diese Auswahl ist wichtig, da erst ab dem siebten Expositionstag offene Blüten benötigt wer-

den. Die Schnittlinge sollten hinreichend beblättert sein.

Vier 400 ml-Bechergläser werden mit je 300 ml Hoagland-Nährlösung gefüllt. In der Tabelle 17-1 (Kapitel 17) ist die Zusammensetzung dieser Nährlösung angegeben, die mit demineralisiertem Wasser auf 1/3 verdünnt wird. Die Bechergläser werden mit Alufolie abgedeckt, in die kleine Löcher gestanzt werden. Jeweils 15 Schnittlinge werden so in das Becherglas gesteckt, dass sie weit genug in die Lösung ragen ohne jedoch das Glas zu berühren. Die Versuchsdauer beträgt 12 Tage. Aufgrund der langen Standzeit im Becherglas kann es erforderlich werden, die Schnittlinge zu belüften. Hierfür kann man eine Aquariumpumpe mit einem Schlauch verwenden, dessen Verzweigungen zu den einzelnen Bechergläsern führen. Die Nährlösung muss regelmäßig erneuert werden.

Exposition

Es werden eine Kontrolle sowie eine Belastungsvariante mit 1 M Maleinsäurehydrazid (MH) getestet. Beide Versuchsvarianten werden in je zwei Bechergläsern mit jeweils 15 Schnittlingen angesetzt.

Zur Herstellung der Testsubstanz werden 0,012 g MH in 10 ml Citrat-Phosphatpuffer (57 ml 0,2 M $Na_2HPO_4 \times 2\ H_2O$ + 43 ml 0,1 M Zitronensäure, pH = 5,5) gelöst. Die Lösung sollte immer frisch hergestellt werden, da MH lichtempfindlich ist.

Maleinsäurehydrazid wird direkt in den Blütenstand injiziert. Dazu werden aus dem Blütenstand eines jeden Schnittlings je nach Größe 1 bis 3 Einzelknospen vorsichtig mit einer Pinzette aus der Mitte ausgezupft, so dass eine Art Kelch entsteht. In diesen Kelch werden 20 µl der 1 M MH-Lösung pipettiert. In die unbelasteten Schnittlinge (Kontrolle) werden 20 µl Citrat-Phosphatpuffer appliziert.

Die Bechergläser mit den Schnittlingen werden entweder in das Gewächshaus zurückgestellt oder in einer Lichtbank (16/ 8 h Tag-/Nachtrhythmus) im Labor aufgestellt. Nach 24 Stunden werden alle Blütenstände vorsichtig mit demineralisiertem Wasser abgespült und danach weitere 11 Tage im Lichtregal belassen.

Blütensammlung und Präparation

Innerhalb einer Versuchsgruppe wird von jedem Blütenstand täglich je eine Blüte geerntet. Es dürfen nur die am jeweiligen Tag aufgeblühten Blüten verwendet werden. Bei einer Anzahl von 30 Schnittlingen pro Versuchsvariante können täglich etwa 15 bis 20 Blüten erwartet werden. Die Ernte sollte morgens zwischen 9.30 und 10.00 Uhr stattfinden, da die Blüten um diese Zeit den größten Öffnungszustand aufweisen. Die abgezupften Blüten werden in eine Petrischale gelegt, wobei der kurze Blütenstiel in einen Tropfen Wasser ragen muss. Die Petrischalen werden für mindestens 15 Minuten bis wenige Stunden in einen Kühlschrank gelegt, um den Turgor der Staubhärchen aufrecht zu erhalten und eine Beschädigung zu vermeiden. Außerdem strecken sich bei einer Temperatur von 4 °C die Härchen, verheddern sich dadurch nicht und erleichtern die Auswertung. Eine optimale Streckung der Härchen hält für 1

bis 2 Stunden an, so dass die Auswertung am besten innerhalb dieser Zeit vollzogen wird. Die Blüten sollten allerdings niemals über Nacht im Kühlschrank gelassen werden, da sie dann austrocknen und die Farbe ausbleicht.

Eine Blüte wird wie folgt präpariert: Mit einer Pinzette werden zunächst die Pollensäcke vorsichtig entfernt und dann die sechs Staubgefäßhaare abgezupft und nebeneinander auf einen Objektträger in jeweils 1 Tropfen 50 %-iges Glycerin gelegt (Abbildung 18-4). Für diesen Arbeitsschritt eignen sich besonders gut an der Spitze gebogene Präpariernadeln. Die Staubhärchen werden ausgestrichen, so dass die einzelnen Zellen perlschnurartig auf dem Objektträger liegen.

Das Ablaufschema des Staubhaartests mit *Tradescantia* spec. Klon 4430 ist in der Abbildung 18-5 dargestellt.

18.3.3 Versuchsauswertung

Die Auswertung des Versuches erfolgt vom 8. bis 11. Tag nach der Exposition (siehe 18.3.1).

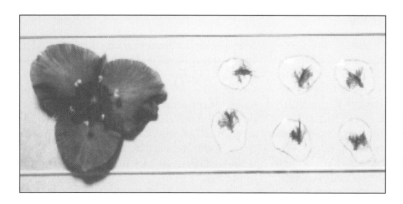

Abb. 18-4: Herauspräparieren der Staubgefäßhaare von *Tradescantia* spec. Klon 4430 (Foto: Meisenhelder, Universität Hohenheim).

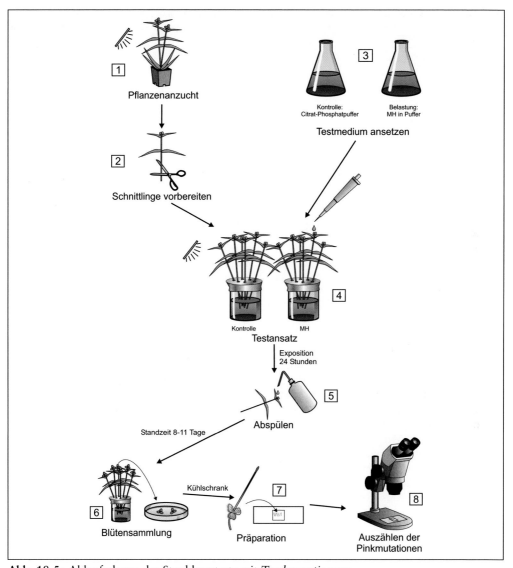

Abb. 18-5: Ablaufschema des Staubhaartests mit *Tradescantia* spec.
(1) Pflanzenanzucht,
(2) Vorbereiten der Schnittlinge: Junge Blütenstände mit ca. 9 Knospen und 20 cm Länge schneiden,
(3) Testmedium ansetzen: Kontrolle Citrat-Phosphatpuffer, Belastung 1 M Maleinsäurehydrazid (MH) in Citrat-Phosphatpuffer,
(4) Testansatz: 30 Schnittlinge pro Variante zu je 15 pro Replikat in 300 ml Hoagland-Nährlösung einsetzen, eventuell belüften. Bei Kontrolle 20 μl Pufferlösung, bei Belastung 20 μl MH injizieren,
(5) Abspülen des Testmediums nach 24 Stunden,
(6) Blütensammlung: Vom achten bis elften Tag nach der Exposition täglich Abzupfen der Blüten, Einlegen in Petrischale in Wassertropfen,
(7) Präparation der Staubgefäßhaare,
(8) Auszählen der Pinkmutationen unter dem Binokular.

Tab. 18-1: Beispiel einer Zählliste für Mutationsereignisse im *Tradescantia*-Staubhaartest.

Blüte je Versuchsansatz	1	2	3	4	5	6	7	8	9	10	11	12	13	14	15	Σ	Frequenz*
8. Tag	0	0	2	0	0	0	1	0	1	0	0	1	0	1	0	6	1,33
9. Tag	1	1	1	0	0	2	1	0	0	1	2	0	0	0	1	10	2,22
10. Tag	1	4	2	2	0	5	1	0	3	2	1	0	3	1	1	26	5,78
11. Tag	4	1	0	0	1	2	1	0	1	1	2	0	1	0	1	15	3,33

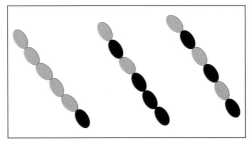

Abb. 18-6: Schematische Darstellung von einer Einzelmutation (links), von zwei Mutationen pro Haar (Mitte) und von drei Mutationen pro Haar (rechts).

Das Auszählen der Pinkmutationen erfolgt in allen Staubhärchen bei 50-facher Vergrößerung unter dem Binokular. Beim Auswerten zählt ein Mutantencluster als ein einzelnes Mutationsereignis. Es kann jedoch auch zu Rückmutationen mit erneuten Mutationen kommen, so dass unterschiedliche Mutationsmodi berücksichtigt werden müssen (Abbildung 18-6). Prinzipiell werden nicht die Rückmutationen, sondern nur daraus wiederum hervorgehende Pinkmutationen gezählt. Alle Pinkmutationen werden in dem Musterprotokoll (Tabelle 18-1) erfasst.

Es wird die Mutationsfrequenz (M) pro 1000 Staubhaare und Tag wie folgt berechnet:

$$M = \frac{\text{Anzahl an Mutationen} \times 1000}{\text{Anzahl an Staubhärchen}}$$

Es wird davon ausgegangen, dass jedes der 6 Staubhaare 50 Staubhärchen besitzt, so dass bei Zählung von 15 Blüten insgesamt 4500 Staubhärchen einbezogen werden.

Die Zahl der Pinkmutanten wird über alle Beobachtungstage und Replikate der Versuchsvariante aufsummiert und daraus die Mutationsfrequenz (M) pro 1000 Staubhaare berechnet. Ebenso wird die Zahl nicht mutierter Staubhärchen pro 1000 Staubhaare bestimmt. Es handelt sich hier um ein quantales Merkmal, so dass ein χ^2-Vierfeldertest zu empfehlen ist, um Unterschiede zwischen Kontrolle und Behandlung abzusichern.

	Zahl mutiert	Zahl nicht mutiert
Kontrolle	a	b
Belastung	c	d

18.3.4 Fragen als Diskussionsgrundlage

• Welche Art von Mutationen wird durch den Staubhaartest erfasst?
• Welche methodischen Schwierigkeiten können auftreten, wenn die gewählte Schadstoffkonzentration zu hoch ist?

18.3.5 Literatur

FOMIN, A., PASCHKE, A., ARNDT, U. (1999): Assessment of genotoxicity of mine dump material using the *Tradescantia*-Stamen Hair (Trad-SHM) and the *Tradescantia*-Micronucleus (Trad-MCN) bioassay. – Mut. Res. 426, 173–181.

GICHNER, T., VELEMINSKY, J., POKORNY, V. (1982): Somatic mutations induced by maleic hydrazide and its potassium and diethanolamine salts in the *Trasdescantia* mutation assay. – Mut. Res. 103, 289–293.

HOAGLAND, D. R., ARNON, D. I. (1938): The water-culture method for growing plants without soil. – Univ. Cal. Agric. Exp. Stn., Berkeley, CA. Circular 347, 1–39.

MA, T. H., CABRERA, G. L., CEBULSKA-WASILEWSKA, A., CHEN, R., LOARCA, F., VENDERBERG, A. L., SALAMONE, M. F. (1994): *Tradescantia* stamen hair bioassay. – Mut. Res. 310, 211–220.

UNDERBRINK, A. C., SCHAIRER, L. A., SPARROW, A. H. (1973): *Tradescantia* stamen hairs: A radiobiological test system applicable to chemical mutagenesis. – In: HOLLAENDER, A. (Ed.): Chemical Mutagens, Principles and Methods for their Detection. Vol. 3, Plenum Press, New York, 171–207.

19 Mutationstest mit *Arabidopsis thaliana*

19.1 Charakterisierung des Testorganismus

Arabidopsis thaliana (L.) Heynh., die Ackerschmalwand, gehört zu der Familie der Brassicaceae (Kreuzblütengewächse). *A. thaliana* wurde im 16. Jahrhundert von Johannes Thal im Harz entdeckt und zunächst *Pillosella siliquosa* genannt. Im Laufe der Zeit wurden mehrfach Umbenennungen vorgenommen. Die Pflanzen haben eine grundständige Blattrosette und erreichen eine Höhe von 15–20 cm (Abbildung 19-1). Sie tragen kleine, weiße Blüten und bilden 1–2 cm lange Schoten mit je 30–50 Samen in linearer Anordnung. Pro Pflanze werden etwa 50 000 Samen gebildet. *A. thaliana* besitzt im Vergleich zu anderen Pflanzen einen kurzen Lebenszyklus, der in Abhängigkeit von den Bedingungen 5–12 Wochen dauert (Abbildung 19-2). Die Pflanzen kommen auf nährstoffärmeren Äckern sowie auf sandigen Ruderalstellen, besonders an Wegrändern, vor.

Die kleine Wuchsform, die Anspruchslosigkeit bei der Kultivierung, der kurze Lebenszyklus, vor allem aber das kleine Genom, das nur aus fünf Chromosomen besteht, machen *A. thaliana* seit Jahrzehnten zu einem der beliebtesten Versuchsobjekte der Pflanzengenetiker. Bereits 1873 wurde eine Mutante von *Arabidopsis* gefunden und die Bedeutung als Modellorganismus für genetische Untersuchungen erkannt. Das kleine Genom besteht aus 130 Millionen Basenpaaren und ist damit etwa 30 Mal kleiner als das menschliche Genom. Im Rahmen der internationalen *Arabidopsis*-Genom-Initiative (Nature 408, 796–815, 2000) gelang es erstmalig, am Beispiel von *A. thaliana* die gesamte Genom-Sequenz einer Pflanze vollständig zu entziffern. Die umfassende Kenntnis zur Physiologie,

Abb. 19-1: Habitus von *Arabidopsis thaliana* (Foto: Pickl, ÖkoTox GmbH Stuttgart).

Genetik und Morphologie prädestinieren *A. thaliana* auch als Testorganismus zum Nachweis der Wirkung genotoxischer Schadstoffe.

19.2 Anwendungsbereiche

A. thaliana wurde bislang vor allem zur Prüfung von Einzelsubstanzen und Wechselwirkungen von Stoffen eingesetzt. Mutationsstudien wie der Embryonentest zum Nachweis rezessiver Letalfaktoren sind seit langem bekannt (MÜLLER 1963). Derartige Untersuchungen hatten vor allem im Zuge der verstärkten Krebsforschung in der Humantoxikologie eine Entwicklung von Testmethoden zur Identifikation karzino-

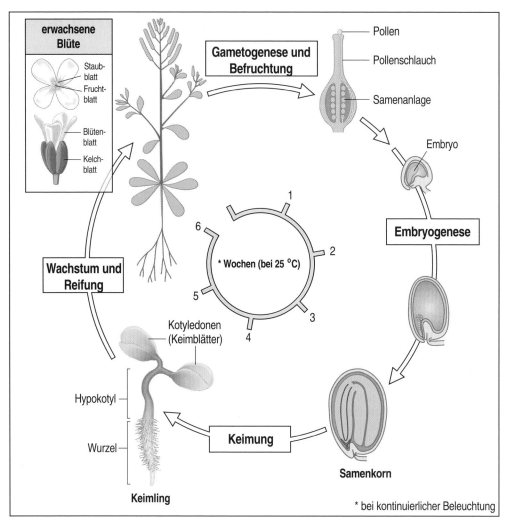

erwachsene Blüte
Staub-blatt
Frucht-blatt
Blüten-blatt
Kelch-blatt

Pollen
Pollenschlauch

Gametogenese und Befruchtung

Samenanlage

Embryo

Embryogenese

1
2
3
4
5
6

* Wochen (bei 25 °C)

Wachstum und Reifung

Kotyledonen (Keimblätter)

Hypokotyl

Wurzel

Keimung

Samenkorn

Keimling

* bei kontinuierlicher Beleuchtung

Abb. 19-2: Lebenszyklus von *Arabidopsis thaliana*. Der reife Embryo besitzt zwei flügelähnliche Keimblätter am apikalen Ende der Hauptachse, dem Hypokotyl, das an seinem einen Ende ein Sprossmeristem und an seinem anderen ein Wurzelmeristem aufweist. Nach der Keimung entwickelt sich der Keimling zu einer Pflanze mit Wurzeln, einem Stängel, Blättern und Blüten (aus WOLPERT 1999).

gener Substanzen zur Folge (REDEI & REDEI 1980). Anfang der 90-er Jahre wurde als Ergebnis einer internationalen Ringstudie die Versuchsführung des *Arabidopsis*-Mutationstests standardisiert (GICHNER et al. 1994). Eine weitere Anwendung des Biotests mit *A. thaliana* besteht in der Prüfung kontaminierter Böden und belasteter Sedimente auf genotoxische Schadstoffe. Die Samen werden direkt in den Boden eingebracht, keimen und entwickeln sich dort und bilden Samen, wobei sich ein Schadbild im Phänotyp der F_1 Generation etabliert.

19.3 Experiment: Wirkung von Ethyl-Methansulfonat auf die Anzahl an Mutanten in Embryonen und den Sterilitätsgrad der Samen von *Arabidopsis thaliana*

19.3.1 Testprinzip

Die Keimlinie von *A. thaliana* im reifen Samenstadium setzt sich aus zwei diploiden Zellen mit schätzungsweise 14 000 Genloci zusammen, an denen sich Mutationen manifestieren können. Eine induzierte Mutagenität durch genotoxische Substanzen in den Samen zeigt sich kurz vor Vollendung eines Lebenszyklus an den sich entwickelnden Embryonen durch eine Veränderung in der Farbe und Größe (Abbildung 19-3). Die Abnahme der Samenzahl innerhalb der Schoten indiziert eine Sterilitäts-

zunahme, die zumeist auf eine Schadstoffbelastung zurückzuführen ist.

Testsubstanz: Ethyl-Methansulfonat (EMS)

$$C_2H_5-O-\overset{\displaystyle O}{\underset{\displaystyle O}{\overset{\displaystyle ||}{\underset{\displaystyle ||}{S}}}}-CH_3$$

Ethyl-Methansulfonat hat eine krebserzeugende Wirkung bei Mäusen und Ratten nach Injektion. Es ruft hauptsächlich Lungen- und Nierentumore hervor. Bislang gibt es keine Fallstudien zur Wirkung von EMS beim Menschen, und es sind auch keine epidemiologischen Erhebungen bei bestimmten Berufsgruppen bekannt. Dennoch besteht aufgrund der Ergebnisse bei Tierversuchen der Verdacht auf eine potentielle Gefährdung des Menschen. Beim Arbeiten mit EMS ist daher äußerste Vorsicht geboten!
In zahlreichen Testverfahren zum Nachweis genotoxischer Wirkungen wird EMS als Positivkontrolle empfohlen. Dabei werden Empfindlichkeit, Reaktionsvermögen sowie mögliche Anpassungseffekte eines Testorganismus mit einer Substanz überprüft, die mit geringfügigen Abweichungen gleichartige Ergebnisse bei einem Organismus hervorruft.

Alternative Testsubstanz: Aluminium ($Al_2(SO_4)_3$)

Aluminium zählt zu den Leichtmetallen und wird in zahlreichen Legierungen eingesetzt. Aluminiumsulfat dient als Ausgangsstoff für Papierleime, Gerbstoffe und Beizen und als Füllstoff für synthetische Gummi.
Saure Mineralböden sowie saure aquatische Systeme weisen oft einen hohen Gehalt an freien Al^{3+} auf. Aluminium gilt für Pflanzen nicht als essentielles Spurenelement, jedoch wird eine Funktion bei niederen Vertretern angenommen. Gelöstes Aluminium limitiert das Wurzelwachstum zahlreicher Kulturpflanzen und Bäume, zum Beispiel im Zusammenhang mit dem Waldsterben.

Abb. 19-3: Normal entwickelte Samen (grün), Chlorophyllmutanten (weiß) und Embryonenmutanten (braun) von *Arabidopsis thaliana* (Foto: Pickl, ÖkoTox GmbH Stuttgart).

Der Gehalt an Al^{3+} kann beispielsweise in sauren Tagebaurestseen bei 50 mg/l liegen. Im Vergleich dazu liegen die mittleren Konzentrationen im Flusswasser bei 400 µg/l. Neben einer hohen Fischtoxizität und hohen Akkumulationsfaktoren im Phytoplankton ist auch eine hohe Toxizität bei Wasserpflanzen nachgewiesen.

19.3.2 Versuchsanleitung

Benötigte Materialien:

- 30 mg Samen von *Arabidopsis thaliana*,
- 10 mM Ethyl-Methansulfonat (EMS),
- 35 ml-Rollrand-Schnappdeckelgläschen,
- Pflanzschalen (40 cm × 60 cm),
- Fruhsdorfer Einheitserde Typ LD80,
- Nullerde,
- Trichter,
- Weißbandfilter,
- Spritzflasche,
- Versuchsprotokoll-Vordrucke,
- Stift zum Beschriften,
- Klarsichtfolie,
- Binokular (50-fache Vergrößerung),
- Präparierbesteck,
- Zählapparat,
- Abfallgefäß für EMS.

Behandlung der Samen und Exposition

Samen von *A. thaliana* können entweder über entsprechende Samenhändler oder über jede Forschungseinrichtung, die mit dieser Pflanze experimentiert, erhalten werden.

Folgende zwei Versuchsvarianten werden angesetzt:
- unbehandelte Samen = Kontrolle
- EMS behandelte Samen = Belastung

Als Testkonzentration werden 1,24 g EMS/l (10 mmol EMS) in demineralisiertem Wasser angesetzt. Das benötigte Gesamtvolumen beträgt maximal 10 ml, so dass, gemeinsam mit dem Waschwasser, nur wenig Abfälle entstehen, die gesondert gesammelt werden müssen.

30 mg Samen von *A. thaliana* (ca. 1500 Samen) werden mit 10 ml der EMS-Lösung versetzt und in 35 ml-Rollrandgläschen überführt. Die Samen der unbelasteten Kontrolle werden mit 10 ml Leitungswasser versetzt. Aufgrund ihrer Leichtigkeit schwimmen die Samen größtenteils an der Oberfläche. Durch leichtes Rütteln wird eine Überlagerung der Samen verhindert, so dass alle Samen direkt mit der Testlösung in Kontakt kommen. Die Gläser werden verschlossen und für 24 Stunden bei Raumtemperatur im Dunkeln aufbewahrt.

Aussaat und Pflanzenzucht

Die Anzucht von *A. thaliana* erfolgt vorzugsweise im Gewächshaus, kann aber auch in einer Klimakammer oder unter bestimmten Bedingungen im Labor erfolgen.

Für die zwei Versuchsvarianten wird je eine Pflanzschale (40 × 60 cm) mit einem Gemisch aus Fruhstorfer Einheitserde (Typ LD80) und so genannter Nullerde im Verhältnis 1:1 ca. 5 cm hoch gefüllt. Die Erdoberfläche wird möglichst eben und feinkörnig gehalten, um eine einheitliche Samenverteilung zu gewährleisten.

Die Samen werden nach ihrer 24-stündigen Exposition über einen Trichter mit Weißbandfilter mit insgesamt 200 ml Leitungswasser mehrmals für einige Minuten gewaschen. Im Gewächshaus werden die Samen mit einer Spritzflasche gleichmäßig vom Filterpapier abgespült und auf die angefeuchtete Erde der vorbereiteten Pflanzschalen aufgetragen. Diese werden mit Klarsichtfolie für eine Woche luftdurchlässig abgedeckt, wobei die Erde mit Leitungswasser stets feucht gehalten werden muss. Bereiche mit sehr dicht stehenden Keimlingen werden durch Entnahme einzelner

Pflanzen im 2- bis 4-Blattstadium ausgedünnt. Nach guter Massenentwicklung werden die Pflanzen zur Förderung der Blütenbildung zusätzlich mit einer Hell/Dunkel-Photoperiode von 16:8 h beleuchtet. Bis zur Reife der Schoten dauert es bis zu 8 Wochen.

Für den Versuch werden pro Variante jeweils 100 Pflanzen aus den Pflanzschalen ausgewählt. Pro Pflanze werden drei aufeinander folgende gut entwickelte Schoten ausgewertet, in denen sich die Samenschalen der reifenden Samen noch nicht braun gefärbt haben. Unter dem Binokular werden die Schoten mit zwei Präpariernadeln geöffnet und die Anzahl der Samen pro Schote und die der Samen mit Mutanten bestimmt (Abbildung 19-4). Die Präparation und Auszählung der Schoten einer Versuchsvariante mit 100 Pflanzen dauert ca. 2 Stunden. Der gesamte Versuchsablauf ist Abbildung 19-5 zu entnehmen.

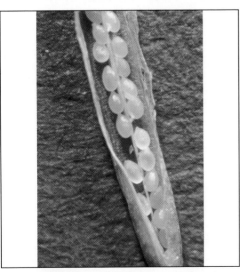

Abb. 19-4: Präparierte Schote mit normal entwickelten und mutierten Embryonen von *Arabidopsis thaliana* (Foto: Pickl, ÖkoTox GmbH Stuttgart).

19.3.3 Versuchsauswertung

Man unterscheidet zwei Arten von Mutanten – die Embryonenmutanten und die Chlorophyllmutanten. Die Samen der Embryonenmutanten sind in ihrer Entwicklung gehemmt und zeigen eine weißliche, gelbliche bis fahl grüne Färbung. Sie reifen meist schneller und erscheinen in den Schoten als kleine zusammengeschrumpfte Samen mit bräunlichem Integument. Dies ist ein Zeichen frühzeitigen Absterbens befruchteter Samenanlagen. Die Samen und Embryos der Chlorophyllmutanten hingegen besitzen eine normale Größe, sind aber aufgrund ihres Chlorophylldefektes an ihrer weißlichen bis fahl grünen Färbung zu erkennen.

Gelegentlich finden sich Samen mit dem Erscheinungsbild von Embryonenmutanten, die vor allem an den Schotenenden oder in der Nähe von Verletzungen liegen. Sie sind meist die Folge von Insektenschäden, Stress oder ungünstigen Wachstumsbedingungen. Derartige Samen werden nicht als Mutanten gewertet und gehen folglich nicht in die Berechnung ein. Auch Schoten mit weniger als vier Samen werden nicht berücksichtigt.

Als Maß der Schädigung wird die Mutagenität (M) pro Variante nach folgender Formel prozentual berechnet, wobei keine Unterscheidung zwischen den verschiedenen Mutanten vorgenommen wird:

$$M = \frac{\text{Anzahl Schoten mit Mutanten}}{\text{Anzahl ausgezählter Schoten}}$$

Der Sterilitätsgrad (SG) wird bestimmt, indem die Anzahl der Samen in einer Schote erfasst und einer der folgenden vier Fertilitätsklassen zugeordnet wird:

Klasse 1:   0–3 Samen
Klasse 2:   4–16 Samen
Klasse 3:   17–29 Samen
Klasse 4:   ≥ 30 Samen.

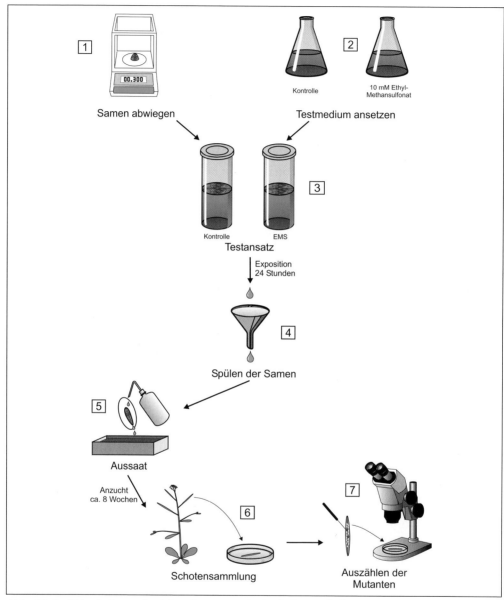

Abb. 19-5: Ablaufschema des Mutationstests mit *Arabidopsis thaliana*.
(1) Abwiegen von 30 mg Samen je Versuchsvariante,
(2) Ansetzen des Testmediums: Kontrolle: Demineralisiertes Wasser, Belastung: 10 mM Ethyl-Methansulfonat,
(3) Testansatz: Exposition der Samen über 24 Stunden,
(4) Spülen der Samen mit 200 ml Leitungswasser,
(5) Aussaat in Pflanzschalen, Pflanzenanzucht über ca. 8 Wochen,
(6) Schotensammlung: Von 100 Pflanzen je Variante werden je drei Schoten gesammelt,
(7) Präparation der Schoten und Auszählen der Mutanten.

Danach wird die Anzahl der Schoten in der jeweiligen Fertilitätsklasse in Prozent aller gezählten Schoten umgerechnet, mit einem Faktor multipliziert und das Ergebnis aller vier Klassen aufsummiert. Der Faktor ist ein empirischer Wert, mit dem eine Gewichtung vorgenommen wird. Schoten mit wenigen Samen erhalten bei der Berechnung einen höheren Stellenwert und beeinflussen dementsprechend das Ergebnis auch in größerem Maße. Als Beispiel für eine Berechnung ist in Tabelle 19-1 ein Musterprotokoll dargestellt.

Ein Sterilitätsgrad kleiner als 5 bedeutet eine geringe Sterilität und indiziert eine unbeeinflusste Entwicklung der Samen. Eine Zunahme des Sterilitätsgrades weist auf eine erhöhte Sterilität und damit auf einen Schadstoffeinfluss hin.

Statistische Unterschiede zwischen Kontrolle und Behandlung werden im Falle der Mutagenität anhand des exakten Vierfelderbinomialtest abgesichert, oder – wenn die Besetzungszahl der Zellen hoch genug ist – mit dem χ^2-Vierfeldertest (siehe Kapitel 4).

Der Sterilitätsgrad kann über einen χ^2-Mehrfeldertest geprüft werden, wobei die Tafel folgendermaßen aufgebaut werden kann:

	Zahl der Samen			
	in Klasse 1	in Klasse 2	in Klasse 3	in Klasse 4
Kontrolle	n_{11}			
Belastung				n_{rc}

19.3.4 Fragen als Diskussionsgrundlage

- Warum ist *Arabidopsis thaliana* ein geeigneter Testorganismus für Wirkungen genotoxischer Schadstoffe?
- Wie ist die Zunahme der Mutagenität mit dem Sterilitätsgrad korreliert?
- Was sagen die erhaltenen Ergebnisse aus? Wie gut sind sie auf andere Organismen übertragbar?

19.3.5 Literatur

GICHNER, T., BADAYEV, S. A., DEMCHENKO, S. I., RELICHOVA, J., SANDHU, S. S., USMANOV, P. D., USMANOVA, O., VELEMINSKY, J. (1994): *Arabidopsis* assay for mutagenicity. – Mut. Res. 310, 249–256.

MÜLLER, A. J. (1963): Embryonentest zum Nachweis rezessiver Letalfaktoren bei *Arabidopsis thaliana*. – Biol. Zentralbl. 82, 133–163.

REDEI, G. P., REDEI, M. M. (1980): Identification of carcinogens by mutagenicity for *Arabidopsis*. – Mut. Res. 74, 469–475.

WOLPERT, L. (1999): Entwicklungsbiologie. – 1. Aufl., Spektrum Akad. Verl., Heidelberg/Berlin, 570 S.

	Schoten mit Mutanten	Schoten ohne Mutanten
Kontrolle	a	b
Belastung	c	d

Tab. 19-1: Musterbeispiel für die Erfassung und Berechnung des Sterilitätsgrades beim Mutationstest mit *Arabidopsis thaliana*.

Fertilitätsklasse	1	2	3	4	Σ
Anzahl Schoten	3	23	31	33	90
% bezogen auf Anzahl ausgezählter Schoten	3,3	25,6	34,4	36,7	100
Faktor	1	0,75	0,25	0	
% × Faktor	3,33	19,16	8,62	0	**SG = 31,1**

20 Leuchtbakterientest mit *Vibrio fischeri*

20.1 Charakterisierung des Testorganismus

Leuchtbakterien sind Prokaryonten aus der Familie der Vibrionaceae. In der Mehrzahl werden sie der Gattung *Vibrio* zugeordnet. *Vibrio phosphoreum* (früher *Photobacterium phosphoreum*) und *Vibrio fischeri* (Abbildung 20-1) zählen zu den bekanntesten und am besten untersuchten Vertretern. Sie gehören zu den gram-negativen, chemoorganotrophen, polar-begeißelten Stäbchen, die als fakultative Anaerobier über einen Atmungs- und einen Gärungsstoffwechsel verfügen.

Leuchtbakterien haben die Fähigkeit, einen Teil ihrer Stoffwechselenergie in Licht umzusetzen. Das Bakterium gibt ein schwaches blau-grünes Licht im Wellenlängenbereich um 490 nm ab (Abbildung 20-2). Die Lichtemission kann bei völliger Dunkelheit und hoher Bakteriendichte auch mit bloßem Auge gut beobachtet werden. Diese Aussendung von Licht durch Organismen wird als Biolumineszenz bezeichnet.

Ihre Fähigkeit zur Biolumineszenz teilen Leuchtbakterien mit anderen Organismen aus fast 50 % aller taxonomischen Abteilungen, zum Beispiel Glühwürmchen oder einzelligen Algen (Gattung *Noctiluca*), die das so genannte „Meeresleuchten" verursachen. Biolumineszenz ist bei Meerestieren der Tiefsee besonders verbreitet, sie

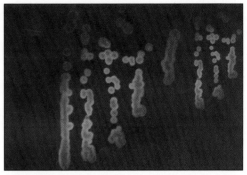

Abb. 20-2: Aussenden von blau-grünem Licht durch *Vibrio fischeri* (Foto: Dr. Bruno Lange GmbH, Düsseldorf).

Abb. 20-3: Die Licht-Organ Symbiose zwischen *Vibrio fischeri* und *Euprymna scolopes* (Foto: McFall-Ngai, Ormerod, www.sp.uconn.edu).

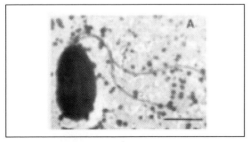

Abb. 20-1: *Vibrio fischeri* (Foto: McFall-Ngai, Ormerod, www.sp.uconn.edu).

kommt hier in fast allen Gruppen vor. Auch bei Landtieren, wie Leuchtkäfern, einigen Hundertfüßern und Schnecken, ist sie bekannt.

Leuchtbakterien sind ubiquitär im Meer zu finden, wo die verschiedenen Arten dieser Gruppe frei lebend als Saprophyten, in symbiontischer Form als Darmkommensalen (Mitesser) oder als Parasiten mariner Tiere gefunden werden. *V. fischeri* kommt als Symbiont in spezialisierten Leuchtorganen mariner Fische vor (Abbildung 20-3). Aufgrund ihrer marinen Herkunft benötigen Leuchtbakterien zum Wachstum einen Salzgehalt von ca. 3 % und einen annähernd neutralen pH-Wert.

Biolumineszenz ist ein Spezialfall der Chemolumineszenz (Abbildung 20-4). Sie beruht auf der Fähigkeit einiger organischer Moleküle, unterschiedliche Energiezustände einzunehmen. Diese Moleküle nennt man Emittermoleküle. Der höhere Energiezustand des Moleküls wird als „angeregter" Zustand bezeichnet. Er ist instabil und kurzlebig (10^{-9} bis 10^{-6} s). Beim Übergang in den energieärmeren Grundzustand wird die freiwerdende Energie als Licht im sichtbaren Spektralbereich

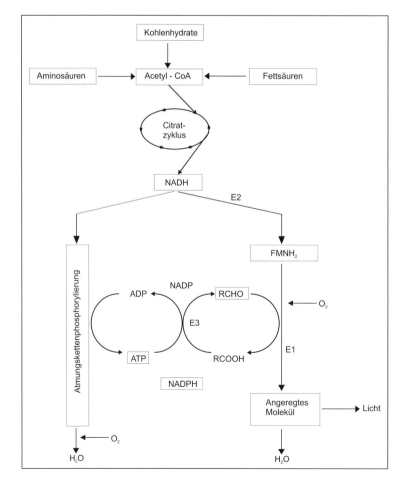

Abb. 20-4: Reaktionsschema der bakteriellen Biolumineszenz und energetische Verknüpfungen. E1: Luciferase; E2: FMN-Reduktase; E3: Myristinsäurereduktase.

abgestrahlt. Die Anregung des Enzyms geschieht in chemischen Reaktionen bestimmter Intermediate, die im Fall der Biolumineszenz durch Enzyme, den so genannten Luciferasen katalysiert werden.

Grundlegend für das Verständnis des Leuchtbakterientests ist die Tatsache, dass in den beteiligten Reaktionen ATP und NAD(P)H verbraucht wird, weshalb das Leuchten eng in den Energiestoffwechsel der Leuchtbakterien eingebunden ist. So wird es verständlich, dass schädigende Einflüsse, die direkt oder indirekt auf den Energiestoffwechsel einwirken, in aller Regel auch die Leuchtintensität mindern.

Die Chemie der Biolumineszenz

Die Summenformel der bakteriellen Biolumineszenz lautet (LÜMMEN 1988):

$FMNH_2 + O_2 + R\text{-}CHO \rightarrow FMN + H_2O + R\text{-}COOH + Licht$

$FMNH_2$ = reduziertes Flavinmononukleotid
FMN = Flavinmononukleotid
R-CHO = langkettiger Aldehyd (in vivo: Tetradecanal)
R-CHOOH = langkettige Fettsäure

Reduziertes Flavinmononukleotid ($FMNH_2$), ein Coenzym, das als Elektronenüberträger beispielsweise in der Atmungskettenphosphorylierung eine Rolle spielt, wird von der Luciferase gebunden und reagiert mit molekularem Sauerstoff zu einem stabilen Intermediat. Durch Reaktion mit einem langkettigen Aldehyd (R-CHO) entsteht der angeregte Emitter. Der Aldehyd wird dabei zur korrespondierenden Fettsäure (R-COOH) oxidiert. Das Emittermolekül „fällt" unter Aussendung von Licht spontan in den Grundzustand zurück. Nach Abspaltung eines Moleküls Wasser liegt das oxidierte Flavinmononukleotid (FMN) vor. Zur Regeneration der verschiedenen Reaktionspartner werden 1 ATP und 2 NAD(P)H verbraucht (Abbildung 20-4). Aus diesem Grund ist die Leuchtreaktion eng in den Energiestoffwechsel des Bakteriums eingebunden; sie läuft parallel zur aeroben Atmung.

20.2. Anwendungsbereiche

Der Leuchtbakterientest wird seit vielen Jahren zur Untersuchung von Wasserproben und gelösten Chemikalien genutzt. Er ist sehr sensitiv und kann daher beispielsweise auch die Wirkung von Wasserverunreinigungen in geringen Konzentrationen aufspüren. Mit einer Bearbeitungszeit von knapp zwei Stunden liefert er erheblich schneller und mit weitaus geringerem Arbeitsaufwand als die meisten biologischen Testverfahren ein Ergebnis. Aufgrund der hohen Anzahl an Organismen in jedem Testansatz (ca. 10^6 Bakterien je ml Testansatz!) und seinem hohen Standardisierungsgrad sind seine Ergebnisse hervorragend reproduzierbar. Die hohe Reproduzierbarkeit ist neben der relativ einfachen Durchführung auch der Grund für die Festschreibung des Leuchtbakterientests in der deutschen Umweltgesetzgebung, zum Beispiel der Rahmenabwasserverwaltungsvorschrift zum § 7 des Wasserhaushaltsgesetzes. Dadurch ist der Test heute in den Überwachungslaboratorien der chemischen Industriebetriebe und in vielen Kläranlagen etabliert. Aufgrund der weit verbreiteten Anwendung ist eine Fülle von Vergleichsdaten verfügbar.

Für Untersuchungen, die über Routinekontrollen hinaus gehen, weist der Leuchtbakterientest allerdings auch einige Nachteile auf: Die marine Herkunft des Organismus schränkt die Aussagekraft der Testergebnisse über die ökologischen Folgen einer Kontamination im tatsächlich betroffenen Gewässer ein. Das notwendige Aufsalzen der Probe verändert außerdem das Milieu der Probe und kann zu Wechselwirkungen mit den eigentlichen Inhaltsstoffen führen. Steht der Leuchtbakterientest alleine, sind seine Ergebnisse nur schwer interpretierbar. Erst durch die Kombination mit weiteren Informationen ergibt sich eine belastbare Aussage.

In neuerer Zeit wird der Leuchtbakterientest über die Untersuchung von Wasserproben hinaus zunehmend für Boden- und Sedimentuntersuchungen eingesetzt. Meist wird dabei der Feststoff eluiert, das heißt, die löslichen Stoffe werden mit einem geeigneten Lösemittel vom Feststoff abgetrennt und das gewonnene Eluat dann im Test eingesetzt. Ein konkurrierendes Verfahren versucht die Problematik der unterschiedlichen Auslaugbarkeit von Schadstoffen aus Böden und Sedimenten zu umgehen, indem die Bakterien in direkten Kontakt mit dem Testgut gebracht werden und dann durch eine Membranfiltration wieder abgetrennt werden. Dabei stellt man jedoch aus verschiedenen Gründen oft eine starke Verringerung der Leuchtintensität fest, ohne dass eine toxische Wirkung vorliegt.

20.3 Experiment: Wirkung von Cadmium auf die Biolumineszenz von *Vibrio fischeri*

20.3.1 Testprinzip

Der Testprinzip beruht auf dem Nachweis der hemmenden Wirkung von Schadstoffen auf die Leuchtintensität von *V. fischeri*, die in engem Zusammenhang mit bestimmten physiologischen Prozessen der Organismen steht. Über die photometrische Messung des Parameters „Leuchtintensität" lässt sich also eine Aussage über die Höhe der Schadwirkung von Testsubstanzen bzw. Umweltproben treffen. Hierfür stehen spezielle Testanlagen, so genannte Luminometer zur Verfügung.

Vorkommen und Wirkung der Testsubstanz Cadmium können in Kapitel 6 nachgelesen werden.

20.3.2 Versuchsanleitung

Der Test wird entsprechend DIN 38412 L34 (1993) durchgeführt. Als Messapparatur kann zum Beispiel das Luminometer „LUMIStox" (Dr. Lange) verwendet werden (Abbildung 20-5). Auch für die Versuche können u. a. vom genannten Hersteller sowohl Bakterien als auch benötigte Lösungen käuflich erworben werden. Als Alternative bieten sich auch selbst gezüchtete Bakterien sowie selbst hergestellte Lösungen an. Eine entsprechende Verfahrensanleitung findet sich beispielsweise in DIN 38 412 L341 (1994). Allerdings ist bei dieser Variante immer davon auszugehen, dass die Schwankungsbreite in der Bakterienreaktion sehr hoch ist und die Ergebnisse kritisch beleuchtet werden müssen.

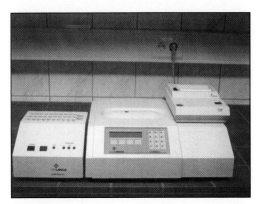

Abb. 20-5: Messgerät „LUMIStox" der Firma Dr. Lange. Messplatz bestehend aus: Messgerät, Inkubationsblock und Thermodrucker LD 100 (Foto: Ziebart, IHI Zittau).

Benötigte Materialien:

- Leuchtbakterien (Konserve) mit Reaktivierungslösung,
- NaCl,
- NaOH- und HCl-Lösung zum Einstellen des pH-Wertes,
- Stammlösung: 200 mg Cd / l,
- Rührgerät,
- Spatel,
- Feinwaage mit Wägeschalen,
- Luminometer,
- Küvetten,
- Eppendorf-Pipetten und -spitzen (1 ml und 0,5 ml),
- Stoppuhr,
- Doppelt-log-Papier,
- Abfallgefäß für Cadmium.

Testorganismen

Der hier beschriebene Test wird mit kommerziell erhältlichen Bakterienkonserven durchgeführt. Durch schonende Gefrier- oder Flüssigtrocknung werden die Bakterien vom Hersteller in ein Ruhestadium überführt, in dem sie bei −18 °C mehrere Monate lagerfähig sind. Um die Bakterien im Test einzusetzen, werden sie zunächst wieder in ihren aktiven Zustand zurückge-

führt. Dazu wird die vom Hersteller gelieferte Reaktivierungslösung in einem Wasserbad aufgetaut und anschließend im Vorratsschacht des Inkubatorblockes für 15 Minuten temperiert. Dies ist notwendig, da die Bakterien bei einer Temperatur von 15 °C eine optimale Leuchtintensität aufweisen. Nach dieser Zeit wird ein Röhrchen mit Leuchtbakterien aus dem Gefrierfach genommen und sofort in einem Wasserbad unter ständiger Bewegung aufgetaut. Der Stopfen wird entfernt und 0,5 ml der temperierten Reaktivierungslösung zupipettiert. Unter leichtem Schütteln werden die Leuchtbakterien vollständig resuspendiert und das Röhrchen mit leicht aufgesetztem Stopfen für 15 Minuten in den Vorratsschacht des Inkubatorblockes gestellt. Anschließend werden die Leuchtbakterien vollständig in das Fläschchen mit der restlichen Reaktivierungslösung überführt und durch mehrfaches Umstürzen homogen vermischt. Die folgende Standzeit im Inkubatorblock beträgt 60 min.

Randbedingungen

Neben der Temperatur beeinflussen auch der pH-Wert und der Salzgehalt des Mediums die Leuchtintensität. Als Standardbedingungen gelten ein pH-Wert von 7,0 ± 0,2 und ein NaCl-Gehalt von 2 %. In der Bakteriensuspension sind diese Werte vom Hersteller bereits eingestellt. In den Proben bzw. ihren Verdünnungen wird der pH-Wert mit HCl oder NaOH und der Salzgehalt durch Zugabe von NaCl eingestellt. Alle Proben und Verdünnungen müssen ebenfalls auf 15 °C temperiert werden.

Herstellung der Verdünnungsreihe

Von Cadmium wird als Cadmiumchlorid ($CdCl_2 \times H_2O$) eine Stammlösung in einer Konzentration von 200 mg Cd/l (358,2 mg $CdCl_2 \times H_2O$/l) hergestellt. Auch die Stammlösung muss auf einen pH-Wert von 7,0 ± 0,2 eingestellt und mit 2 % NaCl aufgesalzen werden.

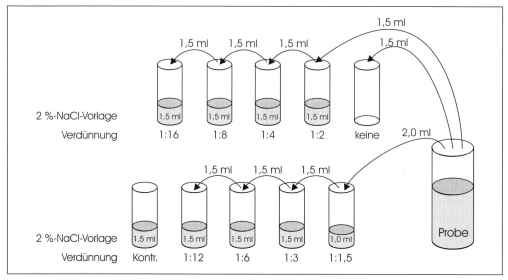

Abb. 20-6: Pipettierschema des Leuchtbakterientests nach DIN 38412 L34 (1993).

Die vom Hersteller gelieferten Küvetten werden in die Reihe A des Inkubationsblocks gestellt und vorgekühlt. Für die Verdünnungsansätze wird die Stammlösung nach DIN-Vorschrift mit 2 %-iger Natriumchloridlösung gemischt. Das Pipettierschema hierzu ist in Abbildung 20-6 dargestellt.

Unter Berücksichtigung einer weiteren 1:1-Verdünnung durch die Bakteriensuspension werden folgende Endkonzentrationen an Cadmium getestet:

- Kontrolle (ohne Cd-Zusatz)
- 6,25 mg Cd/l ($\triangleq$ 11,2 mg Cadmium-chlorid/l)
- 8,33 mg Cd/l ($\triangleq$ 14,9 mg Cadmium-chlorid/l)
- 12,5 mg Cd/l ($\triangleq$ 22,4 mg Cadmium-chlorid/l)
- 16,7 mg Cd/l ($\triangleq$ 29,9 mg Cadmium-chlorid/l)
- 25,0 mg Cd/l ($\triangleq$ 44,8 mg Cadmium-chlorid/l)
- 33,3 mg Cd/l ($\triangleq$ 59,6 mg Cadmium-chlorid/l)
- 50,0 mg Cd/l ($\triangleq$ 89,6 mg Cadmium-chlorid/l)
- 66,7 mg Cd/l ($\triangleq$ 119 mg Cadmium-chlorid/l)
- 100 mg Cd/l ($\triangleq$ 179 mg Cadmium-chlorid/l)

Als einfachste Versuchsvariante erfolgt am Messgerät die Einstellung der relativen Leuchteinheiten, die Einzelwerte liefert. Es werden 9 Verdünnungsstufen mit jeweils 2 Wiederholungen und einer Inkubationszeit von 30 Minuten gemessen.

Inkubation und Messung

Jeweils 0,5 ml der Leuchtbakteriensuspension werden in die Messküvetten pipettiert und in den entsprechenden Inkubationsschächten der Reihen B und C für 15 Minuten temperiert. Danach erfolgt die Bestimmung des Ausgangsleuchtens, indem, beginnend bei der Kontrolle, jede Küvette in den Messschacht eingeführt wird. Die relative Lichtintensität muss protokolliert werden. Nach Zurückstellen der Küvette wird sofort jeweils 0,5 ml Testlösung zupi-

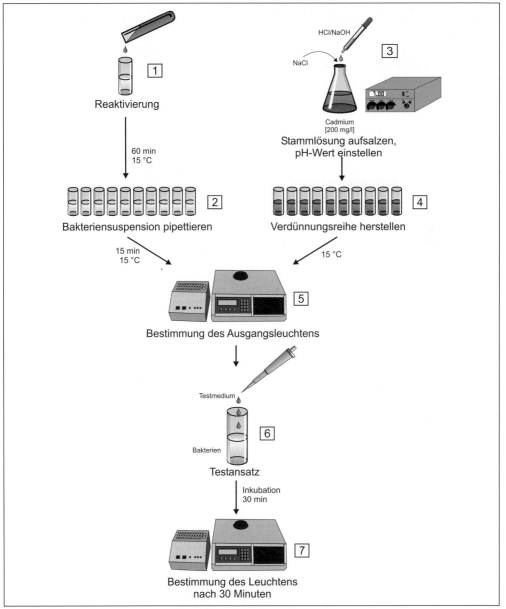

Abb. 20-7: Ablaufschema des Leuchtbakterientests mit *Vibrio fischeri*.
(1) Reaktivierung der konservierten Bakterien, vorkühlen auf 15 °C,
(2) Bakteriensuspension pipettieren: 0,5 ml pro Gläschen, 2 Replikate pro Verdünnungsstufe,
(3) Stammlösung auf 2 % NaCl aufsalzen, pH-Wert auf 7 ± 0,2 einstellen,
(4) Verdünnungsreihe entsprechend DIN herstellen (siehe Abbildung 20-6), kühlen auf 15 °C,
(5) Bestimmung des Ausgangsleuchtens,
(6) Testansatz herstellen: je 0,5 ml Testmedium zupipettieren, jeweils 30 Minuten Inkubation,
(7) Bestimmung des Leuchtens nach 30 Minuten.

pettiert. Es ist wichtig, dass die Inkubationszeit von 30 Minuten genau eingehalten wird, indem zum Beispiel mit einer Stoppuhr ein fester Zeittakt vorgegeben wird. Nach der Inkubationszeit erfolgt die zweite Messung in gleicher Weise wie bei der Bestimmung des Ausgangsleuchtens. Auch diese Werte werden in das Protokoll aufgenommen. Eine Übersicht über den Verfahrensablauf bietet Abbildung 20-7.

20.3.3 Versuchsauswertung

Aus den gemessenen Leuchtintensitäten wird zunächst ein Korrekturfaktor (KF-Wert) errechnet. Er ist der Quotient aus der Leuchtintensität I_{30} nach der Kontaktzeit und der Ausgangsintensität I_0 bei den Kontrollansätzen. Er dient der Korrektur der zeitlich bedingten Änderung der Leuchtintensität im Kontrollansatz.

- Der Korrekturfaktor KF_{30} wird folgendermaßen berechnet:

$$KF_{30} = I_{K30} / I_o$$

wobei:

KF_{30} = Korrekturfaktor für die Kontaktzeit von 30 min

I_{K30} = Leuchtintensität im Kontrollansatz nach der Kontaktzeit von 30 min [relative Leuchteinheiten]

I_0 = Leuchtintensität der Testsuspension in den Kontrollansätzen unmittelbar vor der Zugabe des Verdünnungswassers [relative Leuchteinheiten].

- Hieraus wird anschließend der Mittelwert des Korrekturfaktors KF_{30} der beiden Kontrollansätze gebildet.
- Aus den I_0-Werten der Testansätze wird der Wert Ic_{30} berechnet:

$$I_{c30} = I_0 \times KF_{30}$$

wobei:

Ic_{30} = Theoretische Leuchtintensität eines Testansatzes nach der Kontaktzeit, die aufgetreten wäre, wenn das Testgut keine Hemmstoffe enthalten hätte [relative Leuchteinheiten] Der Ic_{30}-Wert dient als Bezugsgröße (100 %-Wert) für die Auswertung.

- Die Hemmwirkung auf die Lichtemission eines Testansatzes wird berechnet nach:

$$H_{30} = (I_{c30} - I_{T30}) \times 100/I_{c30}$$

wobei:

H_{30} = Hemmwirkung auf die Lichtemission eines Testansatzes nach der Kontaktzeit von 30 min [%]

I_{T30} = Leuchtintensität im Testansatz nach der Kontaktzeit von 30 min [relativen Leuchteinheiten]

- Der Mittelwert der Hemmwirkung (H_{30}) wird für jede Verdünnungsstufe berechnet.
- Es erfolgt die Umformung der H_{30}-Werte in Gamma-(Γ)-Werte zur Linearisierung der Leuchthemmung in Abhängigkeit von der Konzentration der Probe.

$$\Gamma_{30} = (I_{c30} - I_{30}) / I_{30}$$

wobei: Γ_{30} = Verhältnis der Leuchtintensitätsabnahme zur verbleibenden Leuchtintensität

- Die Ergebnisse werden grafisch dargestellt. Hierzu wird auf doppelt logarithmischem Papier die prozentuale Konzentration in den Testansätzen gegen den Γ_{30}-Wert aufgetragen. Berücksichtigt werden allerdings nur die Konzentrationen, die eine Hemmung zwischen 10 und 90 % ergeben haben. Eine Gerade wird durch die Punkte gelegt. Der Schnittpunkt der Geraden mit der Parallelen zur x-Achse im Abstand 1 bestimmt den EC_{50}-Wert.

Gültigkeit des Tests

- Der KF-Wert muss zwischen 0,6 und 1,8 liegen.
- Die Abweichung der Parallelbestimmungen von ihrem Mittelwert sowohl bei den Kontrollansätzen als auch bei den Testansätzen darf nicht mehr als 3 % betragen.

Messung von Wasserproben

Bei der Untersuchung nativer Wasserproben, wie zum Beispiel Sickerwasser oder Industrieabwasser wird man häufig mit dem Problem getrübter oder gefärbter Proben konfrontiert. Mit dem Leuchtbakterientest ergeben sich daraus messtechnische Probleme, da die Lumineszenz der Bakterien durch die Absorption gestört wird. Zur Korrektur dieser Werte gibt es spezielle Farbkorrekturküvetten, bei denen Testgut und Bakterien räumlich voneinander getrennt sind. Dadurch kann der Effekt der Absorption ohne toxischen Einfluss auf die Bakterien ermittelt und die Messwerte um diesen Wert korrigiert werden. Bei neueren Luminometern ist zum Teil auch bereits automatisch eine Farbkorrektur möglich.

Im Gegensatz zur Einzelstoffprüfung wird bei der Untersuchung einer Wasserprobe der GL errechnet (siehe Kapitel 1). Im Leuchtbakterientest wird gewöhnlich die erste Verdünnungsstufe einer Probe angegeben, die weniger als 20 % Hemmung verursacht.

Ergänzendes Experiment: Atmungshemmtest mit *Vibrio fischeri*

Da der Leuchtbakterientest in relativ kurzer Zeit durchgeführt werden kann, ist es möglich, ihn durch den Atmungshemmtest am gleichen Praktikumstag sinnvoll zu ergänzen. Bei diesem Experiment wird die Wirkung von Schadstoffen auf die Atmung der Bakterien untersucht. Eine Abnahme des Sauerstoffverbrauchs weist auf die Anwesenheit toxischer Stoffe hin. Für diesen Test werden höhere Bakteriendichten benötigt, so dass die Organismen selbst angezogen

werden müssen. Die Probenvorbereitung, das heißt Aufsalzen und Einstellung des pH-Wertes der Probe, erfolgt analog der des Leuchtbakterientests (siehe oben). Die Verdünnungsreihe wird ebenso mit Natriumchlorid eingestellt, wobei aus zeitlichen Gründen jedoch weniger Verdünnungsstufen gewählt werden sollten. 40 ml Leuchtbakteriensuspension und 40 ml Verdünnungsansatz werden in gleichmäßigen Abständen von 10 min in einem Erlenmeyerkolben zusammengegeben. Nach 30 min Inkubationszeit, während der die Ansätze belüftet werden, wird über 5 Minuten der Sauerstoffverbrauch ermittelt. Hierfür wird eine Sauerstoffelektrode in die Suspension gehalten und der Sauerstoffgehalt in [mg/l] zu Beginn und zum Ende gemessen. Es erfolgt eine Doppelbestimmung für jede Verdünnungsstufe. In der Auswertung wird der Verbrauch [in mg O_2/(l × min)] bestimmt und die Durchschnittswerte für die Kontrolle und die einzelnen Verdünnungsstufen berechnet.

20.3.4 Fragen als Diskussionsgrundlage

- Welche Anwendungsbereiche sind für den Leuchtbakterientest sinnvoll?
- Für welche Testsubstanzen oder Umweltproben eignet sich der Leuchtbakterientest nicht?
- Worin bestehen die Vorteile des Leuchtbakterientests?
- Im Falle eines parallel durchgeführten Atmungshemmtests: Vergleichen Sie die beiden Testverfahren bezüglich Empfindlichkeit der beiden Wirkungsparameter, Handhabbarkeit etc.

20.3.5 Literatur

LÜMMEN, P. (1988): Bakterielle Biolumineszenz: Biochemie, Physiologie und Molekulargenetik. – forum mikrobiologie 10/88, 428–433.

DIN 38412 L34 (1993): Deutsche Einheitsverfahren zur Wasser-, Abwasser- und Schlammuntersuchung: Testverfahren mit Wasserorganismen (Gruppe L): Bestimmung der Hemmwirkung von Abwasser auf die Lichtemission von *Photobacterium phosphoreum* – Leuchtbakterien-Abwassertest mit konservierten Bakterien (L 34) – Beuth Verlag GmbH und VCH Verlagsgesellschaft mbH, Weinheim.

DIN 38 412 L341 (1994): Deutsche Einheitsverfahren zur Wasser-, Abwasser- und Schlammuntersuchung: Testverfahren mit Wasserorganismen (Gruppe L): Bestimmung der Hemmwirkung von Abwasser auf die Lichtemission von *Photobacterium phosphoreum* – Leuchtbakterien-Abwassertest, Erweiterung des Verfahrens DIN 38 412 L34 (L 341) – Beuth Verlag GmbH und VCH Verlagsgesellschaft mbH, Weinheim.

21 Gentoxizitätstest mit *Salmonella typhimurium* (*umu*-Test)

21.1 Charakterisierung des Testorganismus

Salmonella typhimurium (Abbildung 21-1) gehört zur Familie der Enterobacteriaceae und ist ein gramnegatives, fakultativ anaerobes Bakterium. Es ist als Wildtyp für den Menschen und verschiedene Tiere obligat pathogen. Wildtypstämme von *S. typhimurium* verursachen beim gesunden erwachsenen Menschen nach Aufnahme von wenigstens 10^5 bis 10^6 Bakterien mit der Nahrung eine Gastroenteritis. Die Bakterien dringen in die Epithelzellen des unteren Dünndarms ein, werden zum Bindegewebe transportiert und vermehren sich. Folgen sind Störungen des Flüssigkeits- und Elektrolyttransports, die zu Durchfällen, Erbrechen und Fieber führen. Das Pathogenitätsprinzip bei *S. typhimurium* besteht aus einer Reihe von Faktoren, die zum Teil in ihrer Bedeutung noch nicht vollständig aufgeklärt sind. Das Ausschalten einzelner Faktoren führt in der Regel zu einer starken Verminderung oder sogar zum vollständigen Verlust der Virulenz der Bakterien. In dieser Form werden sie auch für ökotoxikologische Fragestellungen zum Nachweis mutagener Schadstoffwirkungen eingesetzt. Diese Bakterien werden von der Zentralen Kommission für die biologische Sicherheit (ZKBS) in die Risikogruppe 1 eingestuft. Ein Arbeiten erfordert nach der Gentechnik-Sicherheitsverordnung (GenTSV 1995) die Anmeldung eines S1-Labors (siehe Kapitel 5).

Von *S. typhimurium*-Stämmen wurden in den letzten Jahren eine Reihe stabiler Mutanten erzeugt. Die in die Bakterien eingeführten Mutationen führen beispielsweise zur Auxotrophie für bestimmte Ami-

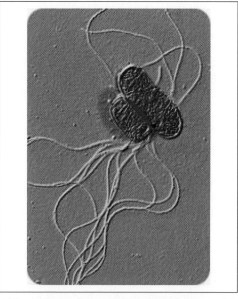

Abb. 21-1: *Salmonella typhimurium* (Wildstamm, Foto: Gunning, Bangaerts, Institute of Food Research, Norwich, www.uea.ac.uk).

nosäuren, das heißt sie müssen von außen zugeführt werden. AMES et al. (1975) entwickelten hieraus den bekannten Ames-Test, bei dem die Bakterien kein Histidin mehr synthetisieren können und diese Substanz dem Nährboden zugefügt werden muss. Mutagene Substanzen induzieren Rückmutationen, so dass die Bakterien erneut auf Histidin-freiem Nährboden wachsen können. Die Anzahl an gewachsenen Kolonien auf Agarplatten gilt als Maß für die Mutagenität.

Eine andere gentechnische Veränderung von *S. typhimurium* betrifft den Einbau eines Strukturgens, das die β-Galaktosidase codiert. Hieraus wurde der so genannte *umu*-Test entwickelt (ODA et al. 1985,

REIFFERSCHEID et al. 1991). Die Bezeichnung *umu* beruht auf dem *umu*C-Gen, ein ursprünglich in *Escherichia coli* untersuchtes Gen, auf das man in Studien zur UV-Mutation („*umu*") aufmerksam wurde. Dieses Gen wurde nun in den Stamm *S. typhimurium* TA1535/pSK1002 eingebracht. Das in den Bakterien vorhandene Multicopy-Plasmid pSK1002 trägt ein *umu*C`-`*lac*Z Genfusionsprodukt, das auf genotoxische Substanzen mit einer erhöhten Enzymproduktion reagiert.

21.2 Anwendungsbereiche

Der *umu*-Test ist ein bakterieller Kurzzeit-Genotoxizitätstest zur routinemäßigen Erfassung genotoxischer Potentiale von Einzelsubstanzen, Wasserextrakten und nativer Proben von Industrieabwässern (z. B. RAO et al. 1995). Er wurde beispielsweise beim großflächigen Monitoring zur Wirkung genotoxischer Substanzen in Oberflächengewässern Baden-Württembergs eingesetzt (ZIPPERLE & WALSER 1997). An insgesamt 30 Messstellen an Rhein, Neckar und Donau sowie einigen Nebenflüssen wurden in einer mehrjährigen Messkampagne Gewässerproben getestet. Bei diesen Proben zeigte der *umu*-Test keine auffälligen Ergebnisse. Allerdings konnte bei einigen Industrieabwässern eine deutliche genotoxische Wirkung nachgewiesen werden, die auf das Vorhandensein polyzyklischer Kohlenwasserstoffe zurückzuführen war.

21.3 Experiment: Wirkung von Gewässerproben auf die Induktion des SOS-Reparatursystems bei *Salmonella typhimurium*

21.3.1 Testprinzip

Das Prinzip des *umu*-Testes beruht auf dem Potential genotoxischer Substanzen das *umu*C-Gen in *S. typhimurium* TA 1535/pSK1002 zu induzieren, das zum SOS-Reparatursystem gehört (Abbildung 21-2). Dieser Prozess ist korreliert mit einer erhöhten Produktion des Enzyms β-Galaktosidase, das nach Substratzugabe die Bildung eines colorigenen Stoffes katalysiert, der photometrisch bestimmt werden kann. Eine Erhöhung der Absorption lässt auf das

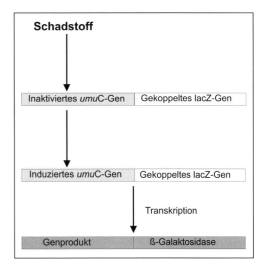

Abb. 21-2: Vereinfachte schematische Darstellung des Testprinzips zur Wirkung von Schadstoffen auf das Erbgut von *Salmonella typhimurium* TA 1535/pSK1002.

genotoxische Potential eines Stoffes oder die Anwesenheit genotoxischer Stoffe in einer Umweltprobe schließen.

21.3.2 Versuchsanleitung

Der *umu*-Test wird nach DIN-Richtlinie 38415, T3 (1996) durchgeführt.

Benötigte Materialien:

- Bakteriensuspension in TGA-Nährlösung,
- Mikrotiterplatten-Lesegerät,
- Mikrotiterplatten mit 96 Vertiefungen,
- variable Mehrfachpipette oder variable Einzelpipetten,
- Wasserbad,
- Photometer,
- Schüttler,
- Brutschrank,
- pH-Meter und HCl- und NaOH-Lösung,
- Petrischalen oder 2 ml-Ampullen.

Testorganismen

Der Bakterienstamm *S. typhimurium* TA 1535/pSK1002 kann über die Deutsche Sammlung von Mikroorganismen und Zellkulturen GmbH (DSMZ) Braunschweig erhalten werden. Die Bakterien werden für die weitere Verwendung entweder in 20 %-igem Glycerin in 2 ml-Ampullen bei –80 °C aufbewahrt und in dieser Form für das Experiment eingesetzt, oder es wird eine Stammkultur in Petrischalen angelegt (Abbildung 21-3), die bei einer Temperatur von 37 °C in einem agarverfestigten Nährmedium (Tabelle 21-1) wächst.

Übernachtkultur

Die Bakterien werden in einer Übernachtkultur in 20 ml Flüssigmedium (Tabelle 21-1) in einem Wasserbad bei 37 ± 1 °C für maximal 12 Stunden angereichert. Nach dieser Zeit wird die Bakteriendichte über die Absorption mit einem Photometer bei einer Wellenlänge von λ = 600 nm abge-

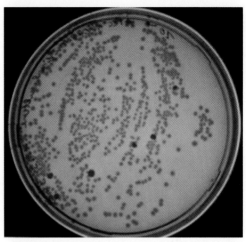

Abb. 21-3: Kultivierung von *Salmonella typhimurium* (Wildstamm) auf agarverfestigtem Nährmedium bei 37 °C (Foto: Römling, GBF Braunschweig).

schätzt. Wenn die Absorption einen Wert größer als 1 erreicht hat, wird die Kultur mit frischen Medium im Verhältnis 1:10 verdünnt. Anschließend werden die Bakterien erneut für ca. eine Stunde bei 37 °C inkubiert, bis sie sich in der exponentiellen Wachstumsphase befinden.

Vorbereitung der Mikrotiterplatten

Der Versuch erfolgt vorzugsweise in Mikrotiterplatten, die aus 8 Reihen mit je 12 Vertiefungen mit einem Gesamtvolumen von je 360 µl bestehen. Sechs der Reihen stehen für die zu testenden Wasserproben zur Verfügung, wobei von jeder der Verdünnungsstufen eine Dreifachbestimmung erfolgt, so dass pro Reihe vier Verdünnungsstufen getestet werden. Dazu werden zunächst die Verdünnungsreihen der Proben hergestellt, indem in die ersten drei Vertiefungen einer Reihe 360 µl der Wasserprobe und in die weiteren Vertiefungen 180 µl demineralisiertes Wasser pipettiert werden. Mit einem Volumen von 180 µl pro Vertiefung wird anschließend eine 1:1 Verdünnung aus den ersten drei Vertiefungen in die nächsten drei und wiederum in die nächsten drei durchgeführt. Am Ende einer Reihe werden entweder die überschüssigen 180 µl verworfen oder in der nachfolgenden Reihe mit der Verdünnungsreihe fortgefahren. Zum Schluss muss in jeder Vertiefung der Verdünnungsreihen ein Volumen von 180 µl vorliegen. Die siebte Reihe besteht aus zwölf Parallelen der Negativkontrolle mit demineralisiertem Wasser als Kontrollsubstanz. Die achte Reihe beinhaltet eine Referenzchemikalie als Positivkontrolle und weitere Kontrollen mit Lösungsmittel- und Medienleerwert ohne Bakterienzugabe. Als Referenzchemikalie für die Positivkontrolle wird 4-Nitroquinolin-1-oxid (5 mg gelöst in 5 ml DMSO) sowie Aminoanthracen (5 mg gelöst in 5 ml

DMSO) verwendet. Jede Vertiefung beinhaltet insgesamt 270 µl, die sich wie folgt zusammensetzen:

- 180 µl der zu testenden Wasserprobe, die zuvor auf einen pH-Wert von 7,0 eingestellt wurde, bzw. der entsprechenden Verdünnung *oder*
  180 µl demineralisiertes Wasser für die Negativkontrollen und den Leerwert *oder*
  27 µl Referenzlösung in 30 % DMSO + 153 µl demineralisiertes Wasser für die Referenzsubstanzen und DMSO-Kontrollen
- 20 µl 10-fach Medium TGA
- 70 µl Bakterienlösung mit Ausnahme der Leerwertansätze *oder*
  70 µl TGA beim Leerwertansatz.

Nährmedien	
TGA-Medium	• 10 g Bacto Trypton, 5 g Natriumchlorid (NaCl) und 11,9 g HEPES in Wasser lösen, den pH-Wert auf 7,0 ± 0,2 einstellen, mit Wasser auf 500 ml auffüllen und 20 min bei 121 °C autoklavieren.
	• 2 g D(+)-Glukose (wasserfrei) in 500 ml Wasser lösen und mit geeigneten Mitteln sterilisieren. Nach dem Autoklavieren sind beide Ansätze im Volumenverhältnis 1:1 zu mischen.
	• 50 mg Ampicillin (Natriumsalz) zu 1000 ml abgekühltem Medium unter sterilen Bedingungen hinzufügen.
Lysepuffer	• 20,18 g Dinatriumdihydrogenphosphat-dihydrat (Na$_2$HPO$_4 \times$ 3 H$_2$O), 5,5 g Natriumdihydrogenphosphat-monohydrat (NaH$_2$PO$_4 \times$ H$_2$O), 0,75 g Kaliumchlorid (KCl), 0,25 g Magnesiumsulfat-heptahydrat (MgSO$_4 \times$ 7 H$_2$O) in Wasser lösen, den pH-Wert auf 7,0 ± 0,2 einstellen.
	• 1,00 g Dodecylsulfat, Natriumsalz (SDS) zugeben und mit Wasser auf 1 l auffüllen.
	• Vor Gebrauch 0,27 ml 2-Mercaptoethanol zu 100 ml B-Puffer geben und mischen.
Stopp-Reagenz	• 105,99 g Natriumcarbonat (Na$_2$CO$_3$; wasserfrei) in Wasser lösen und auf 1000 ml auffüllen.
ONPG-Lösung	• 45 mg o-Nitrophenyl-β-D-galactopyranosid (ONPG) in 10 ml Lysepuffer lösen.

Tab. 21-1: Zusammensetzung des Nährmediums für *Salmonella typhimurium* TA 1535/pSK1002, der Pufferlösung, des Stoppreagenzes sowie der ONPG-Lösung.

Inkubation und Messung

Die gesamte Inkubation umfasst drei Phasen, wobei für jede eine neue Mikrotiterplatte verwendet wird. Zunächst werden die exponierten Bakterien in der Mikrotiterplatte auf einem Schüttler bei 37 °C im Brutschrank für zwei Stunden inkubiert. Anschließend erfolgt in einer zweiten Phase das Überimpfen der Bakterien und eine Verdünnung im Verhältnis von 1:10 (Bakterien: 10fach TGA) auf einer zweiten Mikrotiterplatte in einem Endvolumen von 300 µl pro Vertiefung. Dieser Schritt ist unter anderem deshalb notwendig, um physiologische Wirkungen der Probe auf die Bakterien, die zu Wachstumsstörungen führen, zu minimieren. Nach einer zweistündigen Inkubation bei 37 °C im Brutschrank wird wiederum die Absorption der Bakteriendichte bei einer Wellenlänge von $\lambda = 600$ nm gemessen.

In der dritten Phase werden die Bakterien in eine neue Mikrotiterplatte überführt und durch einen Puffer (Tabelle 21-1) lysiert.

Nach Zugabe des Substrates o-Nitrophenol-β-D-Galaktopyranosid (ONPG, Tabelle 21-1) und kräftigem Durchmischen kommen die Platten für 30 Minuten in den Brutschrank bei 28 °C. In dieser Zeit katalysiert die induzierte ß-Galaktosidase eine Farbreaktion, die durch Zugabe eines Stoppreagenzes (Tabelle 21-1) beendet wird. Die Absorption des in 30 Minuten gebildeten, gelben Spaltproduktes wird bei einer Wellenlänge von $\lambda = 420$ nm photometrisch gemessen. Für die Messung können verschiedene handelsübliche Mikrotiterplatten-Lesegeräte verwendet werden (Abbildung 21-4).

Der gesamte Versuchsablauf ist in Abbildung 21-5 dargestellt.

Nachweis von Promutagenen

Ein Promutagen bezeichnet einen Stoff, der erst nach Aktivierung eine Wirkung entfaltet. Ein Beispiel hierfür ist das Benz-a-pyren, das selbst nicht mutagen ist, sondern erst durch Monooxygenasen im Organismus

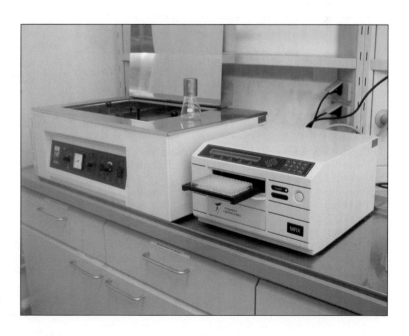

Abb. 21-4: Beispiel eines Mikrotiterplatten-Lesegerätes mit Wasser-Schüttel-Bad (Foto: Pickl, ÖkoTox GmbH Stuttgart).

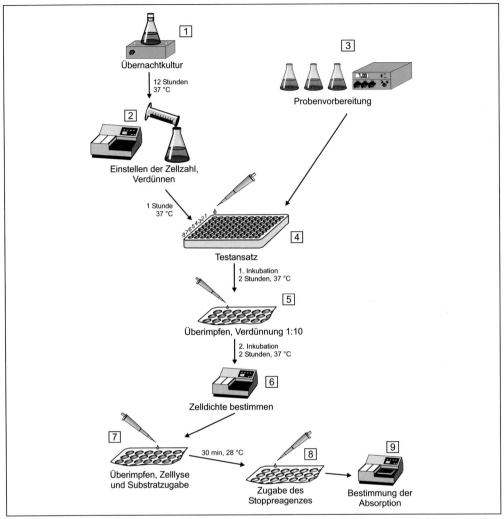

Abb. 21-5: Ablaufschema des Genotoxizitätstests mit *Salmonella typhimurium* TA 1535/pSK1002 (*umu*-Test).
(1) Übernachtkultur in 20 ml Flüssigmedium,
(2) Einstellen der Zellzahl: Photometrische Bestimmung der Zelldichte bei λ = 600 nm, Verdünnung (1:10) bei Absorption >1,
(3) Probenvorbereitung: pH-Wert auf 7,0 einstellen,
(4) Testansatz in Mikrotiterplatte auf Schüttler: Reihe 1-6: Wasserproben (3 Replikate pro Verdünnungsstufe), Reihe 7: Negativkontrollen (12 Replikate), Reihe 8: Positivkontrollen (3 Replikate), DMSO-Kontrollen (3 Replikate) und Leerwertansatz (6 Replikate),
(5) Überimpfen in eine zweite Mikrotiterplatte und Verdünnung um den Faktor 1:10,
(6) Photometrische Bestimmung der Zelldichte bei λ = 600 nm,
(7) Überimpfen in eine dritte Mikrotiterplatte, Zelllyse durch Puffer, Zugabe des Substrates ONPG,
(8) Zugabe des Stoppreagenzes nach 30 Minuten,
(9) Bestimmung der Absorption durch das gelbe Spaltprodukt bei λ = 420 nm mittels Mikrotiterplatten-Lesegerät.

in eine aktive Form, zum Beispiel das Benz-pyren-7,8-diol, umgewandelt wird. Früher nahm man an, dass nur in tierischen Organismen derartige oxidative Prozesse ablaufen. Inzwischen weiß man jedoch, dass auch in Pflanzen Umwandlungen stattfinden. Der Nachweis von Promutagenen im Biotest gelingt durch deren Aktivierung, indem man ein Rattenleberhomogenat (S9-Fraktion aus Phenobarbital/β-Naphtoflavon-induzierten Ratten) zum Versuchsansatz gibt. Im beschriebenen Experiment bedeutet das, dass parallel zum Ansatz ohne Aktivierung ein Ansatz mit Aktivierung durch S9 durchgeführt wird, um einen Wirkungsnachweis aller potentieller Genotoxine in einer Probe abzudecken.

21.3.3 Versuchsauswertung

Aus den photometrisch erhobenen Daten werden Wachstumsraten (WR) und Induktionsraten (IR) nach folgenden Formeln berechnet, wobei jeweils der Mittelwert aus drei Parallelen gebildet wird. Eine Hemmung des Wachstums zeigt sich in einer im Vergleich zur unbelasteten Kontrolle erniedrigten Wachstumsrate, wobei diese in reziproker Form in die Berechnung der Induktionsrate mit eingeht.

$$WR = \frac{A_{600\,T} - A_{600\,L}}{A_{600\,N} - A_{600\,L}}$$

wobei: $A_{600\,T}$ = Absorption der Testlösung bei $\lambda = 600$ nm
$A_{600\,L}$ = Absorption des Leerwertes bei $\lambda = 600$ nm
$A_{600\,N}$ = Absorption der Negativkontrolle λ = bei 600 nm

$$IR = \frac{1}{WR} \times \frac{A_{420\,T} - A_{420\,L}}{A_{420\,N} - A_{420\,L}}$$

wobei: $A_{420\,T}$ = Absorption der Testlösung bei $\lambda = 420$ nm
$A_{420\,L}$ = Absorption des Leerwertes bei $\lambda = 420$ nm

$A_{420\,N}$ = Absorption der Negativkontrolle bei $\lambda = 420$ nm

Für die Wasserprobe wird die LID (Lowest Ineffective Dilution) angegeben. Sie ist definiert als die Induktionsrate von 1,5, bei der eine signifikante Wirkung gerade unterschritten wird. Einzelsubstanzen gelten dann als potentiell genotoxisch, wenn sie eine Induktionsrate über 2,0 aufweisen.

Gültigkeit des Tests

Die Gültigkeit des Testverfahrens ist gegeben, wenn die Wachstumsrate der Kontrolle mit demineralisiertem Wasser einen Wert von mindestens 0,5 und die Induktionsrate der Referenzchemikalien mindestens 2,0 erreicht.

21.3.4 Fragen als Diskussionsgrundlage

- Welche Folgewirkungen auf Organismen und Populationen können Substanzen mit genotoxischem Potential haben?
- Welche schadstoffinduzierten Nebeneffekte auf die Bakterien können die Bestimmung von Erbgutveränderungen negativ beeinflussen bzw. modifizieren?
- Welche Vorteile und welche Nachteile weisen Bakterientests zur Bestimmung der Genotoxizität auf?

21.3.5 Literatur

AMES, B.N., MCCANN, J., YAMASAKI, E. (1975): Methods for detection carcinogens and mutagens with the Salmonelle/Mammalian microsome mutagenicity test. – Mut. Res. 31, 347–364.

DIN-Richtlinie 38415, T3 (1996): Bestimmung des erbgutverändernden Potentials von Wasser- und Abwasserinhaltsstoffen mit dem *umu*-Test. – Deutsches Einheitsverfahren zur Wasser-, Abwasser- und

Schlammbehandlung, suborganismische Testverfahren (Gruppe T). Beuth, Berlin.

GENTSV (1995): Verordnung über die Sicherheitsstufen und Sicherheitsmaßnahmen bei gentechnischen Arbeiten in gentechnischen Anlagen (Gentechnik-Sicherheitsverordnung – GenTSV). In der Fassung der Bekanntmachung vom 14. März 1995 – BGBl. I.

ODA, Y., NAKAMURA, S., OKI, I., KATO, T., SHINAGAWA, H. (1985): Evaluation of the new system (umu-test) for the detection of environmental mutagens and carcinogens. – Mut. Res. 147, 219–229.

RAO, S. S., BURNISON, B. K., EFLER, S., WITTEKINDT, E., HANSEN, P.-D., ROKOSH, D. A. (1995): Assessment of genotoxic potential of pulp mill effluent and an effluent fraction using AMES-mutagenicity and umuC-genotoxicity assays. – Environ. Toxicol. Water Qual. 10, 301–305.

REIFFERSCHEID, G., HEIL, J., ZAHN, R. K. (1991): Die Erfassung von Genotoxinen in Wasserproben mit dem umu-Mikrotest. – Vom Wasser 76, 153–166.

ZIPPERLE, J., WALSER, B. (1997): Untersuchung der gentoxischen Wirkung von Gewässern und Abwässern. – Handbuch Wasser 2, Heft 35, Landesanstalt für Umweltschutz (LfU) Baden-Württemberg (Hrsg.), 137 S.

22 Motilitätstest mit *Euglena gracilis*

22.1 Charakterisierung des Testorganismus

Der Flagellat *Euglena gracilis* (Abbildung 22-1) gehört zur Abteilung der Euglenophyta („Augentierchen"), die nur eine Klasse (Euglenophyceae) mit ca. 1000 einzelligen Arten enthält. *E. gracilis* kommt natürlicherweise im Süßwasser vor. In stehenden Gewässern oder eutrophen Tümpeln, die reich an organischen Nährstoffen sind, ist sie häufig anzutreffen. Der Organismus wird bis zu 50 µm lang und 10 µm breit.

In Abbildung 22-2 ist der Aufbau von *E. gracilis* dargestellt. Der Flagellat besitzt anstelle einer Zellwand eine elastische Pellicula (= Periplast) aus verdicktem Ektoplasma, die eine farblose, gallertartige Masse mit Zellkern umgibt. Am Vorderende des Zellkörpers sind eine körperlange Schwimm- bzw. Steuergeißel und eine rudimentäre Geißel (Flagellen) vorhanden, die

Basalkörper (Kinetosomen) haben und bei Stress abgeworfen werden können. Beide Geißeln sind in einer flaschenförmigen Vertiefung (Ampulle) inseriert, in die sich eine pulsierende Vakuole ergießt. An der Schwimmgeißel befindet sich ein lichtempfindlicher Paraflagellarkörper, der als Photorezeptor dient und je nach Lichteinfallswinkel von einem gelblich-roten Augenfleck (Stigma) beschattet wird.

Im Zellinneren befinden sich Chloroplasten, Mitochondrien und Chromatophoren. Letztere enthalten neben den bei den Chlorophyten anzutreffenden Assimilationspigmenten außerdem noch Neoxanthin und Antheroxanthin, die sonst im Pflanzenreich nicht vorkommen und eine taxonomische Zuordnung unsicher machen. Außerdem speichern Euglenen ihre Kohlenhydrate in Form von Paramylon anstelle von Stärke.

E. gracilis ernährt sich photoautotroph, wobei ein Übergang zur Heterotrophie bei Lichtentzug möglich ist. Die Vermehrung

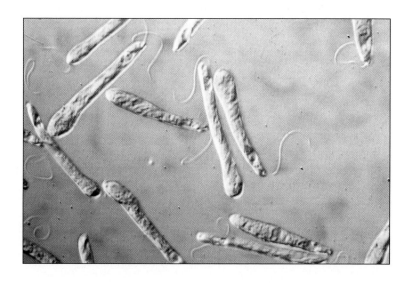

Abb. 22-1: *Euglena gracilis* Klebs (Foto: Tahedl, Universität Erlangen).

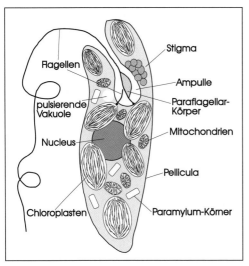

Labels in figure:
- Stigma
- Flagellen
- Ampulle
- pulsierende Vakuole
- Paraflagellar-Körper
- Mitochondrien
- Nucleus
- Pellicula
- Chloroplasten
- Paramylum-Körner

Abb. 22-2: Morphologischer Bau von *Euglena gracilis* (verändert nach COLLOMBETTI et al. 1982).

erfolgt im frei beweglichen Zustand vegetativ durch schraubenförmige Längsteilung, die am Geißelpol beginnt (Schizotomie).

E. gracilis weist eine breite Toleranz gegenüber Umwelteinflüssen wie zum Beispiel dem pH-Wert auf, reagiert jedoch auf plötzliche Veränderungen empfindlich. Unter ungünstigen Umweltbedingungen, zum Beispiel bei Austrocknung, hohen oder niedrigen Temperaturen, Nährstoffmangel, Lichtmangel oder Einschränkung der Bewegungsfreiheit, gehen Euglenen in ein Dauerstadium über. In diesem so genannten Palmella-Stadium sind die Organismen ohne Geißeln, und viele Zellen sind von Gallerte überzogen. Es können sich verschiedene Arten von temporären Zysten oder Dauerzysten bilden, die ein Austrocknen verhindern.

Euglenen können Schwimmbewegungen, metabolische (euglenoide) Bewegungen sowie gleitende Bewegungen ausführen. Die Fortbewegung kann entsprechend der Erdanziehungskraft (Gravitaxis) und des Lichteinfalls (Phototaxis) gerichtet erfolgen. Positive Phototaxis ist bei geringen, negative Phototaxis bei hohen Lichtstärken zu beobachten. Diese Orientierung im Licht erfolgt über die Beschattung des Stigmas durch den Paraflagellarkörper. Die kontraktiven, euglenoiden Bewegungen, also die Fähigkeit, sich schlangenartig auseinander- und bis zur Abrundung wieder zusammenzuziehen, beruhen auf der elastischen Pellicula. Diese besteht aus Proteinstreifen, die durch Mikrotubuli verbunden sind. Sie können aktiv ineinander gleiten und somit die Formveränderung bewirken. Gleitbewegungen sind durch die Schleimschicht möglich, die aus Organellen unter dem Pellikel abgegeben wird.

22.2 Anwendungsbereiche

Stressfaktoren, so auch Schadstoffe, können sich auf die Bewegungsaktivität sowie die Zellform beweglicher Flagellaten auswirken. Diese physiologischen Reaktionen liegen als Messkriterien dem so genannten Motilitätstest zugrunde, der auf Arbeiten von HÄDER (1994) basiert. Das Testprinzip wurde für Untersuchungen zur Auswirkung von erhöhter UV-Strahlung infolge des Ozonlochs auf das Phytoplankton verwendet (GERBER & HÄDER 1995). Zur Prüfung der Wasser- bzw. Abwasserqualität wurde ein automatischer Biotest (ECO-TOX) entwickelt, der zur Frühindikation von Schadstoffwirkungen geeignet ist (TAHEDL & HÄDER 2001). In Abwandlung dieses Verfahrens ist auch ein spezieller Biomonitor für wässerige Rauchgaskondensate aus Abfallverbrennungsanlagen entwickelt worden (ELSNER & FOMIN 2002). Diese Testvariante ist besonders für die Untersuchung saurer Proben geeignet. Sie bildet die Grundlage für das nachfolgend beschriebene Experiment.

22.3 Experiment: Einfluss von Cadmium auf die Bewegungsaktivität, die Bewegungsgeschwindigkeit und die Zellform von *Euglena gracilis*

22.3.1 Testprinzip

Beim Algen-Motilitätstest werden die Bewegungsfähigkeit, die Bewegungsgeschwindigkeit sowie die Form der Organismen unter Schadstoffeinfluss bestimmt, indem das mikroskopische Bild der Organismen mittels Videokamera erfasst und über eine computergestützte Bildverarbeitung ausgewertet wird. Eine Abnahme des Anteils beweglicher Organismen (Motilität) sowie von deren Bewegungsgeschwindigkeit indiziert eine Stressreaktion, die bei kontrollierter Einzelstoffprüfung direkt mit der Höhe der applizierten Schadstoffkonzentration korreliert. Die Form der Zellen ist ein Maß für den Grad der Belastung, da die Zellen unter Schadstoffeinfluss eine eher sphärische Gestalt annehmen.

Vorkommen und Wirkung der Testsubstanz Cadmium können in Kapitel 6 nachgelesen werden.

Veranschaulichung der Funktionsweise des Motilitätstests

Es ist empfehlenswert, vor Testbeginn die Funktionsweise, insbesondere die Abrundung der Zellen, unter Verwendung von Ethanol unter dem Mikroskop zu veranschaulichen. Man gibt hierzu eine *Euglena*-Suspension in eine Zählkammer und fügt einen Tropfen Ethanol an den Rand der Kammer hinzu, so dass ein Ethanol-Gradient entsteht. Im Lichtmikroskop lassen sich anschließend die verschiedenen Grade der Beeinflussung beobachten – von schlagartig abgetöteten Zellen bei der höchsten Ethanol-Konzentration über vollständig abgerundete und birnenförmige Zellgestalten bis zu den scheinbar unbeeinflussten Bereichen.

Grundlagen der Bildverarbeitung: Wie funktioniert die Bild- und Bewegungsanalyse?

Zur Bildanalyse (siehe auch Kapitel 14) wird das analoge Bild der Videokamera zunächst digitalisiert, das heißt, es wird in diskrete Bildpunkte (Pixel) gerastert. Jedem Pixel wird bei Schwarz-Weiß-Bildern dann ein Grauwert zugeordnet und der gefundene Helligkeitswert in einen Digitalwert umgesetzt. Schwarz entspricht dem Wert 0, und Weiß wird der höchste Wert zugeteilt, meist 256. Die entstehende Zahlenmatrix wird anschließend in einem elektronischen Speicher abgelegt.

Nun erfolgt die eigentliche Bildanalyse durch den Computer: Über eine geeignete Software (z. B. von Real Time Computers, Möhrendorf) wird durch Festlegung einer Grauschwelle bestimmt, ab welchem Grauwert ein Pixel dem Hintergrund oder den Objekten zuzurechnen ist. Weiterhin sind über die Software Voreinstellungen, wie zum Beispiel die minimale und maximale Größe der Objekte festzulegen, um die Objekterkennung zu präzisieren.

Bei der Bewegungsanalyse werden zu vier diskreten Zeitpunkten Einzelbilder aufgenommen, aus den Daten die Bewegungsvektoren errechnet und als Winkelabweichung von der Nullrichtung und als Bewegungsstrecke abgelegt. Außerdem wird die dabei verstrichene Zeit abgelesen, so dass später daraus die Geschwindigkeit errechnet werden kann. Über die Software wird die Minimalgeschwindigkeit festgelegt, ab der ein Objekt als „beweglich" eingestuft wird. Hieraus ergibt sich die Motilität.

22.3.2 Versuchsanleitung

Benötigte Materialien:

- ca. 70 ml *Euglena*-Suspension in Hutner-Nährlösung,
- Ausgangslösung: 1,12 g Cd / l
- 500 ml-Becherglas mit demineralisiertem Wasser,
- Lichtmikroskop,
- CCD-Kamera,
- Computer mit Bildverarbeitungskarte und -software,
- Durchflussküvette (ersatzweise: Glasplättchen und Vaseline; Achtung: Manche Vaseline wirkt anziehend auf Euglenen!),
- Wasserstrahl- oder Vakuumpumpe (bei Durchflussküvette),
- pH-Meter und HCl- und NaOH-Lösung,
- 4 kleine Bechergläser oder Erlenmeyerkolben,
- 4 × 10 ml-Pipetten,
- Peleusball,
- Eppendorfpipette und -spitzen (2,5 ml),
- 2 Rührfische,
- ca. 30 kleine Gläschen zur Inkubation (für 4 ml),
- Spritzflasche mit demineralisiertem Wasser,
- Handschuhe,
- Abfallgefäß für Cadmium-Lösung.

Testorganismen

Als Testorganismus dient *E. gracilis* KLEBS, Stamm Z. Er ist zum Beispiel in der Algenstammsammlung der Universität Göttingen erhältlich (SAG-Nummer 1224-5/25).

Stammkultur

Die Herstellung und Haltung einer sterilen Stammkultur erfolgt in Reagenzgläsern bei etwa 20 °C und 1000 lx Dauerlicht. Der Organismus wird alle drei Wochen in ein frisches Nährmedium (Tabelle 22-1) überimpft.

Aus den Bestandteilen der linken Tabellenspalte, jedoch ohne Vitamin B_{12} wird die Gesamtmischung hergestellt. Sie kann auf Vorrat gemischt, mit einem Mörser homogenisiert und, ebenso wie die Spurenelement-Mischung, im Gefrierschrank aufbewahrt werden. Für die Nährlösung sind 6984 mg der Gesamtmischung in ein Liter demineralisiertes Wasser zu geben und zum Lösen unter Rühren zu erhitzen. Erst danach erfolgt die Zugabe des Vitamins B_{12}.

Gesamtmischung (mg/l)		Spurenelement-Mischung (auf Vorrat getrennt herstellen)	
$Mg(HCO_3)_2$	300,00	$(NH_4)_2Fe(SO_4)_2 \times 6\ H_2O$	42,00 g
$MgSO_4 \times 7\ H_2O$	283,00	$MnSO_4 \times H_2O$	15,50 g
$CaCO_3$	20,00	$ZnSO_4 \times 7\ H_2O$	22,00 g
EDTA (Fe-Salz)	150,00	$(NH_4)_6Mo_7O_{24} \times 4\ H_2O$	3,60 g
K_3-Citrat $\times\ H_2O$	400,00	$CuSO_4 \times 5\ H_2O$	1,60 g
Citronensäure $\times\ H_2O$	4000,00	$VOSO_4 \times 5\ H_2O$	1,98 g
KH_2PO_4	150,00	$CoCl_2 \times 6\ H_2O$	0,41 g
L-Histidin	1000,00	H_3BO_3	0,57 g
NH_4HCO_3	500,00	Pentaerythrit	88,80 g
Thiamin HCL (Vitamin B_1)	1,00		
Spurenelement-Mischung (siehe rechts)	180,00		
Cyanocobalamin (Vitamin B_{12})	0,02		

Tab. 22-1: Nährmedium (mg/l) für *Euglena gracilis* (nach HUTNER et al. 1966, verändert).

Vorkultur

Für die Vorkultur werden je 150 ml der Hutner-Nährlösung (Tabelle 22-1) in 200 ml-Erlenmeyerkolben abgefüllt, mit Cellulosestopfen verschlossen und autoklaviert. 12 ml *Euglena*-Suspension aus der Stammkultur bzw. einer anderen Vorkultur werden steril überimpft und im Klimaschrank bei 27 °C und 3000 lx Dauerlicht oder alternativ in einem Lichtregal angezogen. Zum Test werden 7 Tage alte *Euglena*-Kulturen verwendet.

Testansatz und Exposition

Zunächst wird der pH-Wert des Kontroll- und Verdünnungsmediums (demineralisiertes Wasser) und der Cadmium-Ausgangslösung mit 1-molarer HCl- bzw. NaOH-Lösung auf den pH-Wert 3,5 der *Euglena*-Suspension eingestellt. Von der Testsubstanz Cadmium in Form von Cadmiumchlorid ($CdCl_2 \times H_2O$) wird anschließend eine Verdünnungsreihe mit den Konzentrationen 1,12 (Ausgangslösung)/0,56/0,28/0,14 und 0,07 g Cd/l hergestellt. Für den Testansatz werden je 2 ml Algensuspension und Testmedium im Verhältnis 1:1 im 5 ml-Gläschen vermengt. Man beachte, dass die eigentlichen Testkonzentrationen durch diese Verdünnung mit *Euglena*-Suspension um den Faktor 2 niedriger liegen als die ursprünglich angesetzten Probenkonzentrationen. Dadurch ergeben sich letztendlich folgende Testkonzentrationen:

- Kontrolle (ohne Cd-Zusatz)
- 34,9 mg Cd/l ($\hat{=}$ 62,5 mg Cadmium-chlorid/l)
- 69,8 mg Cd/l ($\hat{=}$ 125 mg Cadmium-chlorid/l)
- 140 mg Cd/l ($\hat{=}$ 250 mg Cadmium-chlorid/l)
- 279 mg Cd/l ($\hat{=}$ 500 mg Cadmium-chlorid/l)
- 558 mg Cd/l ($\hat{=}$ 1000 mg Cadmium-chlorid/l)

Jede Konzentrationsstufe und eine Kontrolle mit demineralisiertem Wasser wird in 3 Replikaten angesetzt. Die Testansätze werden 24 Stunden bei Raumtemperatur und ca. 70 lx inkubiert.

Das Verdünnungskreuz

Das Verdünnungskreuz ist ein einfaches Hilfsmittel zur Berechnung der Anteile der Ausgangslösungen bei der Herstellung von Verdünnungen.
Beispiel: In welchem Verhältnis müssen eine Lösung mit 4 mg Cd/l (c_1) und Wasser (c_2) angesetzt werden, um 3 mg Cd/l (c) zu erhalten?
Grafische Lösung:

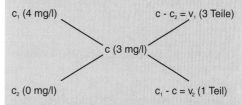

(Differenzen immer positiv wählen!)

Im o. g. Beispiel müssen also die Ausgangslösungen im Verhältnis 3:1 angesetzt werden, um eine Lösung mit der Konzentration 3 mg Cd/l zu erhalten (nach KUNZE & SCHWEDT 1996).

Messung

Nach der Inkubationszeit werden die Probengläschen leicht geschwenkt, um eine gleichmäßige Verteilung der Zellen zu gewährleisten. Die Algensuspension wird mit einer Eppendorfpipette luftblasenfrei in eine Küvette mit einer inneren Höhe von 0,17 mm gegeben. Ersatzweise können auch zwei Objektträger verwendet werden, die mit Vaseline am Rand luftdicht aufeinander gesetzt werden. Zur quantitativen Bestimmung der Bewegungsaktivität wird die Küvette unter einem Mikroskop platziert. Um Störungen durch Phototaxis und photosynthetische Effekte durch das Beobachtungslicht zu vermeiden, wird dieses durch einen Infrarot-cut-off-Filter (λ > 780 nm) gefiltert. Zur Erhöhung des Kontrastes wird mit Phasenkontrast gearbeitet. Das analoge mikroskopische Bild wird mittels einer CCD-Kamera beobachtet und soll bezüglich der Wirkungsparameter über eine Bildverarbeitungssoftware ausgewertet werden. Hierfür müssen zunächst mit *Euglena*-Suspension die Software-Parameter wie Kontrast, Helligkeit etc. eingestellt werden. Anschließend werden von jeder Verdünnungsstufe die Wirkungsparameter Motilität, Geschwindigkeit sowie Umfang und Fläche für die Form der Organismen bestimmt.

Das Ablaufschema des Motilitätstests ist in der Abbildung 22-3 dargestellt.

Die richtige Einstellung des Mikroskops: Das „Köhlern"

Wichtig für die Handhabung des Mikroskops ist die richtige Einstellung der Beleuchtung. Ein verlässliches Verfahren hierzu ist das Köhlern (benannt nach August Köhler).
1. Einschalten der Beleuchtung und Regulation der Helligkeit
2. Ein aufgelegtes Präparat mit eingeklappter Frontlinse und 10-er Objektiv scharf stellen
3. Irisblende (Aperturblende) zur Hälfte schließen
4. Leuchtfeldblende an der Leuchte schließen
5. Den Kondensor so lange heben und senken, bis der sechseckige Rand der Leuchtfeldblende scharf zu sehen ist
6. Bild der Leuchtfeldblende mittels der Justierschrauben am Kondensor zentrieren
7. Leuchtfeldblende so weit öffnen, bis ihr Rand gerade eben nicht mehr zu sehen ist
8. Irisblende zur Kontrastoptimierung weiter öffnen oder schließen: Dazu ein Okular aus dem Stutzen ziehen, direkt in den Tubus blicken und Aperturblende so einstellen, dass sie ca. 2/3 bis 4/5 der Pupille des Objektives ausleuchtet.

Achtung: Die Helligkeit niemals durch die Irisblende und durch das Verschieben des Kondensors regeln, da sonst alle Einstellungen obsolet werden. Nur der Regelknopf der Leuchte darf hierzu bedient werden!

22.3.3 Versuchsauswertung

Die Auswertung erfolgt am Computer unter Verwendung einer Bildverarbeitungssoftware, die die Bewegungaktivität von Zellen und Organismen erfasst. Bestimmt werden Motilität, Bewegungsgeschwindigkeit und Formfaktor von *E. gracilis*.

Motilität

Die Motilität wird als Prozent bewegliche Organismen ermittelt. Zum besseren Vergleich mit der Geschwindigkeit wird die Motilität in die Hemmwerte relativ zur Kontrolle umgerechnet:

$$H_{M-c} = (M_{Ktr} - M_c) \times 100 / M_{Ktr}$$

wobei H_{M-c} = Hemmung der Motilität bei Konzentration c [% der Kontrolle]

M_{Ktr} = Motilität der Kontrolle [%]

M_c = Motilität bei Konzentration c [%]

Die Darstellung der Ergebnisse erfolgt in Form einer Tabelle und grafisch als Konzentrations-Wirkungs-Beziehung. Wenn möglich, das heißt, wenn die Konzentrationen so gewählt wurden, dass 10 %- und 90 %-Hemmwerte auftreten, können die 24-h-EC_{50} grafisch bestimmt werden.

Bewegungsgeschwindigkeit

Die Auswertung der Geschwindigkeit verläuft analog zu der Bestimmung der Motilität. Über die Software enthält man den Wert der Geschwindigkeit zum Beispiel in Pixel/s. Die Formel zur Umrechnung in Hemmwerte lautet somit:

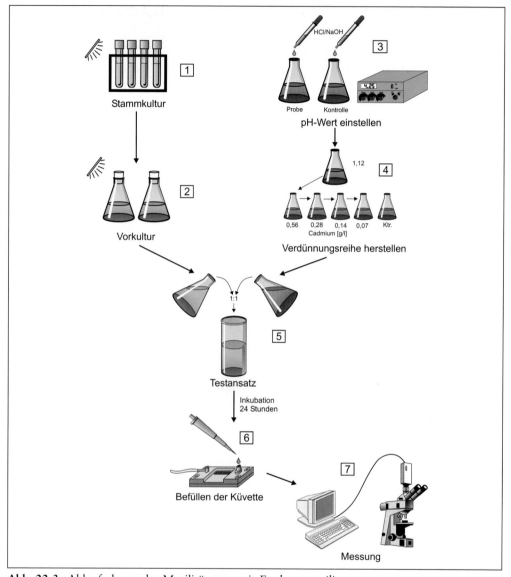

Abb. 22-3: Ablaufschema des Motilitätstests mit *Euglena gracilis*.
(1) Sterile Stammkultur in Reagenzgläschen herstellen,
(2) Vorkultur: Testorganismen steril in Hutner-Nährmedium überimpfen und 7 Tage anziehen,
(3) Einstellen des pH-Wertes in der Ausgangslösung (2 g $CdCl_2 \times H_2O/l$ (10 mmol Cd/l) und im Kontrollmedium (demineralisiertes Wasser),
(4) Verdünnungsreihe herstellen,
(5) Vermengen von *Euglena*-Suspension und Testansatz im Verhältnis 1:1 (je 2 ml), je 3 Replikate. Inkubationszeit: 24 h bei Raumtemperatur und ca. 70 lx,
(6) Befüllen der Küvette,
(7) Messung: Bestimmen der Wirkungsparameter Geschwindigkeit, Motilität und Formfaktor mittels Bildverarbeitung.

$$H_{G-c}=(M_{Ktr} - M_c) \times 100 \, / \, M_{Ktr}$$

wobei H_{G-c} = Hemmung der Geschwindigkeit bei Konzentration c [% der Kontrolle]

G_{Ktr} = Geschwindigkeit in Kontrolle [Pixel/s]

G_c = Geschwindigkeit bei Konzentration c [Pixel/s]

Auch die Ergebnisse zur Geschwindigkeit können als Tabelle und grafisch dargestellt und nach Möglichkeit wieder die 24-h-EC_{50} ermittelt werden.

Formfaktor

Der Formfaktor ist ein Maß für die Form der Organismen und wird aus Umfang und Fläche der Zellen bestimmt. Je stärker sich die Zellen abrunden, desto kleiner wird der Formfaktor. Ein Kreis entspricht einem Formfaktor von 1.

Es gilt: $$F = \frac{U^2}{A \times 4\pi}$$

wobei F = Formfaktor,
U = Umfang
A = Fläche der Zellen.

Da die Werte des Formfaktors nicht normal verteilt sind und ungleiche Verteilungsformen besitzen, erfolgt die Auswertung mit dem einfachen Median-Test (SACHS 2002):
Verglichen werden dabei jeweils die Medianwerte von Kontrolle und Belastung. Für diesen Test wird zuerst von den beiden vereinigten Stichproben der Gesamt-Median $\tilde{x}_{ges}$ bestimmt. Dann zählt man von jeder Stichprobe aus, wie viele Werte kleiner bzw. größer oder gleich dem Gesamtmedian sind. Das Ergebnis wird in einer Vierfeldertafel niedergelegt:

	Anzahl der Werte	
	$< \tilde{x}_{ges}$	$\geq \tilde{x}_{ges}$
Kontrolle	a	b
Belastung	c	d

Man führt mit den Daten einen χ^2-Vierfeldertest durch (siehe Kapitel 4).

Gültigkeit des Tests

In der unverdünnten Algensuspension und in der Kontrolle müssen mindestens 50% der Organismen beweglich sein.

Alternative Versuchsdurchführung

Anstelle von Cadmium können auch zahlreiche andere Substanzen getestet werden, bei denen unter Umständen die Versuchsdauer auf einige Minuten verkürzt werden kann. In Frage kämen zum Beispiel Herbizide, andere organische Substanzen oder Umweltproben aus sauren Gewässern. Weitere Variationsmöglichkeiten bestehen in der Wahl eines anderen pH-Wertes, der durch ein entsprechendes Nährmedium erreicht wird oder darin, andere Wirkungsparameter wie zum Beispiel die Gravitaxis (Mikroskop auf die Seite legen!) oder die Phototaxis zu prüfen.

22.3.4 Fragen als Diskussionsgrundlage

- Welchen ökologischen Zweck könnten Schwimmbewegungen und metabolische Bewegungen in der natürlichen Umgebung haben?
- Welches Wirkungskriterium wird am stärksten durch Cadmium beeinträchtigt? Ist eine Konzentrationsabhängigkeit gegeben?
- Vergleichen Sie die Ergebnisse mit denen anderer Tests, die mit Cadmium durchgeführt wurden (Kapitel 6 *Daphnia*

magna, Kapitel 9 *Lumbricus rubellus*, Kapitel 16 *Lepidium sativum*, Kapitel 20 *Vibrio fischeri*) bezüglich Konzentrationsbereich, Aussagekraft und Handhabbarkeit.

- Welche Einsatzmöglichkeiten bestehen für den Test? Vergleiche hierzu Tabelle 1-1.

22.3.5 Literatur

COLOMBETTI, G., LENCI, F., DIEHN, B. (1982): Responses to photic, chemical, and mechanical stimuli. – In: BUETOW, D. E.: The Biology of *Euglena*. – Bd. 3, Academic Press Inc., New York / London, 169–195.

ELSNER, D., FOMIN, A. (2001): A New Approach for Biological Online Testing of Stack Gas Condensate from Municipal Waste Incinerators – Environ. Sci. & Pollut. Res. 9, 262–266.

GERBER, S., HÄDER, D.-P. (1995): Effects of artificial UV-B and simulated solar radiation on the flagellate *Euglena gracilis*: Physiological, spectroscopical and biochemical investigations. – Acta Protozoologica 34, S. 13–20.

HÄDER, D.-P. (1994): Real-time tracking of microorganisms. - Binary 6, 81–86.

HUTNER, S. H., ZAHALSKY, A. C., AARONSON, S., BAKER, H. FRANK, O. (1966): Culture media for *Euglena gracilis*. – In: PRESCOTT, D. M.: Methods in cell physiology Bd. 2, Academic Press, New York, 217–228.

KUNZE, U. R., SCHWEDT, G. (1996): Grundlagen der qualitativen und quantitativen Analyse. – 4. Aufl., Thieme, Stuttgart, 356 S.

SACHS, L. (2002): Angewandte Statistik. – Anwendung statistischer Methoden. – 10. Aufl., Springer-Verlag, New York/Heidelberg, 889 S.

TAHEDL, H., HÄDER, D.-P. (2001): Automated biomonitoring using real time movement analysis of *Euglena gracilis*. – Ecotox. Environ. Safe. 48, 161–169.

23 Weiterführende Literatur zu Ökologie, Ökotoxikologie und Biostatistik

23.1 Auswahl von Büchern zur Ökologie

BEGON, M., MORTIMER, M., TOMPSON, D. J. (1997): Populationsökologie. – 380 S., Spektrum Akademischer Verlag, Heidelberg/Berlin.

BEGON, M., HARPER, J. L., TOWNSEND, C.R. (1998): Ökologie. – 750 S., Spektrum Akademischer Verlag, Heidelberg/Berlin.

LARCHER, W. (2001): Ökophysiologie der Pflanzen. – 6. Aufl., 408 S., Ulmer, Stuttgart.

ODUM, E. P., Overbeck, J. (Hrsg.) (1999): Ökologie. Grundlagen – Standorte – Anwendungen. – 3. Aufl., 471 S., Thieme, Stuttgart.

REMMERT, H. (1992): Ökologie. Ein Lehrbuch. – 5. Aufl., 363 S., Springer, Berlin/Heidelberg/New York.

SCHLEE, D. (1992): Ökologische Biochemie. – 2. Aufl., 587 S., Fischer, Spektrum Akademischer Verlag, Heidelberg/Berlin.

WISSEL, C. (1989): Theoretische Ökologie. – 299 S., Springer, Berlin/Heidelberg/New York.

23.2 Auswahl von Büchern zur Ökotoxikologie

ARNDT, U., NOBEL, W., SCHWEIZER, B. (1987): Bioindikatoren: Möglichkeiten, Grenzen und neue Erkenntnisse. – 388 S., Ulmer, Stuttgart.

Calow, P. (Eds.) (1997): Handbook of Ecotoxicology. Blackwell Science, Oxford.

DÄßLER, H.-G. (1991): Einfluss von Luftverunreinigungen auf die Vegetation – Ursachen-Wirkungen und Gegenmaßnahmen. – 4. Aufl., 266 S., Spektrum Akademischer Verlag, Heidelberg/Berlin, Fischer, Jena/Stuttgart/New York.

FENT, K. (1998): Ökotoxikologie. – 288 S., Thieme, Stuttgart.

FOMIN, A., Arndt, U., ELSNER, D., KLUMPP, A. (Hrsg.) (2000): Bioindikation. Biologische Testverfahren. – 317 S., Heimbach, Stuttgart.

FRANCIS, B. M. (1994): Toxic substances in the environment. – 360 pp., Wiley & Sons, New York Chichester.

GUNKEL, G. (Hrsg.) (1994): Bioindikation in aquatischen Ökosystemen. – 540 S., Spektrum Akademischer Verlag, Heidelberg/Berlin, Fischer, Jena/Stuttgart.

GUDERIAN, R., GUNKEL, G. (Hrsg.) (2001): Handbuch der Umweltveränderungen und Ökotoxikologie. 3 Bände in 6 Teilbänden. – Springer, Berlin/Heidelberg/New York/ Barcelona/Hongkong/London/Mailand/ Paris/Singapur/Tokio.

HOCK, B., ELSTNER, E. F. (Hrsg.) (1995): Schadwirkungen auf Pflanzen. – 3. Aufl., 444 S., Spektrum Akademischer Verlag, Heidelberg/Berlin/Oxford.

KORTE, F. (2001): Lehrbuch der ökologischen Chemie. – 3. Aufl., 373 S., Thieme, Stuttgart.

MORIARTY, F. (1999): Ecotoxicology. The study of pollutants in ecosystems. – 2nd ed., 289 pp., Academic Press, London.

OEHLMANN, J., MARKERT, B. (Hrsg.) (1999): Ökotoxikologie. Ökosystemare Ansätze und Methoden. – 576 S., ecomed, Landsberg.

PARLAR, H., ANGERHÖFER, D. (1995): Chemische Ökotoxikologie. – 2. Aufl., 386 S., Springer, Berlin/Heidelberg/New York/London/Paris/Tokyo.

RÖMBKE, J., MOLTMANN, J. F. (1996): Applied ecotoxicology. – 282 pp., Lewis Publishers, Boca Raton.

RUDOLPH, P. , BOJE, R. (1986): Ökotoxikologie. Grundlagen für die ökotoxikologische Bewertung von Umweltchemikalien nach dem Chemikaliengesetz. – ecomed, Landsberg.

SCHUBERT, R. (Hrsg.) (1991): Bioindikation in terrestrischen Ökosystemen. – 2. Aufl., 338 S., Spektrum Akademischer Verlag, Heidelberg/Berlin, Fischer, Jena.

SCHÜÜRMANN, G., MARKERT, B. (Hrsg.) (1998): Ecotoxicology: ecological fundamentals, chemical exposure, and biological effects. – 900 pp., Wiley, New York/Chichester/Brisbane/Toronto/Singapore/Weinheim, Spektrum Akademischer Verlag, Heidelberg/Berlin.

STREIT, B. (1994): Lexikon Ökotoxikologie. – 2. Aufl., 899 S., VCH, Weinheim, New York/Basel/Cambridge.

WALKER, C. H., HOPKINS, S. P., SIBLY, R. M., PEAKALL, D. B. (2000): Principles of Ecotoxicology. – 2nd ed., 309 pp., Taylor & Francis, London/Bristol.

23.3 Auswahl von Büchern zur Biostatistik

BORTZ, J., LIENERT, G. A., BOEHNKE, K. (2000): Verteilungsfreie Methoden in der Biostatistik. – 2. Aufl., 939 S., Springer, Berlin/Heidelberg.

KÖHLER W., SCHACHTEL G., VOLESKE P. (2002): Biostatistik. – 3. Aufl., 301 S., Springer, Berlin/Heidelberg.

SACHS L. (2002): Angewandte Statistik. – 10. Aufl., 889 S., Springer, New York/Heidelberg.

SOKAL R. R., ROHLF, F. J. (2000): Biometry. – 3nd ed., 887 pp., Freeman & Company, New York.

SPARKS, T. (Eds.) (2000): Statistics in Ecotoxicology. – 320 S., Wiley & Sons, New York/Chichester.

23.4 Auswahl von Zeitschriften zur Ökotoxikologie

Aquatic Toxicology (Aquat. Toxicol.). New York, Amsterdam, Tokyo, Elsevier, Singapore

Archives of Environmental Contamination and Toxicology (Arch. Environ. Contam. Toxicol.). Springer, New York.

Archives of Toxicology (Arch. Toxicol.). Springer, New York.

Bulletin of Environmental Contamination and Toxicology (Bull. Environ. Contam. Toxicol.). Springer, New York.

Chemosphere. Pergamon Press, Oxford.

Ecotoxicology. Chapman & Hall, London.

Ecotoxicology and Environmental Safety (Ecotoxicol. Environ. Saf.). Academic Press, London.

Environmental Health Perspectives (Environ. Health Perspect.). WHO, Genf.

Environmental Monitoring and Assessment (Environ. Monit. Assess.). Kluwer Academic Publishers, Dordrecht.

Environmental Pollution (Environ. Pollut.). Pergamon Press, Oxford.

Environmental Science and Pollution Research (Environ. Sci. & Pollut. Res.). ecomed, Landsberg.

Environmental Toxicology and Chemistry (Environ. Toxicol. Chem.). SETAC Press, Pensacola.

Fresenius Environmental Bulletin (Fres. Environ. Bull.). Birkhäuser, Basel.

Journal of Toxicology and Environmental Health (J. Toxicol. Environ. Health). Hemisphere Publishing, New York.

Marine Environmental Research (Mar. Environ. Res.). Elsevier, New York, Amsterdam, Tokyo, Singapore.

Marine Pollution Bulletin (Mar. Pollut. Bull.). Pergamon Press, Oxford.

Reproductive Toxicology (Reprod. Toxicol.). Pergamon Press, Oxford.

Reviews of Environmental Contamination and Toxicology (Rev. Environ. Contam. Toxicol.). Springer, New York.

Science of the Total Environment (Sci. Total Environ.). Elsevier, New York, Amsterdam, Tokyo, Singapore.

Toxicology. Elsevier, New York, Amsterdam, Tokyo, Singapore.

Toxicology and Environmental Chemistry (Toxicol. Environ. Chem.). Gordon & Breach, London, Oxford.

Umweltwissenschaften und Schadstoff-Forschung. Zeitschrift für Umweltchemie und Ökotoxikologie (UWSF – Z. Umweltchem. Ökotox.). ecomed, Landsberg.

Water, Air, and Soil Pollution (Wat. Air Soil Pollut.). Kluwer Academic Publishers, Dordrecht.

Water Research (Wat. Res.). Elsevier, New York, Amsterdam, Tokyo, Singapore.

24 Stichwortverzeichnis

Die Autoren

Frau Privatdozentin Dr. rer. nat. habil. Anette Fomin studierte Biologie an der Friedrich-Schiller-Universität in Jena mit dem Schwerpunkt Pflanzenphysiologie. Nach ihrer Promotion in Jena habilitierte sie sich mit einer Arbeit über die Bioindikation von Schadstoffwirkungen für das Fach Pflanzenökologie und Ökotoxikologie an der Universität Hohenheim. Nach einem zweijährigen Aufenthalt als Arbeitsgruppenleiterin der Human- und Ökotoxikologie am Internationalen Hochschulinstitut in Zittau ist sie seit 2003 wieder als Privatdozentin am Institut für Landschafts- und Pflanzenökologie der Universität Hohenheim tätig. Ihr Forschungsschwerpunkt sind Wirkungen von Schadstoffen auf aquatische und terrestrische Pflanzen als Einzelorganismen, in Populationen und Ökosystemen sowie die Anwendung dieser Erkenntnisse auf biologische Testverfahren und für Methoden des Biomonitorings.

Prof. Dr. Jörg Oehlmann studierte an der Universität Münster Biologie und Deutsch und promovierte 1994 über die Effekte zinnorganischer Verbindungen bei marinen Leistenschnecken (Muricidae). Von 1994 bis 2001 war er am Internationalen Hochschulinstitut Zittau tätig, wo er sich 1998 mit einer Arbeit zum biologischen Effektmonitoring mit Vorderkiemerschnecken habilitierte. Seit Mai 2001 hat er eine Professur für Ökologie und Evolutionsbiologie an der Johann Wolfgang Goethe-Universität Frankfurt am Main inne. Seine primären Forschungsinteressen umfassen:

– Biologisches Effektmonitoring
– Hormonähnliche Wirkungen von Umweltchemikalien
– Effekte von Arzneimitteln in der Umwelt
– Sedimenttoxikologie: Entwicklung von Test- und Bewertungskonzepten
– Untersuchungen von Neozoen in aquatischen Ökosystemen
– Funktionsmorphologie und Artbildungsprozesse bei Evertebraten unter besonderer Berücksichtigung der Mollusken

Univ.-Prof. Dr. rer. nat. Bernd Markert studierte bis 1982 Biologie und Chemie an der Ludwigs-Maximilians-Universität München, 1986 promovierte er an der Universität Osnabrück. Nach einem AGF-Sipendium an der KFA Jülich habilitierte er 1992 an der Universität Osnabrück. In den Jahren 1992 und 1993 war er Abteilungsleiter für Chemische Analytik am GKSS-Forschungs-Zentrum. Seit 1994 ist er geschäftsführender Direktor am Internationalen Hochschulinstitut Zittau (IHI). Er ist Vorstandsmitglied der International Association for Ecology (INTECOL), amtierender Präsident des Zentrums der Forschung an den Hochschulen der Euroregion Neisse, außerdem Mitglied verschiedener nationaler und internationaler Gesellschaften.